“十二五”国家重点图书出版规划项目
材料科学研究与工程技术系列

材料热力学与动力学

Thermodynamics and Kinetics of Materials

● 徐 瑞 主编 ● 徐庭栋 主审

哈爾濱工業大學出版社
HITP HARBIN INSTITUTE OF TECHNOLOGY PRESS

内容提要

本书主要介绍金属与无机非金属材料制备与加工过程的热力学与动力学问题。其中热力学部分包括了经典热力学和统计热力学,并着重介绍了计算相图与材料设计所必需的各种溶体模型。动力学部分包括了化学反应动力学、扩散和相变动力学。本书共分十五章,不仅对已经形成的理论进行较为系统地论述,而且对材料热力学与动力学的最新进展进行了介绍,对难于理解的内容给出了适当的例子。

本书为材料学科硕士研究生参考书,同时也可用作相关专业硕士研究生以及博士研究生的教学参考书。同时也可供有关科研人员和工程技术人员参考。

图书在版编目(CIP)数据

材料热力学与动力学/徐瑞主编.—哈尔滨:哈尔滨工业大学出版社,2003.7(2022.1 重印)
ISBN 7-5603-1859-2

Ⅰ.材… Ⅱ.徐… Ⅲ.①金属材料-热力学②金属材料-动力学③非金属材料-热力学④非金属材料-动力学 Ⅳ.TB301

中国版本图书馆 CIP 数据核字(2003)第 035637 号

责任编辑 张秀华 杨 桦
封面设计 卞秉利
出版发行 哈尔滨工业大学出版社
社　　址 哈尔滨市南岗区复华四道街 10 号 邮编 150006
传　　真 0451-86414749
网　　址 http://hitpress.hit.edu.cn
印　　刷 黑龙江艺德印刷有限责任公司
开　　本 787mm×960mm 1/16 印张 17 字数 312 千字
版　　次 2003 年 8 月第 1 版 2022 年 1 月第 5 次印刷
书　　号 ISBN 7-5603-1859-2
定　　价 36.00 元

前　言

物理冶金、化学冶金和力学冶金是材料科学与工程学科研究生的必修课，物理冶金通常是以金属物理或高等金属学为基本内容，力学冶金是以弹塑性力学和断裂力学为基本内容，而化学冶金则是以热力学和动力学为基本内容。材料热力学与动力学是在具有一定的物理化学、材料科学基础以及必要材料相关知识的基础上，进一步研究分析材料制备与加工中的热过程。

依据多年来的教学与科研经验，作者认为进行材料科学与工程领域的研究工作，有关材料热力学与动力学的系统知识是必不可少的。材料热力学与动力学涉及到材料制备与材料加工的整个过程，材料的最终性能包括力学性能和物理化学性能都与材料的热力学和动力学过程密切相关。所以在研究生教育阶段，较系统地掌握材料热力学与动力学理论对学位论文工作和新材料的研发都是很有帮助的。

本书共分 15 章，前二章以复习物理化学中的热力学基础为主，并对一些基本概念作进一步阐述；第 3 章至第 6 章主要介绍统计热力学及其在材料研究中的应用；第 7 章至第 12 章主要介绍相图热力学、相变热力学以及表面热力学，并详细介绍了热力学计算所需的各种溶体模型；第 13 章至第 15 章介绍了材料动力学，包括化学反应动力学、合金相变过程中的扩散以及相变动力学。本书在阐述基本理论的同时，对实际应用也予以适当介绍，以便使读者对基本理论有更好的理解。本书以介绍宏观热力学与动力学为主，并对微观热力学有一定的介绍，以求对读者在材料研究过程中遇到问题时从更高的层次上进行分析有所帮助。因此本书不仅可作研究生学习参考书，同时可供从事材料研究的科研人员参考。

本书由燕山大学徐瑞和荆天辅教授编写，由北京钢铁研究总院徐庭栋教授主审。

作者虽然作了较大的努力，限于水平，难免有叙述不清、疏漏或错误之处，敬请读者批评指正。

编　者

2002 年 9 月

目　录

绪 论

正确掌握和理解热力学基本概念是学好材料热力学的基础。在大学本科的“物理化学”课程中,对热力学基本概念已有所交待。但是由于这些概念比较抽象,较难理解,为便于对本书的学习和理解,有必要首先对这些基本概念作一下简单介绍。

1.体系与环境

体系是所研究的对象的总和,或指把所要研究的那部分真实世界的各物体想象地从其周围划分出来作为研究对象。而**环境**是指与所研究对象(体系)有联系、有影响的部分,或指体系以外与之联系的真实世界。体系与环境是相互依存和相互制约的一对,对于不同的研究内容,体系与环境也不同,如何划分体系与环境,完全根据所研究问题的性质来决定。

热力学体系与环境之间的相互联系是指它们之间所发生的物质交换和能量交换,而能量交换的形式有传热和做功。根据体系与环境之间相互联系的不同,可以将体系分为三类:

(1)开放体系:又称敞开体系,体系与环境之间,既有物质交换,又有能量交换;

(2)封闭体系:体系与环境之间,只有能量交换,没有物质交换;

(3)孤立体系:又称隔离体系,体系与环境之间,既没有物质交换,也没有能量交换。

2.体系的性质

根据体系的性质与体系中物质数量的关系,可将其分为两类:

(1)**容量性质**:又称广延性质或广延量,其数值与体系中物质的数量有关,整个体系的某个容量性质的数值,为体系中各部分该性质数值的总和,即具有加和性。如体积、质量、内能、热容、熵等。

(2)**强度性质**:又称内禀性质或强度量,其数值与体系中物质的数量无关,没有加和性。如温度、压力、密度等。

容量性质与强度性质虽有上述区别,但是容量性质有时也可以转化为强度性质,即容量性质除以总质量或总物质的量就成为强度性质。如体积为容量性质,而摩尔体积为强度性质,热容为容量性质,而摩尔热容则为强度性质。

3.状态与状态函数

热力学用体系所具有的宏观性质来描述其**状态**。当体系的一系列性质,如质量、温度、压力、体积、组成以及集聚状态等全部确定以后,这个体系就具有了一个确定的状态。反之,体系状态确定后,其所具有的宏观性质均有确定值,与到达该状态前的经历无关。由于状态与性质之间的单值对应关系,体系的这些热力学性质又称做**状态函数**。状态函数只与体系的始态、终态有关,与变化的具体历程无关。由于体系的状态都是利用体系的宏观物理性质来描述的,所以又称为体系的宏观状态。其中体系的任一性质发生了变化均意味着体系状态的变化。因此这些性质又称为体系的状态变数。

由于体系各性质之间彼此相互联系、相互制约,只有部分性质是独立的,在某一状态下,其它的性质可以表示成各独立性质的函数,即存在相当于数学上的自变量与因变量的关系,因此称这些可以用独立性质通过函数关系表示出来的体系性质为状态函数。也就是说,状态函数是一些具有相对独立性的性质函数的体系性质。

4.过程与途径

体系从始态向终态过渡称为过程,或者说体系状态发生的任何变化为**过程**。完成过程的具体历程(步骤)称为**途径**。

途径可由若干过程组合而成。由一定始态到达一定终态的过程,可以经过不同的途径,但是状态函数的改变值是相同的。因为状态一定时,状态函数只有一个确定的数值,状态函数的改变量不随具体途径不同而变化。

5.热力学平衡

当体系的各个性质不随时间而变化时,则体系处于一定的状态,此时描述状态的所有函数都具有确定的值,称该体系处于平衡状态,简称**平衡**。热力学平衡实际上包含了以下四个平衡,①热平衡:体系的各部分温度相等;②质平衡:体系与环境所含有的质量不变;③力平衡:体系各部分所受的力平衡,即在不考虑重力的前提下,体系内部各处所受的压力相等;④化学平衡:体系的组成不随时间而改变。

第1章　热力学基本定律

热力学三个基本定律是经典热力学的核心和精髓。只有掌握了这三个基本定律,才能够正确理解热力学,也才能利用热力学解决材料科学与工程中的一些实际问题。

1.1　热平衡定律与温度

在描述热现象的所有参数中,温度是其中最重要的参数之一,只有温度才能表征热力学体系的冷热程度。

如果两个热力学体系都分别与第三个热力学体系达到热平衡,则这两个体系彼此间必定处于热平衡。这个结论称为热平衡定律,或称“热力学第零定律”。它为温度概念的提出和温度的测量提供了实验基础。由“热力学第零定律”可以看出,处于同一热平衡状态的体系,必定具有某一共同性质,表征这个物理性质的物理量就是温度。因此对于一切相互为热平衡的体系都具有相同的温度。为比较物体的温度,不需将物体直接接触,只需取一物质体系作为标准的“第三个体系”,分别与各物体达到平衡即可。这个标准体系就是温度计,而温度计的温度则可通过其某一状态参量标志出来。

温度的定量数值表示方法是温标,国际上常用的有摄氏温标和开氏温标两种,有些国家或地区也使用华氏温标。我们日常使用的水银温度计表示的温度是摄氏温标,并以纯水在 10^5 Pa(一个大气压)下的冰点为摄氏零度。而在热力学中通常使用开氏温标,开氏温标又称热力学温标或绝对温标。为了统一摄氏温标和热力学温标,国际上规定了热力学温标的 273.16 K 为摄氏温标的零度,若摄氏温标用 t 表示,与热力学温标 T 的关系为

$$t = T - 273.16$$

为了计算简便,同时又对计算结果不产生大的影响,人们习惯于将 273 K 定义为摄氏零度。

1.2 热力学第一定律(能量守恒与转化定律)

1.2.1 内能、热和功

内能,又称热力学能量,为体系内所有粒子(分子、原子或离子等)除整体势能及整体动能(宏观势能和动能)外全部能量的总和,通常用 U 或 E 来表示。内能为状态函数,即只与状态有关,而与途径无关,即

$$U = U(T, p, V) \tag{1.1}$$

其中,T 为体系的热力学温度,p 为体系所具有的压力,V 为体系所具有的体积。对于气体,T、p、V 三个变量中只有两个是独立的,取 T 和 V 为独立变量时,则有

$$U = U(T, V) \tag{1.2}$$

由于体系内粒子不停地热运动,粒子间彼此有着相互作用力,粒子内部更深层次的各种微粒子也有各种运动形式和相互作用,因此体系的内能可理解为由下列三部分组成:

(1) 体系内粒子运动的动能,又称内动能。由于粒子热运动的平均强度是温度的函数,所以内动能应是温度的函数;

(2) 体系内粒子间相互作用能,又称内势能,其大小取决于粒子间的作用力和粒子间的距离。同时,当体系内物质确定后,粒子间的作用力也可以表示为微粒子间距离的函数。因此,体系的内势能应与体系内粒子的平均距离有关,也就是与体系所具有的体积和压力有关,所以可认为内势能是体系体积和压力的函数。

(3) 粒子内部的能量,包括粒子内部各种微粒运动的能量与微粒间除上述内势能以外的相互作用能之和。当体系内物质、组成以及物质的量确定后,这部分能量可认为有确定的值,它不随体系状态变化而有明显变化。

在等容条件下,体系将不对环境做体积功,因此体系吸收热量 Q_v 将全部用于内能的增加 ΔU,即

$$Q_v = \Delta U \tag{1.3}$$

热是体系与环境存在温差时而引起的能量传递形式,是在体系与环境之间界面进行能量传递和转化的一种现象。热用符号 Q 表示,体系吸热时取正值,放热时取负值。而**功**是体系发生变化过程中与环境之间交换的另一种能量形式,这种交换能量是除去温差以外的因素引起的。如果是因为体系的体积变化引起的,称为体积功或机械功。除此之外其它原因引起的功,统称为非体积功,如电功和化学功等。

1.2.2 热力学第一定律

第一定律的原则早在17世纪就被提出,经过焦耳(Joule)等人的大量科学实验证明后,直到19世纪中叶才成为一条公认的定律。就宏观体系而言,热力学第一定律就是能量守恒与转化定律在热现象领域所具有的特殊形式,其具体表述为"能量有各种不同的形式,能够从一种形式转化为另一种形式,从一物体传递给另一物体,而在转化和传递过程中能量的总数总是保持不变"。

在热力学体系中,能量的具体形式有体系的内能以及体系与环境能量交换形式 —— 热和功。根据定义,做功时必须消耗相应数量的能量,因此那种不消耗能量而做功的假想机器,即第一类永动机是不可能制造出来的。基于这一点,热力学第一定律也可表述为"第一类永动机是不可能制造成的"。

如果体系内能的增量为 ΔU,体系从环境所吸收的热量为 Q,同时体系对环境做功为 W,则热力学第一定律的数学表达式为

$$\Delta U = Q - W \tag{1.4}$$

其物理意义为:体系所吸收的热量减去对环境做功 W 后,就等于体系内能的增量 ΔU。

当体系发生了一个无限小的变化时,则体系内能相应地变化 $\mathrm{d}U$,功和热也相应地有一个微小值 δQ 和 δW,这样有

$$\mathrm{d}U = \delta Q - \delta W \tag{1.5}$$

上式中,$\mathrm{d}U$ 为状态函数,而 δQ 和 δW 是与途径有关的非状态函数,因此经历不同途径的同一过程,体系与环境交换的热量不同,做功也不同。

1.2.3 可逆过程与最大功

在热力学第一定律的数学表达式中,只有内能 U 是状态函数,而热和功则是与途径有关的函数,也就是说,当一个过程的始态和终态一定时,内能的改变量一定,但是过程所经过的途径不同,体系与环境所交换的热和体系做功就不同。

完成一个过程有无限多个途径,如果体系从始态经历一系列无限小的过程,而每个无限小的过程的始态和终态都接近平衡,最后到达整个过程的终态。当体系再从终态以同样的途径回到始态时,此时体系和环境都恢复到原来的状态,没有留下任何痕迹,称这样的过程为可逆过程。实验证明,具有相同始态和终态的过程,可逆过程体系对环境所做功最大。由功的定义有

$$\delta W = p_{外}\,\mathrm{d}V$$

由于上述过程 $p \approx p_{外}$,上式积分可得最大功

$$W = \int_{V_1}^{V_2} p\mathrm{d}V$$

1.2.4 焓

焓(Enthalpy)定义为

$$H \equiv U + pV \tag{1.6}$$

由于 U 和 pV 均为状态函数,依据定义可知,焓也是一状态函数。体系由状态1变化到状态2时,所产生的焓的变化,称为焓变,即

$$\Delta H = H_2 - H_1 \tag{1.7}$$

对于不做非体积功的等压过程,有

$$Q_p = (U_2 + p_2V_2) - (U_1 + p_1V_1) = H_2 - H_1$$

即

$$\Delta H = Q_p \tag{1.8}$$

此式说明,在不做非体积功的情况下,体系焓的增量等于等压过程所吸收的热,也就是说,过程的恒压热效应与体系的焓变相等。由于实际工程中许多过程是在等压下进行的,引入状态函数焓为理论分析和工程计算带来很大方便。

体系的焓通常包括一般变化过程的热焓,伴随相变过程的相变焓(等压相变潜热简称相变潜热),以及溶解焓、生成焓和燃烧焓等等。

1.2.5 热容

热容的定义为,在不发生相变化和化学变化的条件下,一定量的物质升高1 ℃所吸收的热量。当物质的量是单位质量时,其热容称为比热容,单位为 $\mathrm{J \cdot kg^{-1} \cdot K^{-1}}$;当物质的量为1 mol时,其热容称为摩尔热容,单位为 $\mathrm{J \cdot mol^{-1} \cdot K^{-1}}$。

由于热容是随温度不同而变化的,所以有平均热容 $\bar{C}$ 和真热容 C 两种。当温度自 T_1 升高到 T_2 时,吸收的热量为 Q,则平均热容为

$$\bar{C} = \frac{Q}{T_2 - T_1} \tag{1.9}$$

实验证明,温度间隔不同,平均热容的值也不同。要得到某一温度下的热容,可以使温度变化无限小,吸热 δQ,则温度变化 $\mathrm{d}T$ 时所求得的热容为真热容,表示为

$$C = \frac{\delta Q}{\mathrm{d}T} \tag{1.10}$$

由于体系与环境交换的热量与途径有关,因此同一种物质的热容在特定过程有不同的值,等压热容 C_p 和等容热容 C_V 可分别表示为

$$C_V = \frac{\delta Q_V}{\mathrm{d}T} \tag{1.11}$$

$$C_p = \frac{\delta Q_p}{\mathrm{d}T} \tag{1.12}$$

在这些特定过程中,将 $Q_V = \mathrm{d}U, Q_p = \mathrm{d}H$ 分别代入式(1.11)和(1.12),得到

$$C_V = \left(\frac{\partial U}{\partial T}\right)_V \tag{1.13}$$

$$C_p = \left(\frac{\partial H}{\partial T}\right)_p \tag{1.14}$$

对上式积分,可得

$$U = \int_{298}^{T} C_V \mathrm{d}T + U_{298} \tag{1.15}$$

$$H = \int_{298}^{T} C_p \mathrm{d}T + H_{298} \tag{1.16}$$

式中 U_{298} 和 H_{298} 为室温下(25 ℃)体系所具有的内能和焓。

1.3 热力学第二定律(熵增原理)

1.3.1 自发过程与不可逆过程

当体系处于非平衡态时,体系是不稳定的,将自发地向平衡态转变。从非平衡态自发地向平衡态转变的过程称为自发过程。自然界所发生的过程都是自发过程。

在没有外界影响(作用)下,自发过程是不可能逆转,因此自发过程又称不可逆过程。

1.3.2 熵

熵(Entropy)是为了描述宏观过程不可逆性而引入的具有容量性质的热力学状态函数。克劳修斯(Clausius)根据卡诺定理引入状态函数熵,而后玻耳兹曼(Boltzmann)引入热力学几率的概念,描述熵与热力学几率存在的关系。

普遍说来,如果一个物理量沿任意一闭合路径的积分为零,那么通过该物理量就可以引出一个函数,这个函数由体系的状态决定。根据这一特征,克劳修斯引入热力学体系的状态函数**熵**,即体系从状态 A 变到状态 B 时熵的增量等于由状态 A 经过任一**可逆过程**变到状态 B 时热温商的积分,即

$$S_B - S_A = \int_A^B \frac{dQ_{可}}{T} \tag{1.17}$$

其中,A、B 表示任意给定的两个平衡态;S_A、S_B 分别为体系在初始态 A 和平衡态 B 的熵。

对于无限小的过程,熵函数可定义为

$$dS \geqslant \frac{dQ}{T} \tag{1.18}$$

dS 是无限小过程的熵的增量,等号对应可逆过程,不等号对应不可逆过程。对于可逆过程有

$$TdS = dQ = dU + pdV \tag{1.19}$$

从宏观上看,熵是描述平衡态的参量(如 p,T 或 p,V)的函数。当体系的平衡态确定后,熵就完全确定了。熵具有加和性,体系的熵等于体系内各个部分的熵的总和。但是,熵 S 不同于热温比的积分 $\int dQ/T$,熵 S 是状态函数,而热温比的积分 $\int dQ/T$ 是一个可逆过程的体系的熵变 ΔS 的量度。熵变 dS 也不同于热温比 dQ/T,二者只是在可逆过程才有数值相等的关系,可逆绝热过程则是一个等熵过程,即 $\Delta S = 0$。

熵的物理本质是体系内部的混乱度的度量,熵值小的状态对应着比较有序的状态,熵值大的状态对应着比较无序的状态。在数学上,热力学函数熵与微观的状态数相联系,可用玻尔兹曼公式表示:

$$S = k\ln\omega \tag{1.20}$$

式中,k 为玻耳兹曼常数($k = 1.38054 \times 10^{-16}\text{erg} \cdot \text{K}^{-1} = 1.38054 \times 10^{-23}\text{J} \cdot \text{K}^{-1}$);$\omega$ 为热力学几率。

在材料热力学中,熵可分为组态熵、混合熵和振动熵等,对于铁磁材料还有磁性熵等。组态熵与混合熵统称为配置熵。

1.3.3 热力学第二定律与熵增原理

热力学第二定律有多种表述形式,1850 年克劳修斯(R.Clausius)给出的表述为"热不能自动从低温流向高温"。

所谓"自动"是指不需要环境帮助,否则若环境对它做功(如启用冷冻机),热还是能够从低温流向高温的。如果没有环境的帮助,不引起其它任何变化,热决不会自动从低温流向高温的。

1851 年开尔文(L.Kelvin)给出的热力学第二定律表述为"不能从单一热源吸热做功而无其它任何变化"。单一热源是指保持某一恒定温度的热源。若有其它变化,如气体膨胀,也可以从单一热源吸热做功。但是若无其它变化,则单一

热源的热绝不会转化为功。另外，若有两个热源，即从高温吸热向低温放热，那么热也能通过热机而转化为功。然而，若只从单一热源吸热，而无低温热源供它放热，则绝不可能将热转化为功，而无其它变化。

以上两种表述形式是等效的，违反一种必然违反另一种；第一种表述形式正确，第二种表述形式也必然正确。

1824 年卡诺在实验的基础上提出"在 T_1 和 T_2 两热源间工作的所有热机中，可逆热机的效率最大"。这就是著名的**卡诺定理**。在第二定律建立以前是无法证明的，而利用第二定律很容易证明。由卡诺定理可以得出热力学第二定律的数学表达式。

若以 η 表示热机的效率，热机从热源 T_1 吸热 Q_1，向热源 T_2 放热 $-Q_2$，则卡诺定理可表示为

$$\eta_{(\text{任意})} \leqslant \eta_{(\text{可逆})} \tag{1.21}$$

又因

$$\eta_{(\text{任意})} = (Q_1 + Q_2)/Q_1 = 1 + Q_2/Q_1$$

$$\eta_{(\text{可逆})} = \{Q_{1(\text{可})} + Q_{2(\text{可})}\}/Q_{1(\text{可})} = 1 + Q_{2(\text{可})}/Q_{1(\text{可})} = 1 - T_2/T_1$$

所以有

$$Q_2/Q_1 \leqslant -T_2/T_1$$

即

$$Q_1/T_1 + Q_2/T_2 \leqslant 0 \quad \begin{matrix}\text{不可逆}\\ \text{可逆}\end{matrix} \tag{1.22}$$

此式为第二定律的数学表达式。

将卡诺定理应用于循环过程，当循环过程不可逆进行时，热温商之和小于零；而可逆进行时，热温商之和等于零，即

$$\oint (\mathrm{d}Q/T) \leqslant 0 \quad \begin{matrix}\text{不可逆}\\ \text{可逆}\end{matrix} \tag{1.23}$$

此式为克劳修斯不等式。

下面介绍热力学第二定律与熵的关系。根据熵的定义有

$$\Delta S \geqslant Q/T \quad \begin{matrix}\text{不可逆}\\ \text{可逆}\end{matrix}$$

如果将所研究的体系与环境合起来作为一个孤立体系来考虑，并将第二定律用于这个孤立体系，因为孤立体系与环境的热交换为零，则有

$$\Delta S_{(\text{孤立})} = \Delta S_{(\text{体系})} + \Delta S_{(\text{环境})} \geqslant Q/T = 0 \quad \begin{matrix}\text{不可逆}\\ \text{可逆}\end{matrix}$$

对于无限小的变化，上式化为

$$dS_{(孤立)} = dS_{(体系)} + dS_{(环境)} \geqslant 0 \quad \begin{matrix} 不可逆 \\ 可逆 \end{matrix} \tag{1.24}$$

此式说明,体系经绝热过程由始态变到终态,若所经历的过程是不可逆的,熵将增大;如果过程是可逆的,熵将不变;在孤立体系的绝热过程中熵不可能减小。这就是**熵增原理**,是第二定律的另一种表达形式。

1.3.4 自由能

自由能 F,又称亥姆霍兹(Helmholtz)自由能或等容位,是一导出函数,其具体定义如下:

$$F \equiv U - TS \tag{1.25}$$

在恒容恒温下,有

$$dF = dU - TdS \tag{1.26}$$

由于 U 和 TS 为状态函数,因此自由能 F 也是状态函数。

1.3.5 自由焓

自由焓 G,又称吉布斯(Gibbs)自由能或等压位,同样是导出函数,其具体定义如下:

$$G \equiv U - TS + pV = H - TS \tag{1.27}$$

在等温等压下,有

$$dG = dH - TdS \tag{1.28}$$

与亥姆霍兹自由能类似,由于 H 和 TS 均为状态函数,因此自由焓 G 也是状态函数。

状态函数 F 和 G 总称为热力学位,两者的关系为

$$G = F + pV \tag{1.29}$$

对于凝聚态(液态和固态)物质,在压力改变不十分大时,体积改变甚微,所以在一般工程的处理中,将 F 和 G 等同起来,只有在严格处理时才将它们区分开来。

1.4 热力学第三定律

介绍第三定律的目的是为了确定熵值的计算基准,这对平衡计算极为重要。

1.4.1 能斯特热定律

19 世纪初(1804 年),能斯特(Nernst)针对低温化学反应和电池电动势测定

中恒温过程的熵变 ΔS 随温度下降不断减小(但是始终大于零)的现象提出,当纯固体或液体的状态发生改变且 $T \to 0$ K时,$\left(\frac{\partial \Delta G}{\partial T}\right)_p$ 和$\left(\frac{\partial \Delta H}{\partial T}\right)_p$ 两项都趋向于零值。

根据自由焓和焓定义

$$G = H - TS$$

在恒温下状态改变时,有

$$\Delta G_T = \Delta H_T - T\Delta S_T \qquad (1.30)$$

由上式作ΔG和T的关系图(如图1.1),在任何温度下其斜率都等于 $-\Delta S_T$,曲线切线交于 $T = 0$时有

$$\Delta G = \Delta H$$

即当 $T \to 0$时,$\Delta S \to 0$,即$\Delta C_p \to 0$。

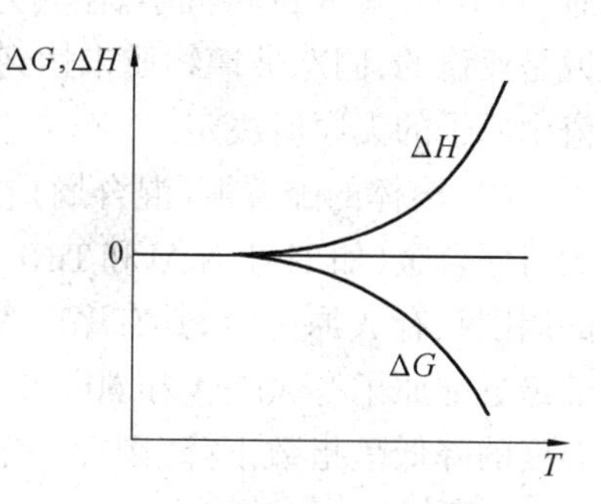

图1.1 ΔG,ΔH和T的关系

对式(1.30)微分得

$$\left(\frac{\partial \Delta G}{\partial T}\right)_p = \left(\frac{\partial \Delta H}{\partial T}\right)_p - T\left(\frac{\partial \Delta S}{\partial T}\right)_p - \Delta S$$

而(见式(2.12))

$$\left(\frac{\partial \Delta G}{\partial T}\right)_p = -\Delta S$$

因此

$$\left(\frac{\partial \Delta H}{\partial T}\right)_p = T\left(\frac{\partial \Delta S}{\partial T}\right)_p = \Delta C_p \qquad (1.31)$$

这样,当 $T \to 0$时,和$\left(\frac{\partial \Delta G}{\partial T}\right)_p$ 和$\left(\frac{\partial \Delta H}{\partial T}\right)_p \to 0$;因此当 $T \to 0$时,$\Delta S \to 0$和$\Delta C_p \to 0$(当 $T \to 0$时,$\left(\frac{\partial \Delta S}{\partial T}\right)_p \neq \infty$ 条件下成立)。

因此,对于凝聚状态所有物质的一切反应,在绝对零度时,其熵值为零。这就是**能斯特热定律**。它奠定了热力学第三定律的基础。

在理想晶体中,同样有

$$\lim_{T \to 0} S = 0 \qquad (1.32)$$

1.4.2 热力学第三定律

随着对非平衡状态研究的不断进行和深入,发现在0 K下当体系内部不完全平衡时,体系的熵值未必为零。例如:

(1) 玻璃及非晶质为过冷溶体,其液态的原子无序排列,经冻结至固态。多数物质在液态具有原子、离子或分子的复杂排列结构。对于晶体物质,一般情况

下，至转变为固态时将进行广泛的原子重新排列，使之呈规则的周期结构。但对于玻璃物质，由于其在凝固温度时没有能力进行原子的重新排列，冷却中只有单纯地增加粘度和降低原子的热运动，最后转变为固态。因此玻璃转变为固态时，其 H、U 和 S 都将减小。在热力学的凝固温度以下，玻璃态相对于结晶态来说是亚稳的，固态玻璃物质未达到完全的内部平衡，在 0 K 时熵值仍大于零，其值由原子的无序度决定。

(2) 溶体的配置熵（混合熵）在 0 K 时未必为零。如 50%A 及 50%B 原子组成的有序合金（如 TiAl、NiAl 和 TiNi 等）时，在 A 原子的周围只有 B 原子，在 B 原子的周围只有 A 原子时，其有序度等于 1。当合金完全无序时，平均来说每个原子的最近邻原子有 50%A 和 50%B 原子，其有序度为零。由于原子的活动能力因温度的降低呈指数下降，因此一个不平衡的有序溶体冷却至 0 K 时，其配置熵并不为零。

(3) 即使由化学上纯的元素组成的物质，如氯，还含有不同的同位素分子，如 $Cl^{35}-Cl^{35}$、$Cl^{35}-Cl^{37}$ 及 $Cl^{37}-Cl^{37}$ 分子，呈完全无序混合，因此在 0 K 时其混合熵并不为零。

(4) 在一定温度下，纯晶体含有一定平衡数目的点缺陷，如空位，它们在晶体中的无序分布就会引起配置熵（混合熵）。当保持体系内部平衡时，缺陷数目将因温度的降低而减少 —— 部分缺陷由内部扩散到晶体表面而消失。但扩散率因温度下降而降低，非平衡浓度的缺陷往往会被冻结至 0 K，使 0 K 时熵值不为零。

因此，热力学第三定律应表述为：**任何均匀物质在内部完全平衡条件下，在绝对零度时，其熵值为零。**

依据熵和热容的定义

$$dS = \delta Q_{(可逆)}/T \qquad \delta Q_p = C_p dT$$

对于等压的可逆过程，有

$$dS = \left(\frac{\delta Q}{T}\right)_p = \left(\frac{dH}{T}\right)_p = C_p \frac{dT}{T} \tag{1.33}$$

如一定成分的封闭体系在恒压下，温度由 T_1 升至 T_2，则 1 mol 体系熵的增值 ΔS 为

$$\Delta S = S(T_2, p) - S(T_1, p) = \int_{T_1}^{T_2} C_p \frac{dT}{T} = \int_{T_1}^{T_2} C_p d\ln T \tag{1.34}$$

当状态改变时，可由 C_p/T 对 T 所作曲线中 $T_2 - T_1$ 之间的面积，或 C_p 对 $\ln T$ 所作曲线中 $\ln T_2$ 和 $\ln T_1$ 之间的面积求得 ΔS。

在任何温度下的熵值一般可写成

$$S_T = S_0 + \int_0^T C_p \mathrm{d}\ln T \tag{1.35}$$

式中,S_0 为 0 K 时 1 mol 体系的熵。

当 $T = 298$ K 时,

$$S_{298} = \int_0^{298} C_p \mathrm{d}\ln T + S_0 \tag{1.36}$$

当 $T = \bar{T}$ K 时

$$S_T = S_{298} + \int_{298}^{\bar{T}} C_p \mathrm{d}\ln T \tag{1.37}$$

当 $T = 298$ K 时,10^5 Pa、1 mol 物质的熵值称为该物质在 298 K 时的标准熵

$$S_{298}^0 = \int_0^{298} C_p \mathrm{d}\ln T + S_0 \tag{1.38}$$

一些参考文献均给出一些物质在 298 K 时的标准熵值,利用它可求出任何温度下的标准熵值

$$S_T^0 = S_{298}^0 + \int_{298}^{T} C_p \mathrm{d}\ln T \tag{1.38'}$$

绝对熵的计算一般很复杂,并且实际意义也不很重要,工程上常采用熵变来进行体系热力学函数的计算。

1.5 热力学平衡判据

1.5.1 熵判据

由熵的定义知

$$\mathrm{d}S \geqslant \frac{\delta Q}{T} \quad \begin{matrix}\text{不可逆}\\ \text{可逆}\end{matrix}$$

即对于可逆过程等号成立,对于不可逆过程(自发过程)不等号成立。以上作为可逆过程的判据,适应于封闭体系。对于孤立体系,由于与环境无能量交换,即 $\delta Q = 0$,因此有

$$\mathrm{d}S \geqslant 0 \quad \begin{matrix}\text{不可逆}\\ \text{可逆}\end{matrix} \tag{1.39}$$

由于可逆过程是由无限多个平衡态组成,因此对于孤立体系,有

$$\mathrm{d}S \geqslant 0 \quad \begin{matrix}\text{自发(不可逆)}\\ \text{平衡(可逆)}\end{matrix} \tag{1.40}$$

式(1.40)为平衡态的熵判据。值得注意的是,上式只适于**孤立体系**,对于封闭体系,可将体系和环境一并作为整个孤立体系来考虑熵的变化,即

$$\Delta S_{总} = \Delta S_{体系} + \Delta S_{环境}$$

因此有

$$\Delta S_{总} = \Delta S_{体系} + \Delta S_{环境} \geqslant 0 \quad \begin{matrix} 自发过程 \\ 平衡状态 \end{matrix} \tag{1.41}$$

然后再利用式(1.41)来判断整个体系是否处于平衡态。

1.5.2 自由能判据

根据热力学第一定律

$$\mathrm{d}U = \delta Q - \delta W$$

其中功可分为体积功和非体积功,前者为 $p_{外}\,\mathrm{d}V$,而后者以 $\delta W'$ 表示,则上式可写成

$$p_{外}\,\mathrm{d}V + \delta W' = -\mathrm{d}U + \delta Q \tag{1.42}$$

又由热力学第二定律的表达式可知

$$\mathrm{d}S \geqslant \frac{\delta Q}{T}$$

将上式代入式(1.42)并整理,得

$$\delta W' \leqslant -\mathrm{d}U + T\mathrm{d}S - p_{外}\,\mathrm{d}V$$

若过程是在等温等容下进行,T 为常数,$\mathrm{d}V = 0$,则

$$\delta W' \leqslant -\mathrm{d}U + T\mathrm{d}S = -\mathrm{d}(U - TS) = -\mathrm{d}F$$

即

$$\delta W' \leqslant -\mathrm{d}F \quad \begin{matrix} 不可逆 \\ 可逆 \end{matrix} \tag{1.43}$$

或

$$\mathrm{d}F \leqslant -\delta W' \quad \begin{matrix} 不可逆 \\ 可逆 \end{matrix} \tag{1.44}$$

式(1.43)和(1.44)表明:在等温等容下,对于可逆过程体系所做的非体积功等于体系自由能的减少,对于不可逆过程体系所做的非体积功小于自由能的减少。

若当体系不做非体积功时,$\delta W' = 0$,此时在等温等压下,有

$$(\mathrm{d}F)_{T,V} \leqslant 0 \quad \begin{matrix} 自发过程 \\ 平衡状态 \end{matrix} \tag{1.45}$$

上式表明,体系在等温等容不做非体积功时,任其自然,自发变化总是向自由能减小的方向进行,直至自由能减小到最低值,体系达到平衡为止。

1.5.3 自由焓判据

对于等温等压过程,有 $p_{外}\mathrm{d}V = p\mathrm{d}V$,式(1.42)可改写为

$$p\mathrm{d}V + \delta W' = -\mathrm{d}U + \delta Q \tag{1.46}$$

$$\delta W' \leqslant -\mathrm{d}U + T\mathrm{d}S - p\mathrm{d}V = -\mathrm{d}(U + TS - pV) = -\mathrm{d}G$$

所以

$$\delta W' \leqslant -\mathrm{d}G \quad \begin{matrix}\text{不可逆}\\ \text{可逆}\end{matrix} \tag{1.47}$$

上式表明,在等温等压下,可逆过程所做的非体积功等于体系自由焓的减少,不可逆过程体系只能向自由焓减小的方向进行。

当体系不做非体积功时,$\delta W' = 0$。在等温等压下,有

$$\mathrm{d}G \leqslant 0 \quad \begin{matrix}\text{自发过程}\\ \text{平衡状态}\end{matrix} \tag{1.48}$$

所以体系在等温等压下不做非体积功时,任其自然,自发变化总是向自由焓减小的方向进行,直至自由焓减小到最低值,体系达到平衡为止。

在以上三个热力学平衡判据中,第一个判据适于孤立体系,而第二和第三个判据则适于封闭体系。

第2章　热力学状态函数及其关系式

由热力学基本定律导出的热力学状态函数关系式很多,常遇到的关系式包括状态函数关系式、麦克斯维关系式、吉布斯－亥姆霍兹方程、基尔霍夫公式、克劳修斯－克拉佩龙方程、埃阑菲斯特方程、理查德规则和楚顿规则等,这些关系式在材料热力学中具有极其重要的地位。下面分别予以介绍。

2.1　基本定义关系式与状态函数关系式

在热力学基本定律中,引出的五个状态函数 U、H、S、F、G,连同可以直接测量 p、V、T、C_p、C_V 等函数,都是重要的热力学性质,它们对过程中的能量计算,以及过程的判断是不可缺少的。这些状态函数并不是孤立的,它们之间由热力学基本方程相互联系着(见图2－1)。它们之间的关系表示如下:

$$H = U + pV$$

$$F = U - TS$$

$$G = U + pV - TS = H - TS$$

五个引出的热力学状态函数中,基本函数是内能 U 和熵 S,它们具有明确的物理意义,而其它三个函数 H、F、G 是基本状态函数的组合。

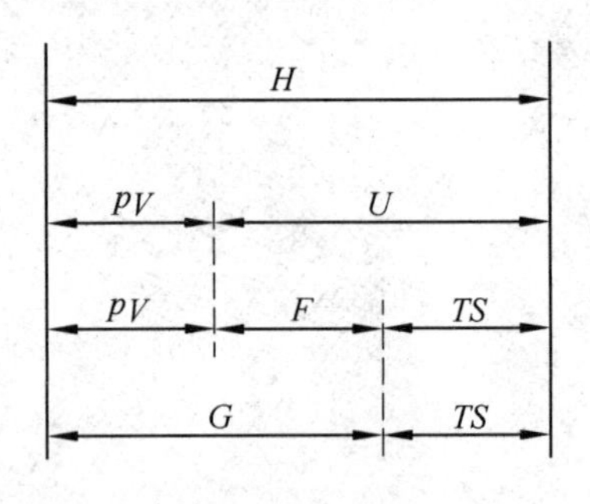

图2.1　热力学函数间的关系

运用微分原理可以得出这些状态函数之间相互联系的许多关系式。当封闭体系进行只做体积功的可逆过程时,由热力学第一定律和第二定律可以得出热力学基本公式。

由热力学第一定律可知

$$dU = \delta Q - \delta W$$

同时

$$\delta W = p dV$$

所以

$$dU = \delta Q - p dV$$

对于可逆过程,熵的定义为

$$dS = \delta Q/T$$

即

$$\delta Q = TdS$$

因此有

$$dU = TdS - pdV \tag{2.1}$$

在此基础上引入 H、F 和 G,得到相应的关系式。

由焓的定义 $H = U + pV$,微分得到

$$dH = dU + pdV + Vdp$$

将 dU 代入上式,可得

$$dH = TdS + Vdp \tag{2.2}$$

由 F 和 G 的定义及式(2.2) 得

$$dF = -SdT - pdV \tag{2.3}$$

$$dG = -SdT + Vdp \tag{2.4}$$

以上四式(2.1) ~ (2.4) 为**热力学基本公式**,又称为**克劳修斯方程组**。

由于 U、H、F、G 皆为状态函数,其微分均为全微分。又因为 $U = U(S,V)$, $H = (S,p)$, $F = F(T,V)$, $G = G(T,p)$ 写成全微分的形式则为

$$dU = \left(\frac{\partial U}{\partial S}\right)_V dS + \left(\frac{\partial U}{\partial V}\right)_S dV \tag{2.5}$$

$$dH = \left(\frac{\partial H}{\partial S}\right)_V dS + \left(\frac{\partial H}{\partial p}\right)_S dp \tag{2.6}$$

$$dF = \left(\frac{\partial F}{\partial T}\right)_V dT + \left(\frac{\partial F}{\partial V}\right)_T dV \tag{2.7}$$

$$dG = \left(\frac{\partial G}{\partial T}\right)_p dT + \left(\frac{\partial G}{\partial p}\right)_T dp \tag{2.8}$$

将此四式与热力学基本公式比较得

$$\left(\frac{\partial U}{\partial S}\right)_V = \left(\frac{\partial H}{\partial S}\right)_p = T \tag{2.9}$$

$$\left(\frac{\partial U}{\partial V}\right)_S = \left(\frac{\partial F}{\partial V}\right)_V = -p \tag{2.10}$$

$$\left(\frac{\partial H}{\partial p}\right)_S = \left(\frac{\partial G}{\partial p}\right)_T = V \tag{2.11}$$

$$\left(\frac{\partial F}{\partial T}\right)_V = \left(\frac{\partial G}{\partial T}\right)_p = -S \tag{2.12}$$

以上四式(2.9) ~ (2.12) 称为对应系数关系式,又称**状态函数关系式**。

2.2 麦克斯维关系式

首先介绍一下全微分。假设体系的某性质 A 为自变量 x 和 y 的显式或隐式函数，则有

$$dA = \left(\frac{\partial A}{\partial x}\right)_y dx + \left(\frac{\partial A}{\partial y}\right)_x dy$$

并有

$$\frac{\partial^2 A}{\partial x \partial y} = \frac{\partial^2 A}{\partial y \partial x}$$

即二阶导数与求导顺序无关。相反地，对于一无限小的增量 dA，若仅知道

$$dA = L(x, y)dx + M(x, y)dy$$

其中，L 和 M 是独立变量 x 和 y 的函数。若以上 dA 为全微分，其充分必要条件是 L 和 M 应满足：

$$\left(\frac{\partial L}{\partial y}\right)_x = \left(\frac{\partial M}{\partial x}\right)_y = \frac{\partial^2 A}{\partial x \partial y}$$

将上述全微分的概念应用到热力学基本公式（式(2.1) ~ (2.4)）中，得

$$\left(\frac{\partial T}{\partial V}\right)_S = -\left(\frac{\partial p}{\partial S}\right)_V = \frac{\partial^2 U}{\partial V \partial S} \tag{2.13}$$

$$\left(\frac{\partial T}{\partial p}\right)_S = \left(\frac{\partial V}{\partial S}\right)_p = \frac{\partial^2 H}{\partial p \partial S} \tag{2.14}$$

$$\left(\frac{\partial S}{\partial V}\right)_T = \left(\frac{\partial p}{\partial T}\right)_V = \frac{\partial^2 F}{\partial V \partial T} \tag{2.15}$$

$$\left(\frac{\partial S}{\partial p}\right)_T = -\left(\frac{\partial V}{\partial T}\right)_p = \frac{\partial^2 G}{\partial p \partial T} \tag{2.16}$$

将式(2.1) 两边在等温下对体积 V 求偏导，得

$$\left(\frac{\partial U}{\partial V}\right)_T = T\left(\frac{\partial S}{\partial V}\right)_T - p \tag{2.17}$$

再将式(2.15) 代入式(2.17)，得

$$\left(\frac{\partial U}{\partial V}\right)_T = T\left(\frac{\partial p}{\partial T}\right)_V - p \tag{2.18}$$

以上六式(2.13) ~ (2.18) 为**麦克斯维(Mamwell) 关系式**。其意义在于能够利用可测定的偏微商来换算不易测定的偏微商。

若材料的膨胀系数 α_T 定义为

$$\alpha_T = \frac{1}{V}\left(\frac{\partial V}{\partial T}\right)_p$$

利用麦克斯维关系式中的式(2.16)可求得

$$\left(\frac{\partial S}{\partial p}\right)_T = -\left(\frac{\partial V}{\partial T}\right)_p = -\alpha_T V \tag{2.19}$$

如在恒温下将式(2.2)对压力 p 微分,可以得到

$$\left(\frac{\partial H}{\partial p}\right)_T = T\left(\frac{\partial S}{\partial p}\right)_T + V = V(1 - \alpha_T T) \tag{2.20}$$

由于膨胀系数 α_T 可以通过测量得到,因此可用上两式得到某温度下材料的 S 和 H 随压力的变化。

2.3 吉布斯 - 亥姆霍兹方程

由自由焓的定义

$$G = H - TS = U + pV - TS$$

微分得

$$\mathrm{d}G = \mathrm{d}U - T\mathrm{d}S - S\mathrm{d}T + p\mathrm{d}V + V\mathrm{d}p$$

而

$$\mathrm{d}U = T\mathrm{d}S - p\mathrm{d}V$$

因此

$$\mathrm{d}G = -S\mathrm{d}T + V\mathrm{d}p \tag{2.21}$$

又因为自由焓可表示成温度 T 和压力 p 的函数,即

$$G = G(T,p)$$

微分得

$$\mathrm{d}G = \left(\frac{\partial G}{\partial T}\right)_p \mathrm{d}T + \left(\frac{\partial G}{\partial p}\right)_T \mathrm{d}p \tag{2.22}$$

对比式(2.21)和式(2.22),可得

$$\left(\frac{\partial G}{\partial T}\right)_p = -S \tag{2.23}$$

$$\left(\frac{\partial G}{\partial p}\right)_T = V \tag{2.24}$$

将自由焓的定义式除以 T 得

$$\frac{G}{T} = \frac{H}{T} - S$$

恒压下将上式对 T 微分得

$$\left[\frac{\partial(G/T)}{\partial T}\right]_p = \left[\frac{\partial(H/T)}{\partial T}\right]_p - \left(\frac{\partial S}{\partial T}\right)_p$$

再将等式右边第一项展开,有

$$\left[\frac{\partial(G/T)}{\partial T}\right]_p = \frac{1}{T}\left(\frac{\partial H}{\partial T}\right)_p + H\left[\frac{\partial(1/T)}{\partial T}\right]_p - \left(\frac{\partial S}{\partial T}\right)_p \tag{2.25}$$

根据定压热容的定义,有

$$\frac{1}{T}\left[\frac{\partial H}{\partial T}\right]_p = \frac{C_p}{T} \tag{2.26}$$

并有

$$\left[\frac{\partial(1/T)}{\partial T}\right]_p = \frac{-\partial T/T^2}{\partial T} = -\frac{1}{T^2} \tag{2.27}$$

对于等压过程有

$$\mathrm{d}S = \frac{\delta Q}{T} = \frac{\mathrm{d}H}{T} = \frac{C_p \mathrm{d}T}{T}$$

则

$$C_p \mathrm{d}T = T\mathrm{d}S$$

或

$$\left(\frac{\partial S}{\partial T}\right)_p = \frac{C_p}{T} \tag{2.28}$$

将式(2.26)、(2.27)和(2.28)代入式(2.25),得

$$\left[\frac{\partial(G/T)}{\partial T}\right]_p = -\frac{H}{T^2} \tag{2.29}$$

$$\left[\frac{\partial(G/T)}{\partial(1/T)}\right]_p = H \tag{2.30}$$

当自由焓变化时,上式可写成

$$\left[\frac{\partial(\Delta G/T)}{\partial(1/T)}\right]_p = \Delta H \tag{2.31}$$

上面式(2.29)、(2.30)和(2.31)均为**吉布斯-亥姆霍兹(Gibbs-Helmholtz)方程的关系式**。由式(2.31)可见,若以$(\Delta G/T)$对$(1/T)$作图,则曲线的斜率即为ΔH。

2.4 基尔霍夫公式

对于化学反应

$$bB + dD = gG + rR \tag{2.32}$$

已知298 K和10^5 Pa时热效应ΔH_{298}^0($=Q_p$,ΔH_{298}^0称为298 K时的标准反应热),可按以下方法求出其它温度下的标准反应热ΔH_T^0。

根据盖斯定律"化学反应不管是一步完成还是多步完成,其热效应相同",

在 10^5 Pa、T K 下上述化学反应可分成如下形式：

$$
\begin{array}{ccc}
bB + dD & \xrightarrow[T\,\mathrm{K}]{\Delta H_T^0} & gG + rR \\
\Delta H_1^0 \downarrow & & \uparrow \Delta H_2^0 \\
bB + dD & \xrightarrow[298\,\mathrm{K}]{\Delta H_{298}^0} & gG + rR
\end{array}
$$

因此有

$$\Delta H_T^0 = \Delta H_{298}^0 + \Delta H_1^0 + \Delta H_2^0 \tag{2.33}$$

而

$$\Delta H_2^0 = \int_{298}^{T} [g(C_p)_G + r(C_p)_R] \mathrm{d}T$$

$$\Delta H_1^0 = -\int_{298}^{T} [b(C_p)_B + d(C_p)_D] \mathrm{d}T$$

将上两式代入式(2.33)，得

$$\Delta H_T^0 = \Delta H_{298}^0 + \int_{298}^{T} [g(C_p)_G + r(C_p)_R - b(C_p)_B - d(C_p)_D] \mathrm{d}T \tag{2.34}$$

令

$$\Delta C_p = g(C_p)_G + r(C_p)_R - b(C_p)_B - d(C_p)_D = (\sum C_p)_{\text{生成物}} - (\sum C_p)_{\text{反应物}}$$

代入式(2.34)，得

$$\Delta H_T^0 = \Delta H_{298}^0 + \int_{298}^{T} \Delta C_p \mathrm{d}T \tag{2.35}$$

如果已知任意温度 T_1 时反应的 $\Delta H_{T_1}^0$，可求出其它温度 T_2 下 $\Delta H_{T_2}^0$，其通式为

$$\Delta H_{T_2}^0 = \Delta H_{T_1}^0 + \int_{T_1}^{T_2} \Delta C_p \mathrm{d}T \tag{2.36}$$

将上式写成微分的形式，有

$$\left[\frac{\partial(\Delta H)}{\partial T} \right]_p = \Delta C_p \tag{2.37}$$

此为**基尔霍夫(Kirchhoff)公式**，又称**基尔霍夫定律**。该定律说明，某一化学反应的热效应随温度而变化是由于生成物和反应物的热容不同引起的，热效应随温度的变化率等于生成物等压热容之和减去反应物等压热容之和。

2.5 克劳修斯 - 克拉佩龙方程

在介绍克劳修斯 - 克拉佩龙(Clausius - Clapeyron)方程之前，先介绍一级相变和二级相变的概念。

体系由一相转变为另一相时，如果两相（α相和β相）的自由能相等，但是自由能的一级偏微商（一阶导数）不等，则称为一级相变，即

$$G^{\alpha} = G^{\beta}$$

$$\left(\frac{\partial G^{\alpha}}{\partial T}\right)_p \neq \left(\frac{\partial G^{\beta}}{\partial T}\right)_p, \quad \left(\frac{\partial G^{\alpha}}{\partial p}\right)_T \neq \left(\frac{\partial G^{\beta}}{\partial p}\right)_T$$

由热力学基本公式

$$\mathrm{d}G = -S\mathrm{d}T + V\mathrm{d}p$$

可知

$$\left(\frac{\partial G}{\partial T}\right)_p = -S, \quad \left(\frac{\partial G}{\partial p}\right)_T = V$$

因此，体系在平衡相变温度下进行一级相变时，熵和体积发生不连续的变化，相变时伴有相变潜热的释放。多数的相变属于一级相变，如金属的凝固、熔化等。

二级相变的特点是，相变时两相的自由能相等，其一级偏微商也相等，但二级偏微商不等，即

$$G^{\alpha} = G^{\beta}, \left(\frac{\partial G^{\alpha}}{\partial T}\right)_p = \left(\frac{\partial G^{\beta}}{\partial T}\right)_p, \left(\frac{\partial G^{\alpha}}{\partial p}\right)_T = \left(\frac{\partial G^{\beta}}{\partial p}\right)_T$$

$$\left(\frac{\partial^2 G^{\alpha}}{\partial T^2}\right)_p \neq \left(\frac{\partial^2 G^{\beta}}{\partial T^2}\right)_p, \left(\frac{\partial^2 G^{\alpha}}{\partial p^2}\right)_T \neq \left(\frac{\partial^2 G^{\beta}}{\partial p^2}\right)_T, \frac{\partial^2 G^{\alpha}}{\partial p \partial T} \neq \frac{\partial^2 G^{\beta}}{\partial p \partial T}$$

由于

$$\left(\frac{\partial^2 G}{\partial T^2}\right)_p = \left[\frac{\partial}{\partial T}(-S)\right]_p = -\left(\frac{\partial S}{\partial T}\right)_p = -\frac{C_p}{T}$$

$$\left(\frac{\partial^2 G}{\partial p^2}\right)_T = \left(\frac{\partial V}{\partial p}\right)_T = -\kappa_p V$$

$$\frac{\partial^2 G}{\partial p \partial T} = \left(\frac{\partial V}{\partial T}\right)_p = \alpha_T V$$

其中，α_T 和 κ_p 分别为等压膨胀系数和等温压缩系数。可见体系在平衡相变温度下发生二级相变时，$S^{\alpha} = S^{\beta}$，$V^{\alpha} = V^{\beta}$，$(C_p)^{\alpha} \neq (C_p)^{\beta}$，$\alpha_T^{\alpha} \neq \alpha_T^{\beta}$，$\kappa_p^{\alpha} \neq \kappa_p^{\beta}$，同时无相变潜热释放。金属的磁性改变、超导转变、部分合金的有序－无序转变均属此类。

由同一组元组成的体系存在两相（假定α和β相）平衡的条件是，两相的自由能相等，即

$$G^{\alpha} = G^{\beta} \tag{2.38}$$

若在给定压力下的某一相变温度为 $T^{\alpha \to \beta}$ 时，有

$$G^{\alpha \to \beta} = G^{\beta} - G^{\alpha} = 0$$

因此

$$H^{\alpha} - T^{\alpha\to\beta} S^{\alpha} = H^{\beta} - T^{\alpha\to\beta} S^{\beta}$$

即

$$H^{\beta} - H^{\alpha} = T^{\alpha\to\beta}(S^{\beta} - S^{\alpha})$$

也可写成

$$\Delta H^{\alpha\to\beta} = T^{\alpha\to\beta} \Delta S^{\alpha\to\beta} \tag{2.39}$$

由此可估算熔化熵和沸化熵,以及熔化热和沸化热。

当两相平衡时,式(2.38)可写成

$$\mathrm{d}G^{\alpha} = \mathrm{d}G^{\beta} \tag{2.40}$$

而由热力学基本方程可知

$$\mathrm{d}G = -S\mathrm{d}T + V\mathrm{d}p$$

因此有

$$-S^{\alpha}\mathrm{d}T + V^{\alpha}\mathrm{d}p = -S^{\beta}\mathrm{d}T + V^{\beta}\mathrm{d}p \tag{2.41}$$

移项后有

$$\frac{\mathrm{d}p}{\mathrm{d}T} = \frac{S^{\beta} - S^{\alpha}}{V^{\beta} - V^{\alpha}} = \frac{\Delta S}{\Delta V} \tag{2.42}$$

$$\frac{\mathrm{d}p}{\mathrm{d}T} = \frac{\Delta H}{T\Delta V} \tag{2.43}$$

此式称为**克劳修斯-克拉佩龙方程**,简称克-克方程。该方程用于研究一级相变时压力对平衡相变温度的影响。

2.6 埃阑菲斯特方程

对于二级相变,由于相变时没有熵的突变和体积突变,即 $\Delta S = 0$ 和 $\Delta V = 0$,所以克-克方程将成为 $\mathrm{d}p/\mathrm{d}V = 0/0$,要研究压力对平衡相变温度的影响,需要用埃阑菲斯特(Ehrenfest)方程。

由于

$$G^{\alpha} = G^{\beta},\quad \left(\frac{\partial G^{\alpha}}{\partial T}\right)_p = \left(\frac{\partial G^{\beta}}{\partial T}\right)_p,\quad \left(\frac{\partial G^{\alpha}}{\partial p}\right)_T = \left(\frac{\partial G^{\beta}}{\partial p}\right)_T$$

则

$$\left[\frac{\partial}{\partial T}\left(\frac{\partial G^{\alpha}}{\partial T}\right)\right]_p \mathrm{d}T = \left[\frac{\partial}{\partial T}\left(\frac{\partial G^{\beta}}{\partial T}\right)\right]_p \mathrm{d}T$$

$$\left[\frac{\partial}{\partial p}\left(\frac{\partial G^{\alpha}}{\partial T}\right)\right]_T \mathrm{d}p = \left[\frac{\partial}{\partial p}\left(\frac{\partial G^{\beta}}{\partial T}\right)\right]_T \mathrm{d}p$$

将上两式相加,得

$$\left[\frac{\partial}{\partial T}\left(\frac{\partial G^{\alpha}}{\partial T}\right)\right]_p \mathrm{d}T + \left[\frac{\partial}{\partial p}\left(\frac{\partial G^{\alpha}}{\partial T}\right)\right]_T \mathrm{d}p = \left[\frac{\partial}{\partial T}\left(\frac{\partial G^{\beta}}{\partial T}\right)\right]_p \mathrm{d}T + \left[\frac{\partial}{\partial p}\left(\frac{\partial G^{\beta}}{\partial T}\right)\right]_T \mathrm{d}p \tag{2.44}$$

而

$$\left(\frac{\partial^2 G}{\partial T^2}\right)_p = \left[\frac{\partial}{\partial T}\left(\frac{\partial G}{\partial T}\right)\right]_p = -\left(\frac{\partial S}{\partial p}\right)_p = -\frac{C_p}{T}$$

$$\frac{\partial^2 G}{\partial p \partial T} = \frac{\partial}{\partial T}\left(\frac{\partial G}{\partial p}\right) = \left(\frac{\partial V}{\partial T}\right)_p = \left[\frac{1}{V}\left(\frac{\partial V}{\partial T}\right)\right]_p V = \alpha_T V$$

$$\frac{\partial^2 G}{\partial p^2} = \frac{\partial}{\partial p}\left(\frac{\partial G}{\partial p}\right) = \left(\frac{\partial V}{\partial p}\right)_T = \left[\frac{1}{V}\left(\frac{\partial V}{\partial p}\right)_T\right] V = \kappa_p V$$

代入式(2.44)得

$$-\frac{C_p^{\alpha}}{T}\mathrm{d}T + \alpha_T^{\alpha} V \mathrm{d}p = -\frac{C_p^{\beta}}{T}\mathrm{d}T + \alpha_T^{\beta} V \mathrm{d}p$$

因此有

$$\frac{\mathrm{d}p}{\mathrm{d}T} = \frac{C_p^{\beta} - C_p^{\alpha}}{TV(\alpha_T^{\beta} - \alpha_T^{\alpha})} = \frac{\Delta C_p}{TV\Delta\alpha_T} \tag{2.45}$$

上式称为**埃阑菲斯特方程**,是二级相变的基本方程。

当压力为 p,温度为 T 的体系达到平衡时,若有 $V^{\alpha} = V^{\beta} = V$,则在 $p + \mathrm{d}p$ 和 $T + \mathrm{d}T$ 的情况下达到平衡时,应有

$$V^{\alpha} + \mathrm{d}V^{\alpha} = V^{\beta} + \mathrm{d}V^{\beta}$$

即

$$\mathrm{d}V^{\alpha} = \mathrm{d}V^{\beta}$$

但因

$$\mathrm{d}V = \left(\frac{\partial V}{\partial T}\right)_p \mathrm{d}T + \left(\frac{\partial V}{\partial p}\right)_T \mathrm{d}p = \alpha_T V \mathrm{d}T - \kappa_p V \mathrm{d}p$$

而 $V^{\alpha} = V^{\beta}$,故

$$\frac{\mathrm{d}p}{\mathrm{d}T} = \frac{\alpha_T^{\beta} - \alpha_T^{\alpha}}{\kappa_p^{\beta} - \kappa_p^{\alpha}} = \frac{\Delta\alpha_T}{\Delta\kappa_p} \tag{2.46}$$

此式为 Ehrenfest 方程的另一种表达形式。

或者利用微分学中的罗比塔法则来解决 0/0 问题,得

$$\frac{\mathrm{d}p}{\mathrm{d}T} = \frac{\frac{\partial}{\partial T}(\Delta S)}{\frac{\partial}{\partial T}(\Delta V)} \quad 或 \quad \frac{\mathrm{d}p}{\mathrm{d}T} = \frac{\frac{\partial}{\partial p}(\Delta S)}{\frac{\partial}{\partial p}(\Delta V)}$$

所以有

$$\frac{\mathrm{d}p}{\mathrm{d}T} = \frac{\Delta C_p}{TV\Delta\alpha_T} = \frac{\Delta\alpha_T}{\Delta\kappa_p}$$

2.7 理查德规则和楚顿规则

对于凝聚相，当过程中存在相变时，体系在相变温度 T_m 以上某一温度 T 的熵值 S_T 可表示为

$$S_T = S_{298} + \int_{298}^{T_m} C_p^s \mathrm{d} \ln T + \Delta S_m + \int_{T_m}^{T} C_p^l \mathrm{d} \ln T$$

其中，C_p^s 和 C_p^l 分别为固相和液相的热容，ΔS_m 为熔化熵。设熔化热为 ΔH_m，则

$$\Delta S_m = \Delta H_m / T_m$$

纯物质的 S_{298}、ΔH_m 和 T_m 均可由热力学数据表中查得。

对纯金属作 ΔH_m 和 T_m 的关系图，得 $\Delta H_m / T_m$ 的值在 $8.3\ \mathrm{J \cdot mol^{-1} \cdot K^{-1}}$ 附近，因此，理查德(Richard) 指出

$$\Delta S_m = \Delta H_m / T_m \approx R \tag{2.47}$$

称为理查德(Richard) 公式，或**理查德规则**。

同样，作一些纯金属的蒸发热 ΔH_v(在沸点 T_b 时的摩尔沸化热) 与沸点 T_b 的关系图，也可得到一直线，其斜率为 $87.9\ \mathrm{J \cdot mol^{-1} \cdot K^{-1}}$。

楚顿(Trouton) 指出

$$\Delta S_v = \Delta H_v / T_b = 87.9\ \mathrm{J \cdot mol^{-1} \cdot K^{-1}} \tag{2.48}$$

称为**楚顿规则**。

可见，各种固体金属的熔化熵大致相等，各种液体金属的沸化熵也大致相等，当已知某重金属的熔化热和沸化热时，可利用理查德规则和楚顿规则来估算物质的熔点和沸点。

第3章 统计热力学基础

3.1 热力学几率与熵的统计意义

3.1.1 经典热力学与统计热力学

关于宏观体系热现象的基础理论已经形成相辅相成的两大分支,即经典热力学与统计热力学。第一章和第二章所介绍的热力学又称经典热力学,是研究热现象基本规律的宏观理论,所研究对象是含有大量粒子的平衡体系,是以在经验或实验数据基础上总结出的三个定律为基础,利用反应热、热容、熵等热力学函数,研究平衡体系各宏观性质之间的相互关系,进而预示过程自动进行的方向和可能性。

统计热力学,又称统计物理学或统计力学,是研究热现象基本规律的微观理论,其研究对象仍是由大量微观粒子(包括分子、原子和离子等)所组成的体系。与经典热力学所不同的是,统计热力学是从体系内部粒子的微观运动性质及结构数据出发,以粒子普遍遵循的力学定律为基础,用统计的方法直接推求大量粒子运动的统计平均结果,以得到平衡体系各种宏观性质的具体数值。

在某一微观范围内,微观粒子的数目起伏不定,同时每个粒子所具有的能量也是起伏不定的。但在宏观上一定体积、温度和压力下,在一定时间内表现有一定的粒子数目,并具有恒定的能量。当求微观量的统计平均值时所选的体积从微观上看必须足够大,从宏观上看要足够小;所考虑的时间从微观上看必须足够长,从宏观上看则要足够小,才能得到稳定的统计平均值。统计热力学所要解释的宏观性质应是在一定宏观条件下大量观测数据的平均结果,即统计平均,所要求的平均值是在一定宏观条件下一切可能的微观运动状态的平均值。

对于微观粒子(如多原子分子),仅用笛卡尔坐标和动量坐标来描述粒子的运动总觉不大方便,于是常用广义坐标和广义动量来描述。例如,描述一个粒子的体系,需要用3个独立坐标参数。由 n 个无相互作用的独立质点的体系,需要 $3n$ 个独立坐标参数来描述。这些独立的坐标数目就叫做体系的**自由度**。因此 n

个无相互作用的独立质点的体系，就有 $3n$ 个自由度，即用 $3n$ 个广义坐标来描述。具有 s 个自由度的力学体系的微观运动状态，几何上以 s 个广义坐标 q_1，q_2，…，q_s 和 s 个广义动量 p_1，p_2，…，p_s 为坐标轴组成的一个 $2s$ 维的抽象空间来描述，这种抽象空间通常称为**相空间或相宇**(phase space)，有时也称 Γ 空间。相空间中任何一个特定的质点规定了 s 个特定的广义坐标和 s 个广义动量，它代表了整个体系的一种特定状态，因此相空间中的点通常称为**体系的代表点**。这样微观状态用相空间或子相空间描述，其基本要素为连续的广义坐标和广义动量。

经典粒子体系的运动状态也可用由单个粒子的广义坐标和广义动量为坐标轴构成的抽象空间来描述。这样的空间常称为子相空间或子相宇，有时也称 μ 空间(μ 指 molecule，即分子)。μ 空间中的一个点代表一个粒子的一种运动状态，因此由 N 个粒子组成的体系的一种微观状态在 μ 空间中要有 N 个点来描述。为了能用一个 μ 空间描述体系中所有粒子的运动状态，组成体系的粒子必须具有相同的力学性质。

统计热力学，按照微观结构和微观运动规则的不同，可分为经典统计和量子统计两种。服从经典力学规律的微观粒子组成的体系称经典粒子体系，而服从量子力学规律的微观粒子组成的体系称量子粒子体系。

经典统计是建立在经典力学基础上的统计，其粒子的运动满足经典力学，其代表是麦克斯维(Maxwell)与玻尔兹曼(Boltzmann)所创立的“组合分析”理论和吉布斯(Gibbs)创立的系综理论。而量子统计是采用建立在量子力学基础上的统计方法，其粒子的运动满足量子力学规则。根据微观粒子的量子特性形成了两种常用统计，即费米(Fermi)－狄拉克(Dirac)统计和玻色(Bose)－爱因斯坦(Einstain)统计。量子统计理论还根据经典系综理论形成了量子统计中的系综理论。

经典统计认为，即使是同种粒子也是彼此可分辨的，任意两个粒子即使在物理性质或化学性质上完全相同，仍可通过它们各自所在子相空间中的位置(坐标和动量)加以区分，它们有各自的运动轨迹，相互不混淆。每个粒子运动状态的变化都会引起整个体系状态的改变。

在量子统计中，用量子态描述微观状态，其基本要素为分立的能级和波函数。按照量子力学的观点，微观粒子不仅具有粒子性，还有波动性，粒子的运动状态可用波函数来描述(波函数模的平方 $|\Psi(r,t)|^2$ 表示 t 时刻位于 r 处的单位体积元内找到粒子的几率)。如果两个粒子的固有特性(质量、电荷、自旋等)完全相同，即是全同粒子，当它的波函数发生重叠时，根本无法辨认哪一部分来自哪一个粒子。实际上根本无法对全同粒子编号，它们服从**全同性原理**。两个粒

子的量子态交换后并不引起系统的新的微观态。

满足量子力学的粒子体系的宏观状态对应着一定的微观状态数目。设一个体系由 N 个彼此间没有相互作用的粒子组成，同时这些粒子可以在 n 个能级上分布。若不考虑粒子的不可分辨性，微观状态的确定要求规定每一个粒子处于哪一个能级上。若有 g_n 个量子状态具有相同的能量 ε_n，则称 g_n 个量子态是简并的，并称 g_n 为能级 ε_n 的简并度(或简并因子)。若体系的能级是简并的，此时同一能级可对应于多个量子态，因此还要规定每一个粒子处于哪个量子态上。如果有 n_1 个粒子处于第一能级的 g_1 个量子态上，有 n_2 个粒子处于第一能级的 g_2 个量子态上……，那么可以用一系列数 $\{n_i\} = \{n_1, n_2, \cdots, n_i, \cdots\}$ 来描述一个体系的宏观状态，数列 $\{n_i\}$ 有时称为**一种分布**。一种分布 $\{n_i\}$ 对应的微观状态数也就是一种宏观状态对应的微观状态数。

3.1.2 数学几率与热力学几率

1. 随机试验与事件

观察现象总是在一定条件下进行的，每次观察可看做一次试验。在某些条件下试验时，发生某种必然结果，则称这种试验是非随机的。如果在同一条件下，每次试验不一定得到同一结果，但是在大量重复试验时，每次试验结果都有一定机会出现，或者说，试验结果总是按一定比例出现，则称这种试验是随机试验。随机试验所遵守的规律，称为统计规律。

在随机试验大量结果中的每一结果，称之为一个事件。

2. 频率与几率

随机事件的主要特点就是其试验结果的不确定性。在单独一次试验中，某个事件是否出现是不能肯定的。然而在条件相同情况下，做大量重复试验时，某个随机事件就可能呈现出一种稳定性。

如果在某些条件不变的情况下，进行了 N 次试验，互斥事件的数目分别出现的次数为 $N_1, N_2, \cdots, N_A, \cdots, N_n$，则定义

$$\nu_A = \frac{N_A}{N} \tag{3.1}$$

其中，$N = N_1 + N_2 + \cdots + N_A + \cdots + N_n$，$\nu_A$ 称之为某事件 A 出现的**频率**。一般来说，ν_A 是随试验的总次数 N 的改变而改变的，并且随着观察次数的增加，N_A 与 N 的比值趋向一确定值。因此，当 $N \to \infty$ 时，N_A/N 趋向于不含有显著变化的一极限值，定义为事件 A 出现的**几率**，记为 P_A，即

$$P_A = \lim_{N \to \infty} \frac{N_A}{N} \quad (0 \leqslant N_A \leqslant N) \tag{3.2}$$

对于统计热力学来说，上述随机事件的几率就是热力学体系的状态出现的

几率。在对热力学体系进行试验观察时，每次观察结果都呈现出体系所处的状态，因此，热力学中每一种状态就是上述的一事件。

由几率定义可知，P_A 必有

$$0 \leqslant P_A \leqslant 1 \tag{3.3}$$

的性质。

如果体系的状态 A 与状态 B 不能同时出现，而仅能出现状态 A 或状态 B 时，即事件 A 与事件 B 是**不相容的**，其各自几率分别为 P_A 和 P_B，则体系出现状态 A 或状态 B 的联合几率 P_{A+B} 为此二几率之和，即

$$P_{A+B} = P_A + P_B \tag{3.4}$$

这个结论称为**几率加法定理**，或**几率的加和性**。该结论能很容易推广到两个以上的互不相容状态上。

若有一个复杂体系，由两个彼此不相关的子体系组成，假如其中一个子体系出现某一状态 A，其几率为 P_A，另一子体系出现某一状态 B，其几率为 P_B，则这个复合体系同时出现 A、B 两状态（称 A、B 二事件相容）的几率 P_{AB} 等于 A、B 状态各自独立出现的几率的乘积，即

$$P_{AB} = P_A \cdot P_B \tag{3.5}$$

式(3.5) 称为**几率相乘定理**。

对于一个由许多独立子体系组成的复合体系，由几率相乘定理可得

$$P = P_A \cdot P_B \cdot P_C \cdots = \prod_i P_i \tag{3.6}$$

一个复合体系可由许多彼此之间没有相互作用的独立体系组成，由于这些子体系互不相关，所以任一子体系状态改变并不影响其它子体系状态出现的几率。这种体系状态出现的几率彼此的无关性称为**统计的独立性**。因此，复合体系的几率可写成几个独立因子的乘积，则这些独立因子就表示统计性独立的各子体系的相应状态的几率。

3. 内禀(或先验) 几率

如果在每次试验中，所有的可能结果的数目都是有限的，各个结果出现的机会是均等的(等几率性)，所出现结果的可能性与时间或试验的先后次序无关，这时，出现状态(事件) i 的几率记为 g_i，则有

$$g_i = \frac{N_i}{N} \tag{3.7}$$

g_i 称为**内禀几率**或**先验几率**。事实上，式(3.2) 与式(3.7) 是完全一致的，在满足上述条件情况下，式(3.2) 可简化为式(3.7)。

4. 几率的归一化

由几率的加和性可推知，体系处于一切可能状态的总几率等于 1，即

$$\sum_A P_A = 1 \tag{3.8}$$

式(3.8)称为几率的归一化条件。

上述归一化条件适用于体系状态以及影响状态值的参量只能取分立值的情况。对于观测状态值和决定状态的参量都可以连续变化的体系,可作如下考虑。设体系可从 A 连续变化到 $A + \mathrm{d}A$,则出现状态 $\mathrm{d}A$ 的几率为 $\mathrm{d}P_A$,参考式(3.8),归一化条件为

$$\int \mathrm{d}P_A = 1 \tag{3.9}$$

上式积分包括了所有可能出现的状态。式(3.9)为连续情况下的归一化条件。

当体系处于状态 $\mathrm{d}A$ 的几率为 $\rho(A)\mathrm{d}P_A$,则式(3.9)可改写为

$$\int \rho(A)\mathrm{d}P_A = 1 \tag{3.10}$$

其中 $\rho(A)$ 称为几率密度,为从 A 至 $A + \mathrm{d}A$ 之间单位间隔的状态的几率。

如在 $x \to x + \mathrm{d}x$ 之间出现的几率 $\mathrm{d}p_x$,服从

$$\mathrm{d}p_x = f(x)\mathrm{d}x \tag{3.11}$$

当 $f(x)\mathrm{d}x$ 几率归一化时,有

$$\int f(x)\mathrm{d}x \neq 1$$

可使

$$\int Cf(x)\mathrm{d}x = 1$$

$$C = 1/\int f(x)\mathrm{d}x \tag{3.12}$$

C 称为归一化常数,$Cf(x)\mathrm{d}x$ 称为归一化几率。

5.平均值

统计热力学研究由大量分子或原子组成的热力学体系的宏观性质。当测量某一属于体系平衡态的物理量(状态函数)M 时,将发现在大量重复测量结果中,物理量 M 的取值是不尽相同的,这是由于体系本身性质随时间变化的结果。若以 $M_1, M_2, \cdots, M_i, \cdots$ 代表 M 的各个可能值,相应这些可能值出现的次数分别为 $N_1, N_2, \cdots, N_i, \cdots$。当测量次数 $N \to \infty$ 时,所测量的 M 值之总和与总次数 N 的比值将趋于一个极限值 $\langle M \rangle$,即

$$\langle M \rangle = \lim_{N \to \infty} \frac{M_1N_1 + M_2N_2 + \cdots + M_iN_i + \cdots}{N} =$$

$$\lim_{N \to \infty} \frac{M_1N_1}{N} + \lim_{N \to \infty} \frac{M_2N_2}{N} + \cdots + \lim_{N \to \infty} \frac{M_iN_i}{N} + \cdots =$$

$$M_1P_1 + M_2P_2 + \cdots + M_iP_i + \cdots$$

即

$$\langle M \rangle = \sum_i M_i P_i \tag{3.13}$$

$\langle M \rangle$ 称为统计的平均值。

若状态随连续变量作连续变化时，按连续情况下归一化方法，可得 $M(A)$ 的平均值为

$$\langle M \rangle = \int M(A)\rho(A)\mathrm{d}A = \int M(A)\mathrm{d}P_A \tag{3.14}$$

由式(3.13)可推得，某一体系中二物理量 L 和 M 的平均值为

$$\langle L + M \rangle = \sum_i (L_i + M_i) P_i = \sum_i L_i P_i + \sum_i M_i P_i = \langle L \rangle + \langle M \rangle \tag{3.15}$$

即体系二物理量和的平均值等于二物理量平均值之和，称为**平均值相加规则**。显然，该规则也适于两个以上的物理量。

同理，对于某一物理量与任一常数 C 之积的平均值为

$$\langle CM \rangle = \sum CM_i P_i = C \sum M_i P_i = C\langle M \rangle \tag{3.16}$$

若物理量 M 和 L 是统计独立的，出现 $M(A)$ 的几率为 P_A，出现 $L(B)$ 的几率为 P_B，则 $M(A)L(B)$ 的平均值为

$$\langle M(A)L(B) \rangle = \sum \sum M(A)L(B)P_{AB} =$$

$$\left[\sum M(A)P_A\right] \cdot \left[\sum L(B)P_B\right] = \langle M(A) \rangle \langle L(B) \rangle$$

即

$$\langle M \cdot L \rangle = \langle M \rangle \langle L \rangle \tag{3.17}$$

上式说明，两个统计独立的物理量乘积的平均值等于此两个量的平均值之积。

6. 散差与涨落

在实际测量中，每次测得值 M 与平均值 $\langle M \rangle$ 不是恰好相等，有时 $M > \langle M \rangle$，有时 $M = \langle M \rangle$，有时 $M < \langle M \rangle$。为了反映出这种 M 在 $\langle M \rangle$ 上下摆动的客观现象，必须引进一个新的量来描述 M 在其平均值 $\langle M \rangle$ 上下变动的平均幅度(宽度)。

若取 $(M - \langle M \rangle)^2$ 代表 M 在 $\langle M \rangle$ 上下变化的宽度，其值恒为正，而它的平均值 $\langle (M - \langle M \rangle)^2 \rangle$ 就可以代表 M 值的变化平均宽度，称 $\langle (M - \langle M \rangle)^2 \rangle$ 为散差，或简写成 $\langle (\Delta M)^2 \rangle$。

某一体系在一定物理条件下，平均值 $\langle M \rangle$ 与个别状态无关，运用上述求平均值性质的方法，可得散差的计算公式：

$$\langle (\Delta M)^2 \rangle = \langle M^2 - 2M\langle M \rangle + (\langle M \rangle)^2 \rangle = \langle M^2 \rangle - (\langle M \rangle)^2 \tag{3.18}$$

即散差是平方的平均值与平均值平方之差。

定义：

$$\sqrt{\langle (\Delta M)^2 \rangle} \tag{3.19}$$

为统计涨落，也称起伏。

定义：
$$\sqrt{\frac{\langle(\Delta M)^2\rangle}{M}} \tag{3.20}$$

称为相对涨落，其数值可以代表 M 值离开 $\langle M\rangle$ 值的相对起伏，也就是反映 M 在 $\langle M\rangle$ 上下摆动的相对剧烈程度。

7. 热力学中常见的排列组合

当处理大量对象时，常需要对象的排列或组合数。下面就常用的排列与组合公式作结论性介绍。

(1) 把 N 个可区分的物体，按一定次序排列，可以有 $N!$ 个不同的排列数。

(2) 从 N 个可区分的物体中取出任意 R 个物体的排列数为 $N!/(N-R)!$。

(3) 一个组合是 N 个可区分物体不考虑其次序的一种集合，从这个集合中取出任意 R 个的不同组合数为

$$\frac{N!}{(N-R)!R!}$$

证明：因为 R 个不同物体有 $R!$ 种排列。令 C_R^N 代表由 N 个不同物体一次取 R 个的组合数，则 $R!C_R^N$ 等于从 N 个不同物体中一次取 R 个排列数 $N!/(N-R)!$，故有

$$C_R^N = \frac{N!}{(N-R)!R!}$$

(4) 若有 N 个完全相同的不可区分物体，放进 M 个容器内 $(N \leqslant M)$，每个容器内不得超过一个物体，则共有排列方式为

$$\frac{M!}{(M-N)!N!}$$

(5) 若有 N 个完全相同的不可区分物体，放进 M 个容器内，如果容器中的物体数目不受限制时，其排列方式的数为

$$\frac{(N+M-1)}{N!(M-1)!}$$

(6) 若有 N 个可区分的物体排列在 k 个容器中，其中 n_1 个占据第1个容器，n_2 个占据第2个容器……n_k 个占据第 k 个容器，则总的排列方式数为

$$\frac{N!}{n_1!n_2!\cdots n_k!} = \frac{N!}{\prod_{i=1}^{k} n_i!}$$

8. 史特林公式

史特林(Stirling)公式是统计热力学常用的一种近似计算方法，用它可以计算一个大数的阶乘的对数。当 N 很大时，有

$$\ln N! \cong N\ln N - N \tag{3.21}$$

称之为史特林公式。

证明：因为

$$\ln N! = \ln N + \ln(N-1) + \ln(N-2) + \cdots \ln 2 + \ln 1$$

即

$$\ln N! = \sum_{x=1}^{N} \ln x$$

上式也可用积分近似表示，即

$$\ln N! \cong \int_1^N \ln x \mathrm{d}x$$

N 越大，这个近似越接近。对上式用分部积分法，设 $u = \ln x, \mathrm{d}u = \mathrm{d}\ln x = \frac{1}{x}\mathrm{d}x, v = x, \mathrm{d}v = \mathrm{d}x$，此时

$$\int_1^N \mathrm{d}x \ln x = x\ln x \Big|_1^N = \int_1^N \ln x \mathrm{d}x + \int_1^N x \cdot \frac{1}{x}\mathrm{d}x$$

所以

$$\ln N! \cong x\ln x \Big|_1^N - \int_1^N x \cdot \frac{1}{x}\mathrm{d}x = N\ln N - N + 1 \cong N\ln N - N$$

9. 相空间

(1) 一个分子相空间

一个粒子在三维空间中运动，任一瞬间粒子的状态应由三维坐标 x, y, z 和三维动量 p_x, p_y, p_z 来确定。按经典力学，三维坐标和三维动量将组成分子的相空间。相空间中的每一个点代表粒子的一个运动状态。这样的六维相空间称为一个分子相空间或 μ 空间。在经典统计中，每一个点都代表分子一个可能的运动状态，因此如果代表点在相空间里均匀分布，则在相空间里一个给定的区域内的状态数与区域的六维体积成正比。

(2) 体系相空间

如果体系中有 N 个分子，且分子间有相互作用，则体系必用 N 个广义坐标 $(q_1, q_2, \cdots, q_N)$ 和 N 个广义动量 $(p_1, p_2, \cdots, p_N)$ 来描述。因为每一个广义坐标 q_k 和广义动量 p_k 都是三维矢量，所以是一个 $6N$ 维相空间。在 $6N$ 维相空间中每一点（称相点）对应于体系的一个确定的运动状态。因此这 $6N$ 维相空间称为体系相空间或 Γ 空间。如果相点在 Γ 空间里均匀分布，则在 Γ 空间中一给定区域内的代表点（即状态数）应和该区域的相体积成正比。

10. 几率分布

(1) 体系的微观态和宏观态

从经典力学的观点来看，相同的粒子是可编号的。体系由 N 个粒子组成，

可编号为 $a,b,c,\cdots$。如果在某一时刻,粒子 $a,b,c,\cdots$ 的坐标和动量都确定了,则体系在这一时刻的状态就确定了。从相空间来看,表示粒子 $a,b,c,\cdots$ 状态的 N 个代表点在 Γ 空间中的一个分布相当于整个体系的一个**微观态**,这些 N 个代表点在相空间的不同分布相当于体系的不同微观态。

为了在相空间中描述粒子的状态,常把相空间分成许多**相格**。相格大小的选取方法认为每一相格内的粒子的坐标和动量都是相同的,同时每一相格又可容纳很多粒子。同一相格内粒子处于同一力学状态,不同相格相当于粒子处于不同状态上。

在热力学中,用一些宏观量(如 $p,V,T,\cdots$)来表示体系的状态,这样确定体系的状态称为宏观态。从宏观态的角度看,并不需要详细知道处于某一相格中到底是 a 粒子还是 b 粒子的代表点,重要的是出现在不同能量相格中的代表点数目,就是说,粒子在相格中的代表点的数目分布就代表一个宏观态,但对调相格中的不同编号的粒子,而不改变代表点数目,这使微观态发生了变化。因此,一个宏观态又对应很多数目的微观态。可以想象,如果某一宏观态所对应的微观态的数目非常多,则体系将会经常呈现着一微观态。

(2) 热力学几率

在统计热力学中,用某一定态下的一切可能的微观态的数目表示这一宏观态出现的几率,这个微观态的数目称为**热力学几率**。显然热力学几率永远大于1,它不同于数学上的几率的概念。数学上的几率总是小于1,因此,数学上的几率也称为**真几率**。

设体系中有 N 个分子,在相空间中用 N 个代表点表示,把 N 个代表点分配到 m 个相格中,若某一宏观态在第一相格 $\Delta\tau_1$ 中的分子数目为 N_1,在第二相格 $\Delta\tau_2$ 中的分子数目为 N_2,在第 i 相格 $\Delta\tau_i$ 中的分子数目为 N_i……,由排列组合规则可得热力学几率(用 ω^* 表示)为

$$\omega^* = \frac{N!}{N_1!\,N_2!\cdots N_m!} = \frac{N!}{\prod\limits_i N_i!} \tag{3.22}$$

式(3.22)为体系 N 个分子的代表点的某一分布 $\{N_1,N_2,\cdots,N_m\}$ 在 m 个相格中的排列组合数,也称**配容数**。可见,配容数永远大于1。

(3) 微观态与宏观态的真几率

现在考虑有 N 个不可区分无相互作用的粒子(分子或原子)在相空间中的运动。设相空间总体积为 τ,每一粒子在相空间中有一代表点。设想将 τ 分为 m 个小盒子(相格)$\Delta\tau_1,\Delta\tau_2,\cdots,\Delta\tau_m$,则

$$\sum_{i=1}^{m}\Delta\tau_i = \tau,\quad \Delta\tau_i \ll \tau \tag{3.23}$$

将 N 个代表点填入各相格中,使 $\Delta\tau_1$ 中有 N_1 个,$\Delta\tau_2$ 中有 N_2 个,等等,且 $1 \ll N_i \ll N$。

假定任何一个给定的代表点都具有占据任何相格的机会,若给定代表点占据 $\Delta\tau_i$ 的几率(内禀几率) 为 g_i,则有

$$\sum_{i=1}^{m} g_i = 1 \tag{3.24}$$

由于相格中代表点的运动具有统计独立性,即一代表点进入 $\Delta\tau_i$ 后不影响其它代表点进入 $\Delta\tau_i$ 中,所以在稳定的均匀体系中,内禀几率 g_i 必与 $\Delta\tau_i$ 成正比,与相空间的总体积 τ 成反比。如无其它权重,则

$$g_i = \frac{\Delta\tau_i}{\tau} \tag{3.25}$$

下面考虑一种特殊的填入盒子的方法。如 $\alpha_1, \beta_1, \cdots$($N_1$ 个) 代表点被填入 $\Delta\tau_1$ 中,$\alpha_2, \beta_2, \cdots$($N_2$ 个) 代表点被填入 $\Delta\tau_2$ 中……,设 α_1 填入 $\Delta\tau_1$ 中的内禀几率为 g_1,那么 $\alpha_1, \beta_1, \cdots$ 同时被填入 $\Delta\tau_1$ 中的几率为

$$g_1 \times g_1 \times \cdots \times g_1 = g_1^{N_1} = G_1$$

同样,$\alpha_2, \beta_2, \cdots$ 同时被填入 $\Delta\tau_2$ 中的几率为

$$g_2 \times g_2 \times \cdots \times g_2 = g_2^{N_2} = G_2$$

如此等等。因而当考虑全部粒子($N_1 + N_2 + \cdots + N_m = N$)都填入所有小盒子中的几率必为

$$G = G_1 G_2 \cdots G_m = g_1^{N_1} g_2^{N_2} \cdots g_m^{N_m} = \prod_i g_i^{N_i} = \prod_i \left(\frac{\Delta\tau_i}{\tau}\right)^{N_i} \tag{3.26}$$

这被称为一个微观态的真几率。

一个宏观态是由填布数($N_1, N_2, \cdots, N_i, \cdots$)所决定的,如按某一套填布数,体系的 N 个分子代表点所对应的全部微观态数(热力学几率) 就对应某一宏观态。由于这一宏观态可以出现这一微观态或出现那一微观态,因此这一宏观态对应的全部微观态的数目亦称宏观态的真几率 $\omega_{(N)}$,应为这一宏观态下全部微观态的真几率的总和。按几率相加原理,这一宏观态几率 $\omega_{(N)}$ 为热力学几率 ω^* 个 G 值之和,即

$$\omega_{(N)} = \omega_{N_1, N_2 \cdots} = \omega^* G = \frac{N!}{\prod_i N_i!} \prod_i g_i^{N_i} \tag{3.27}$$

真几率是小于 1 的,所以对所有各种可能的 $N_1, N_2, \cdots$ 分配总几率为

$$\sum_{N_1 + N_2 + \cdots} \omega_{N_1, N_2 \cdots} = \sum_{N_1 + N_2 + \cdots} \frac{N!}{\prod_i N_i!} \prod_i g_i^{N_i} = 1 \tag{3.28}$$

如果每相格是等体积的,即 $\Delta\tau_1 = \Delta\tau_2 = \cdots = \Delta\tau_i = \cdots$,则有

$$g_1^{N_1} = g_2^{N_2} = \cdots = g_i^{N_i} = \cdots$$

$$\prod_i g_i^{N_i} = g^{N_1+N_2+\cdots} = g^N$$

式(3.27)则成为

$$\omega(N) = \omega_{N_1,N_2\cdots} = \omega^* G = \frac{N!}{\prod_i N_i!} g^N \tag{3.29}$$

在热力学中,任意一种宏观状态所对应的微观状态数记为 ω_i,所有可能出现的微观状态数记为 ω,则某种宏观状态的数学几率为 $p_i = \omega_i/\omega$,在统计热力学上称 ω_i 为宏观状态的热力学几率。由此可见热力学几率与数学几率(真几率)成正比。也就是说,在某一宏观状态下出现的微观状态数越多,ω_i 值越大,其数学几率越大,出现这种状态的可能性越大。热力学上,将在一定宏观状态下可能出现的微观状态数即热力学几率定义为这一宏观状态的混乱度。因此,在孤立体系中微观粒子总是由混乱度小、微观状态数少的状态自动趋向于混乱度大、微观状态数多的状态,直到混乱度最大或微观状态数最多为止。因此,对于一个孤立体系,可用热力学几率代替数学几率判断过程进行的方向和限度。

3.1.3 平衡态与最可几分布

由热力学第二定律可知,对孤立体系宏观上任何一个过程总是自发地向着自由能最低、熵最大的方向发展,直至达到平衡状态;在微观上体现着过程向着热力学几率最大的方向发展。因此,宏观的平衡态总是对应着微观的热力学几率最大的状态。数学上几率最大的分布状态又称**最可几分布**。下面以 N 个理想气体分子处于体积 V 中,求 n 个分子处于 v 中的几率($v \leqslant V$)为例,介绍平衡态与最可几分布的关系。

一个分子处于体积 v 中的几率为

$$\omega_1 = v/V$$

处于体积 v 以外的几率为

$$\omega_2 = 1 - \omega_1 = 1 - v/V$$

求 n 个确定的分子处于体积 v 中的几率时,应用乘法为 $(v/V)^n$,$(N-n)$ 个分子处于体积 v 以外的几率应为 $(1-v/V)^{N-n}$。这样有 n 个一定分子处于体积 v 中同时 $(N-n)$ 个分子处于体积 v 以外的几率为

$$\omega_3 = (v/V)^n(1-v/V)^{N-n}$$

而 N 个分子中取任意 n 个分子处于 v,$(N-n)$ 个处于 v 以外的排列花样为 $\dfrac{N!}{(N-n)!\,n!}$,这样,分布几率为

$$\omega_n^N = \frac{N!}{(N-n)!n!}\left(\frac{v}{V}\right)^n\left(1-\frac{v}{V}\right)^{N-n} \tag{3.30}$$

因为平衡态对应着热力学几率最大的分布状态,下面介绍求解 ω_n^N 的最大值。

对式(3.30)两边取对数,有

$$\ln\omega_n^N = \ln N! - \ln(N-n)! - \ln N! + n\ln\frac{v}{V} + (N-n)\ln\left(1-\frac{v}{V}\right) \tag{3.31}$$

上式可用斯特林(Stirling)公式进行简化,即当 N 足够大时,有

$$\ln N_! = N\ln N - N$$

代入式(3.31),得

$$\ln\omega_n^N = N\ln N - (N-n)\ln(N-n) - n\ln n + n\ln\frac{v}{V} + (N-n)\ln\left(1-\frac{v}{V}\right) \tag{3.32}$$

因为 ω_n^N 的最大值对应着 $\ln\omega_n^N$ 的最大值,因此令$\frac{\delta\ln\omega}{\delta n} = 0$,则有

$$\ln\frac{N-n}{n} - \ln\frac{V-v}{v} = 0$$

$$\frac{N}{n} = \frac{V}{v}$$

$$n = N\frac{v}{V} \tag{3.33}$$

上式表明,均匀分布为最可几分布,也就是混乱度最大的分布,对应着熵的最大值。换句话说,微观上的最可几分布对应着宏观上的平衡状态。

3.1.4 熵的统计表达式

研究证明,体系热力学宏观性质都是体系内部大量粒子运动的综合表现。温度是体系内部大量粒子平均动能的表现,而压力是大量粒子碰撞器壁(压力)的综合表现。玻耳兹曼(Boltzmann)从统计观点出发,根据一切不可逆过程中孤立体系的热力学几率都趋向最大值,同时体系的熵也趋向最大值,即热力学几率与熵之间必有一定的联系,提出体系某个宏观状态的热力学几率可以用状态函数熵来表示,即熵是微观状态几率的宏观反映。以数学关系式来表示为

$$S = f(\omega)$$

即熵 S 可看成是热力学几率 ω 的函数。由于熵 S 与内能一样,是体系的容量性质,具有加和性,也就是说,如果一个体系是由 A 和 B 两个小体系组成,则体系的熵为两个小体系熵之和

$$S = S_A + S_B$$

即

$$f(\omega) = f(\omega_A) + f(\omega_B) \tag{3.34}$$

但是,从几率的角度看,两种独立的状态 A 和 B 同时出现的几率 ω,应为每个状态单独出现几率之积

$$\omega_{A,B} = \omega_A \cdot \omega_B \tag{3.35}$$

于是有

$$f(\omega) = f(\omega_A \cdot \omega_B) = f(\omega_A) + f(\omega_B) \tag{3.36}$$

将式(3.36) 对 ω_A 求导,得

$$\omega_B f'(\omega_A \cdot \omega_B) = f'(\omega_A) \tag{3.37}$$

再对 ω_B 求导,得

$$\omega_A \omega_B f''(\omega_A \cdot \omega_B) + f'(\omega_A \cdot \omega_B) = 0 \tag{3.38}$$

将式(3.35) 代入(3.38) 得

$$\omega_{A\cdot B} f''(\omega_{A,B}) + f'(\omega_{A,B}) = 0 \tag{3.39}$$

解方程(3.39) 可得熵与热力学几率的关系。

式(3.39) 可变换为

$$\frac{\mathrm{d}f'(\omega_{A,B})}{f'(\omega_{A,B})} = \frac{\mathrm{d}\omega_{A,B}}{\omega_{A,B}} \tag{3.40}$$

有

$$\ln f'(\omega_{A,B}) = \ln \frac{1}{\omega_{A,B}} + \ln k \tag{3.41}$$

所以

$$f'(\omega_{A,B}) = \frac{k}{\omega_{A,B}} \tag{3.42}$$

因此

$$f'(\omega_{A,B}) = k\ln\omega_{A,B} + C \tag{3.43}$$

即

$$S = k\ln(\omega_{A,B}) + C \tag{3.44}$$

由于一般只计算熵变,积分常数 C 可视为零。所以有

$$S = k\ln\omega \tag{3.45}$$

式(3.45) 称为**玻耳兹曼公式**,其中 k 为玻耳兹曼常数,$k = R/N_0 = 1.38054 \times 10^{-23} \mathrm{J \cdot K^{-1}}$;$N_0$ 为阿佛加德罗(Avogadro) 常数,$N_0 = 6.023 \times 10^{23}$;$R$ 为气体常数,$R = 8.31\ \mathrm{J \cdot mol^{-1} \cdot K^{-1}}$。熵是宏观物理量,而热力学几率描述的是体系微观状态,玻耳兹曼公式的意义在于把宏观的热力学函数 S 与微观的状态联系起来了。

3.2 热容的理论表达式

3.2.1 平衡条件的应用——热空位浓度的求解

当晶体结构中出现空位时,产生晶格畸变,原子之间的结合能要增加,也就是内能增加,如理想晶体的自由焓为

$$G = H - TS$$

当温度 T 一定时,空位的出现将引起附加熵,又称为配置熵,以区别于热熵。

对于凝聚态,因为 $\Delta(pV) \approx 0$,所以 $\Delta H = \Delta U + \Delta(pV) \approx \Delta U$。当空位出现时,将使焓 H 和熵 S 同时增加,又因为 $\Delta G = \Delta H - \Delta(TS)$,所以当温度 T 一定时,焓 H 的增加使自由焓 G 增加,熵 S 的增加使自由焓 G 降低。低温时,焓 H 对自由焓 G 的影响大,即空位的形成使自由焓 G 增加,从而使空位趋于减少;高温时,熵 S 对自由焓 G 影响大,即空位的形成使自由焓 G 降低,因此空位趋于增加,也就是说随着温度的增加平衡空位数量也增加。

若产生一个空位时系统内能增加 Δu,产生 n 个空位系统内能增加为

$$\Delta U = n\Delta u, \Delta H = \Delta U$$

如果系统内原子个数为 N,空位数为 n,则结点总数(将空位视为结点)为 $N + n$,总的排列方案数为

$$\omega = \frac{(N + n)!}{N!n!} \tag{3.46}$$

由熵的物理意义可知 $S = k\ln w$,所以由于空位的形成而引起的附加熵以及自由焓变化为

$$\Delta S = S^n - S_0 = k\ln\frac{(N + n)!}{N!n!}$$

$$\Delta G = \Delta H - T\Delta S = n\Delta u - T\Delta S$$

根据 Stirling 公式 $\ln M! \approx M\ln M - M$ 有

$$\Delta S = k[(N + n)\ln(N + n) - N\ln N - n\ln n] = - k\left[N\ln\frac{N}{N + n} + n\ln\frac{n}{N + n}\right] \tag{3.47}$$

因此空位的形成所引起的 Gibbs 自由焓的变化为

$$\Delta G = n\Delta u + Tk\left[N\ln\frac{N}{N + n} + n\ln\frac{n}{N + n}\right]$$

空位数的多少应满足自由焓最小的原则,即满足 $\frac{\partial\Delta G}{\partial n} = 0$,从而得到

$$\Delta u = -Tk[\ln n - \ln(N+n)]$$

所以有

$$\ln \frac{n}{N+n} = -\frac{\Delta u}{kT} \quad 或 \quad \frac{n}{N+n} = \exp\left(-\frac{\Delta u}{kT}\right)$$

因此得到空位浓度为

$$x_v = \frac{n}{N+n} = \exp\left(-\frac{\Delta u}{kT}\right) \tag{3.48}$$

其中,Δu 为空位激活能。有时又称 n/N 为空位浓度,即

$$\frac{n}{N} = \frac{1}{\exp(\Delta u/kT) - 1} \tag{3.49}$$

【例】 已知在熔点附近固体中空位浓度 x_v^s,问在熔点附近的液体中有多少空位?

依 Richard 定律,纯金属在熔化时,熵的增加为 R(气体常数),即

$$\Delta S = R$$

熵的增加主要是由于大量空位带来的,若以 N 代表原子数,以 n 代表空位数,由式(3.49) 可知

$$\Delta S = R = -k\left[N\ln\frac{N}{N+n} + n\ln\frac{n}{N+n}\right]$$

如果空位的浓度定义为 $x_v^l = \frac{n}{N+n}$,而 $R = N_0 k$(N_0 为阿佛加德罗常数),因此有

$$\ln(1 - x_v^l) + \frac{x_v^l}{1 + x_v^l}\ln x_v^l + 1 = 0$$

$$x_v^l = 0.333$$

由此例可以看出,在熔点附近液相的空位浓度远大于固相的空位浓度。

3.2.2 爱因斯坦方程

假设1 mol的金属中有 N 个粒子,从绝对零度开始加热,金属中每个原子都产生三个方向的独立振动,即有三 N 个谐振子 a_1、a_2、a_3、…、a_{3N},此时系统吸收热量(条件是容积不变) 的全部用于内能的增加,ν 为原子振动频率。从微观上讲,能量是以量子化形式传递的,系统一次吸收能量为 $h\nu$,(h 为普朗克恒量,$h = 6.63 \times 10^{-23}$ J·s)。若 n_l 为振动量子数,则一个谐振子的能量为 $\varepsilon = (n_l + 1/2)h\nu$。

从 0 K 到 T K,1 mol 原子吸收 n 个量子,被分配到 $3N$ 个谐振子上去,分配方案数为$(3N+n)!$。而量子数为 $k_1, k_2, k_3, \cdots, k_n$,将这些量子分配到谐振子中,则有$(3N+n)!$个不同的分配方式。但是所有的振子都是相同的,所有的量

子也是相同的,在这些分布方式中有许多是不能区别的,可区别的方案数为

$$\omega = \frac{(3N + n)!}{(3N)!\,n!}$$

$0 \sim T$ K之间系统内能的变化为

$$\Delta U = n \cdot h\nu$$

$$\Delta S = k\ln\omega = k[\ln(3N + n)! - \ln(3N)! - \ln(n)!]$$

在等温条件下,有

$$\Delta F = \Delta U - T\Delta S$$

由于能量的吸收是任意的,应满足

$$\frac{\partial \Delta F}{\partial n} = 0$$

所以

$$h\nu - kT[\ln(3N + n) - \ln(n)] = 0$$

$$\ln\frac{n}{3N + n} = -\frac{h\nu}{kT} \quad 或 \quad \frac{n}{3N + n} = \exp\left(-\frac{h\nu}{kT}\right)$$

$$\frac{n}{3N} = \frac{1}{\exp(h\nu/kT) - 1} \tag{3.50}$$

因此有

$$\Delta U = n \cdot h\nu = \frac{3Nh\nu}{\exp(h\nu/kT) - 1} \tag{3.51}$$

根据等容热容的定义,有

$$C_V = \left(\frac{\partial U}{\partial T}\right)_V = \left[\frac{\partial(\Delta U + U^0)}{\partial T}\right]_V$$

故

$$C_V = 3R\left(\frac{h\nu}{kT}\right)^2 \frac{\exp(h\nu/kT)}{[\exp(h\nu/kT) - 1]^2} \tag{3.52}$$

其中,U^0 为 0 K 式 1 mol 金属的内能。令 $\theta_E = \frac{h\nu}{k}$,则

$$C_V = 3R(\theta_E/T)\frac{\exp(\theta_E/T)}{[\exp(\theta_E/T) - 1]^2} \tag{3.53}$$

θ_E 是与物质有关的常数,称为爱因斯坦(A.Einstein)特征温度。上式称为**爱因斯坦公式**。

从热力学数据中可以得到一些金属的爱因斯坦特征温度 θ_E,由此可推断出该金属的等容热容。

在 $T \ll \theta_E$ 的低温范围内,$\exp(\theta_E/T) \gg 1$,式(3.53)可写成

$$C_V = 3R(\theta_E/T)\exp(-\theta_E/T) \tag{3.54}$$

这意味着当温度趋近于绝对零度时 C_V 迅速降低，而试验得到的结果却表明 C_V 降低比较缓慢，因此德拜对爱因斯坦理论进行了改进，德拜理论指出，在较低温度下有

$$C_V = 234R(\theta_E/T)^3 \tag{3.55}$$

此关系与实验结果符合很好。

有关爱因斯坦方程也可以通过后面介绍的配分函数概念获得。

第4章　统计热力学中的配分函数

4.1　分子的运动状态与能级

通常,原子核和核外电子都处于最低能态,也就是所说的基态,在考虑分子的能量时,可以不考虑原子核和核外电子两部分能量,因此分子的能量 E 主要包括分子整体的平动能 E_{t}、分子内部的转动能 E_{r} 以及振动能 E_{v},即

$$E = E_{\mathrm{t}} + E_{\mathrm{r}} + E_{\mathrm{v}} \tag{4.1}$$

4.1.1　三维平动子的平动能

微观粒子的运动遵循量子力学规律,能量是量子化的。因此,根据量子力学,三维**平动子**的平动能可表示如下

$$E_{\mathrm{t}} = \frac{h^2}{8m}\left(\frac{n_x^2}{a^2} + \frac{n_y^2}{b^2} + \frac{n_z^3}{c^2}\right) \tag{4.2}$$

其中,h 为普朗克恒量,m 为平动子的质量。若 a、b 和 c 为平动子所处的势阱的三个边长,n_x、n_y 和 n_z 分别为沿 x、y 和 z 轴向的平动量子数,并只取正整数1,2,3,…。

当势阱边长 $a = b = c$ 时,式(4.2)可化为

$$E_{\mathrm{t}} = \frac{h^2}{8ma^2}(n_x^2 + n_y^2 + n_z^3) \tag{4.3}$$

按经典力学,粒子的平动能为

$$E_{\mathrm{t}} = (p_x^2 + p_y^2 + p_z^3)/2m \tag{4.3'}$$

其中,p_x、p_y 和 p_z 为粒子的动量在笛卡尔坐标系中的3个分量。

【例1】　计算氮分子在体积为 $V = 1\ \mathrm{cm}^3$ 时基态平动能和第一能级与基态之间能量间隔 $\Delta E = E_1 - E_0$。

【解】　由于平动量子数只能取正整数,同时基态为能量最低的运动状态,第一能级的能量高于基态,第二能级的能量又高于第一能级,以此类推,第 k 能级的能量高于第 $k - 1$ 能级,有

基态　　$n_x, n_y, n_z = 1,1,1$

第一能级 $n_x, n_y, n_z = \begin{cases} 1,1,2 \\ 1,2,1 \\ 2,1,1 \end{cases}$

第二能级 $n_x, n_y, n_z = \begin{cases} 1,2,2 \\ 2,1,2 \\ 2,2,1 \end{cases}$

因此有

$$E_{t0} = \frac{h^2}{8\pi a^2} \times (1^2 + 1^2 + 1^2) = \frac{h^2}{8\pi a^2} \times 3$$

$$E_{t1} = \frac{h^2}{8\pi a^2} \times (1^2 + 1^2 + 2^2) = \frac{h^2}{8\pi a^2} \times 6$$

$$E_{t2} = \frac{h^2}{8\pi a^2} \times (1^2 + 2^2 + 2^2) = \frac{h^2}{8\pi a^2} \times 9$$

其中，$h = 6.63 \times 10^{-34}$ J·s，$V = 10^{-6}$ m^3，$m = (28 \times 10^{-3})/(6.02 \times 10^{23})$ kg。代入得

$$E_{t0} = \frac{h^2}{8\pi V^{2/3}} \times 3 = 5.25 \times 10^{-38} \text{ J}$$

$$E_{t1} = \frac{h^2}{8\pi V^{2/3}} \times 6 = 10.50 \times 10^{-38} \text{ J}$$

所以

$$\Delta E = E_{t1} - E_{t0} = 5.25 \times 10^{-38} \text{ J}$$

4.1.2 刚性转子的转动能

对于多原子分子，除了整体平动以外，还可以发生转动和振动。一般来说，转动和振动可以互相影响。为简便起见，忽略它们之间的相互作用。

如果把多原子分子的转动看成是刚性转子绕质心的转动，也就是假定在转动过程中分子的大小和形状不变，按经典力学，其转动动能为

$$E_r = (p_\theta^2 + p_\varphi^2/\sin^2\theta)/2I \tag{4.4}$$

按量子力学，线性刚性转子的转动动能为

$$E_r = J(J+1)h^2/(8\pi^2 I) \tag{4.5}$$

其中，I 为转动惯量，当为双原子分子时，$I = m_1 m_2 r^2/(m_1 + m_2)$，$m_1$ 和 m_2 为两个原子的质量，r 为两原子的距离；p_θ 和 p_φ 为与球坐标 θ 和 φ 对应的动量；J 为转动量子数，取值为 0,1,2,…。

4.1.3 线性谐振子的振动能

作为一种简化，双原子分子中沿化学键的振动可以看作一维线性谐振子的

振动，振动时，谐振子受力大小与位移成正比但方向相反，按经典力学，其振动动能为

$$E_v = p_r^2/2m + Kr^2/2 \tag{4.6}$$

按量子力学，一维谐振子的能量为

$$E_v = (n + 1/2)h\nu \tag{4.7}$$

三维谐振子的能量为

$$E_v = (n_x + n_y + n_z + 3/2)h\nu \tag{4.8}$$

其中，r 为位移；p_r 为与位移对应的动量；K 为谐振子的弹性常数；n 和 n_i 为振动量子数，取值为 0,1,2,…；(为谐振子的振动频率。对于一维谐振子，$h\nu/2$ 为基态的振动能，也称零点能；对于三维谐振子，$3h\nu/2$ 为基态的振动能。

4.1.4 能级的简并度

由第三章内容得知，同一能级上所具有的量子状态数称作简并度，以 g 表示。分子的不同运动状态具有不同的简并度，对于三维平动子，基态是非简并的，$g_0 = 1$，其余多数能级是简并的，如第一能级的简并度 $g_1 = 3$，第二能级 $g_2 = 3$，…。对于线性刚性转子，当给定转动量子数 J 时，其简并度为 $g_J = 2J + 1$。线性谐振子的各能级是非简并的，$g_v = 1$，而三维谐振子的各能级则是简并的，$g = (s + 1)(s + 2)/2$，其中 $s = n_x + n_y + n_z$。

【例 2】 一个三维谐振子的振动能 $E_v = 4.5h\nu$，试确定此能级的简并度。

【解】 按题意有

$$E_v = 4.5h\nu = \frac{9}{2}h\nu = (3 + \frac{3}{2})h\nu$$

结合式(4.8)，有

$$s = n_x + n_y + n_z = 3$$

所以

$$g = (s + 1)(s + 2)/2 = (3 + 1) \times (3 + 2)/2 = 10$$

给定能级 $E_v = 4.5h\nu$ 的十个不同量子状态如下。

n_x	0	0	3	0	1	1	0	2	2	1
n_y	0	3	0	1	0	2	2	0	1	1
n_z	3	0	0	2	2	0	1	1	0	1

这可以说明，如果一个能级(如第 i 能级)是简并的，其简并度 g_i 常常比该能级上占据的粒子数 n_i 大得多，即 $g_i \gg n_i$。因此，即使各个能级上分配的粒子数完全确定，每种分配方式对应的微观状态数仍可以是多种多样的。

4.1.5 分子运动的自由度

对于服从经典力学的粒子(又称经典粒子)组成的体系,微观状态的描述要求规定体系中每个粒子的动量和位置,或至少应该规定每个粒子的动量和位置的范围。如果体系由 N 个同种粒子组成,每个粒子的自由度为 f,则体系可以看成有 $s = Nf$ 个自由度的力学体系。这里所说的自由度是指在只受几何约束的条件下,决定力学体系位置的独立坐标数。而所谓的约束是指限制力学体系各质点空间的约束。例如一个没有内部结构的自由粒子在三维空间的位置需要三个笛卡尔坐标来确定,因此一个粒子的自由度为3。如果体系有 k 种不同的粒子组成,其中第 i 种粒子的数目为 N_i,每种粒子的自由度为 f_i,则体系的总的自由度为

$$s = \sum_{i=1}^{k} N_i f_i$$

对于有 n 个原子组成的分子,不仅可以发生平动,还发生转动以及振动等。因此,多原子分子并不是简单的质点系,其自由度总数为 $2n$,具体分配如下。

	平　动	转　动	振　动
线型分子	3	2	$3n-5$
非线性分子(三维分子)	3	3	$3n-6$

4.2 玻尔兹曼分布与配分函数

按照粒子之间的相互作用情况,通常把统计粒子体系划分为近独立粒子体系和非独立粒子体系,也称相依粒子体系。所谓近独立粒子体系是指由彼此几乎独立的粒子组成的体系,或者说粒子之间几乎没有相互作用的体系。在这种粒子体系中每个粒子可以有明确的动量和能量,体系的微观状态数可用单个粒子的状态(坐标和动量)的集合来表征。原则上可明确计算这种体系的每种宏观状态对应的微观状态的数目,因而可确定哪种宏观状态对应的微观状态的数目最多,从而得到所谓的最可几分布。

统计方法与经典力学相结合就形成了经典统计热力学。经典统计法的基础就是麦克斯维和玻尔兹曼创造的最可几分布法。其基本思路是,处于热力学平衡态的体系是近独立子系,这些子系在 μ 空间的相格中等几率分布;而且这些子系在相格中分布的最大值或称为最可几分布(即微观态分布数目最高值),就对应了热力学体系的平衡态。

4.2.1 近独立子系

在这里首先介绍近独立子系。假设体系由 N 个相同的分子组成,若忽略它们之间的相互作用,又与环境无联系的孤立体系。那么该体系的总能量 E 应等于每个分子的能量 ε_i 之和,即

$$E = \sum_{i=1}^{N} \varepsilon_i \tag{4.9}$$

而且该体系每个分子又都有 f 个自由度,则每个分子都可看成独立的运动,故称每一个分子为体系的一个子系。但是,分子间无相互作用的孤立体系实际上不存在,只是一种近似,因此称为**近独立子系**。实际上,必须各个分子间交换能量,整个分子集团才可能达到平衡态。因此,近独立子系是假设分子间有微弱的相互作用,使体系总能量可以表示为各个分子的能量之和,这样可以保证在足够长时间内体系可以达到平衡态。

4.2.2 近独立子系的最可几分布

设有 N 个分子体系满足近独立子系要求,相体积为 τ,设想 τ 分为 m 个小盒子(相格):$\Delta\tau_i, \Delta\tau_2, \cdots, \Delta\tau_i, \cdots, \Delta\tau_m (\Delta\tau_i < \tau)$。现将 N 个分子(μ 空间的 N 个代表点)分配于各相格中,使 $\Delta\tau_1$ 内有 n_1 个,$\Delta\tau_2$ 内有 n_2 个,$\Delta\tau_m$ 内有 n_m 个;填入 $\Delta\tau_i$ 的分子的能量各为 ε_i。其分配情况可描述如下:

相　　格	$\Delta\tau_1$	$\Delta\tau_2$	$\cdots$	$\Delta\tau_i$	$\cdots$	$\Delta\tau_m$
分 子 数	n_1	n_2	$\cdots$	n_i	$\cdots$	n_m
分子能量	ε_1	ε_2	$\cdots$	ε_i	$\cdots$	ε_m

按此种分布法必须满足如下条件:

$$1 \ll n_i \ll N \tag{4.10}$$

$$\sum_i \Delta\tau_i = \tau \tag{4.11}$$

$$\sum_i n_i = N \tag{4.12}$$

$$\sum_i n_i \varepsilon_i = E \tag{4.13}$$

下面来求分子在 μ 空间里具有上述分配情形下的几率。依据等几率原理,体系代表点所具有的内禀几率 g_i 与 $\Delta\tau_i$ 成正比,与 τ 成反比。如无权重,则有

$$\left.\begin{aligned} g_i &= \frac{\Delta \tau_i}{\tau} \\ \sum g_i &= 1 \end{aligned}\right\} \tag{4.14}$$

把 N 个分子的代表点按上述方法分配给 m 个小相格中，所对应一种宏观态的可能微观数，由排列组合定则，得

$$\frac{N!}{n_1!\,n_2!\cdots n_m!} = \frac{N!}{\prod_i (N_i!)} \tag{4.15}$$

其真几率为

$$g_1^{n_1} g_2^{n_2} \cdots g_m^{n_m} = \prod_i (g_i^{n_i}) \tag{4.16}$$

因而，将 N 个分子按上述方法分配到各相格中一切可能微观态的总的真几率为

$$\omega = \omega_{(N)} = \frac{N!}{\prod_i n_i!} \prod_i g_i^{n_i} \tag{4.17}$$

此处 N 代表 $n_1 + n_2 + \cdots + n_m$。其中式(4.17)的极大值相当于体系处于平衡态。通常采用求 $\ln\omega$ 极大值来获得 ω 的极大值。若要求得 ω 的极大值，还要受体系满足式(4.12)和(4.13)条件约束。这两个公式常称为**联络方程**或约束方程。因此求 $\ln w$ 极大值需要采用拉格朗日未定乘子法。由式(4.17)求 $\ln\omega$

$$\ln\omega = \ln N! - \ln\prod_i n_i! + \ln\prod_i g_i^{n_i} = \ln N! - \sum_i \ln n_i! + \sum_i \ln g_i^{n_i}$$

应用斯特林公式并结合式(4.12)，有

$$\begin{aligned} \ln\omega &= (N\ln N - N) - \sum_i (n_i \ln n_i - n_i) + \sum_i n_i \ln g_i = \\ &N\ln N - \sum_i n_i \ln n_i + \sum_i n_i \ln g_i = N\ln N + \sum_i n_i \ln \frac{g_i}{n_i} \end{aligned} \tag{4.18}$$

求 $\ln\omega$ 对 n_i 的微分，有

$$\delta(\ln\omega) = \sum_i \left(\ln\frac{g_i}{n_i}\delta n_i + n_i \delta \ln\frac{g_i}{n_i} \right) = \sum_i \left(\delta n_i \ln\frac{g_i}{n_i} - \delta n_i \right)$$

因为 $\sum \delta n_i = 0$，所以

$$\delta(\ln\omega) = \sum_i \ln\frac{g_i}{n_i}\delta n_i$$

若要求 ω 极大值，必须使 $\delta(\ln\omega = 0)$，因此有

$$\sum_i \ln\frac{g_i}{n_i}\delta n_i = 0 \quad 或 \quad \sum_i \ln\frac{n_i}{g_i}\delta n_i = 0 \tag{4.19}$$

依据式(4.12)和(4.13)联立方程，可得

$$\sum_i \delta n_i = 0 \tag{4.20}$$

$$\sum_i \varepsilon_i \delta n_i = 0 \tag{4.21}$$

应用拉格朗日未定乘子法，将式(4.20)和(4.21)分别乘以系数 α、β，再与式(4.19)相加，得

$$\sum_i \left(\ln \frac{n_i}{g_i} + \alpha + \beta\varepsilon_i\right)\delta n_i = 0 \tag{4.22}$$

这里 δn_i 是独立的，即 $\delta n_i \neq 0$，故要求

$$\ln \frac{n_i}{g_i} + \alpha + \beta\varepsilon_i = 0 \tag{4.23}$$

即

$$n_i = g_i \exp(-\alpha - \beta\varepsilon_i)$$

有

$$n_i = g_i \varphi \exp(-\beta\varepsilon_i) \tag{4.24}$$

其中

$$\varphi = \exp(-\alpha)$$

式(4.24)就是所求的最可几分布，称**麦克斯维－玻尔兹曼分布律**，简称M－B分布律。

该式说明具有能量为 ε_i 的分子数分配数目 N_i 与代表点进入相格的内禀几率 g_i 有关，还与能量有关。在等几率地进入相格的情况下，能量较大者，分子数较少，分子数随能量的减少呈指数规律。由于相格大小 $\Delta\tau_i$ 与简并度 $g(\varepsilon_i)$ 成正比，所以式(4.17)中的真几率 g_i 用简并度 $g(\varepsilon_i)$ 代替后所得到的热力学几率 ω 与一切可能微观态的总的真几率 ω 之间只差一个常数系数，求导后其结果不变，所以式(4.24)中真几率 g_i 的可用简并度 $g(\varepsilon_i)$ 来代替。

4.2.3 配分函数 Z 与麦－玻分布函数

1. 配分函数 Z

由联络方程(4.12)和(4.13)与式(4.24)可得

$$N = \sum n_i = \sum g_i \varphi \exp(-\beta\varepsilon_i) = \varphi \sum g_i \exp(-\beta\varepsilon_i) \tag{4.25}$$

$$E = \sum n_i \varepsilon_i = \sum g_i \varepsilon_i \varphi \exp(-\beta\varepsilon_i) = \varphi \sum g_i \varepsilon_i \exp(-\beta\varepsilon_i) \tag{4.26}$$

定义：

$$Z = \sum g_i \exp(-\beta\varepsilon_i) \tag{4.27}$$

为配分函数，则常数 φ 与 Z 的关系为

$$\varphi = N/Z \tag{4.28}$$

需注意的是,式(4.27)中的求和是对所有不同能量 ε_i 进行的,这里 $g_i = g(\varepsilon_i)$ 是具有能量 ε_i 的状态数目,即对应某能量 ε_i 有几个状态数,$g(\varepsilon_i)$ 就等于几。在量子力学中,ε_i 称为 i 状态的能量本征值,$g(\varepsilon_i)$ 称为能量本征值 ε_i 的简并度。对于一个单粒子的配分函数应为

$$Z = \sum \exp(-\beta\varepsilon_i) \tag{4.29}$$

此时配分函数 Z 仅为参量 β 的函数。

当相格取 $\Delta\tau_i \to 0$ 时,配分函数可变成积分形式

$$Z = \int \exp(-\beta\varepsilon_i)\mathrm{d}\tau \tag{4.30}$$

由式(4.25)和式(4.27)可得麦－玻分布函数 N_i 与配分函数 Z 的关系,为

$$n_i = \frac{N}{Z}g_i\exp(-\beta\varepsilon_i)$$

由式(4.29)对 ε_i 求导得

$$\frac{\partial \ln Z}{\partial \varepsilon_i} = \frac{-\beta g_i\exp(-\beta\varepsilon_i)}{\sum g_i\exp(-\beta\varepsilon_i)} = \frac{-\beta g_i\exp(-\beta\varepsilon_i)}{Z}$$

所以有

$$N_i = \frac{N}{Z}g_i\exp(-\beta\varepsilon_i) = -\frac{N}{\beta}\frac{\partial \ln Z}{\partial \varepsilon_i} \tag{4.31}$$

利用式(4.26)和(4.28)消去 φ,同时由式(4.29)对 ε_i 求导

$$\frac{\partial \ln Z}{\partial \beta} = \frac{-\sum \varepsilon_i g_i\exp(-\beta\varepsilon_i)}{\sum g_i\exp(-\beta\varepsilon_i)} = \frac{-\sum \varepsilon_i g_i\exp(-\beta\varepsilon_i)}{Z}$$

得

$$E = \frac{N}{Z}\sum \varepsilon_i g_i\exp(-\beta\varepsilon_i) = -N\frac{\partial}{\partial \beta}(\ln Z) \tag{4.32}$$

因此体系内一个分子的平均能量为

$$\langle\varepsilon\rangle = \frac{E}{N} = -\frac{\partial \ln Z}{\partial \beta} \tag{4.33}$$

可以证明:

$$\beta = \frac{1}{kT} \tag{4.34}$$

其中 k 为玻尔兹曼常数。

由式(4.23)得

$$\ln\frac{g_i}{n_i} = \alpha + \beta\varepsilon_i = -\ln\varphi + \beta\varepsilon_i = \ln\frac{Z}{N} + \beta\varepsilon_i$$

代入式(4.18),可得 ω 极大值与配分函数的关系

$$\ln\omega = N\ln N + \sum n_i \ln \frac{g_i}{n_i} = N\ln N + \sum n_i (\ln \frac{Z}{N} + \beta\varepsilon_i)$$

考虑到 $\sum n_i = N$ 及式(4.12)和(4.13),有

$$\ln\omega = N\ln Z + \beta E \tag{4.35}$$

由此可见,ω 极大值与相格 $\Delta\tau_i$ 大小无关。

2. 麦 - 玻分布函数

由麦 - 玻分布律式(4.25)可见,$\exp(-\beta\varepsilon_i)$ 应为一纯数,β 与温度的关系如式(4.34),于是麦 - 玻分布函数可写为

$$n_i = N\frac{g_i\exp(-\varepsilon_i/kT)}{\sum_i g_i\exp(-\varepsilon_i/kT)} \tag{4.36}$$

或

$$n_i = \frac{N}{Z}g_i\exp(-\varepsilon_i/kT) \tag{4.37}$$

如果粒子在 i 态能量 ε_i 可表示为势能 $U(r_i)$ 与动能 $\frac{1}{2}mv_i^2$ 之和,即

$$\varepsilon_i = U(r_i) + \frac{1}{2}mv_i^2$$

则麦 - 玻分布函数与配分函数可表示为

$$n_i = \frac{N}{Z}g_i\exp\{-[U(r_i) + \frac{1}{2}mv_i^2]/kT\} \tag{4.38}$$

$$Z = \sum_i g_i\exp\{-[U(r_i) + \frac{1}{2}mv_i^2]/kT\} \tag{4.39}$$

4.3 粒子的配分函数及其物理意义

分布函数的确定是实现统计热力学任务中最关键的一步。在用最可几方法导出分布函数的表达式时,其中的关键是求出配分函数。当一个粒子内部的各种运动形式如平动、转动、振动等是彼此不相关的,则其处于某种状态下的总能量可以写成各种运动形式的能量之和

$$\varepsilon = \varepsilon_t + \varepsilon_r + \varepsilon_v + \varepsilon_e + \varepsilon_n + \cdots$$

其中,ε_t、ε_r、ε_v、ε_e 和 ε_n 分别表示粒子的平动能、转动能、振动能、电子运动能和核运动能。

这样粒子的配分函数可表示为

$$Z = \sum_{j=1}^{M} e^{-\beta\varepsilon_j} = \sum_{t=1}^{M_t}\sum_{r=1}^{M_r}\sum_{v=1}^{M_v}\sum_{e=1}^{M_e}\sum_{n=1}^{M_n} e^{-\beta(\varepsilon_t+\varepsilon_r+\varepsilon_v+\varepsilon_e+\varepsilon_n)} \tag{4.40}$$

其中，$M = M_t M_r M_v M_e M_n$ 为粒子的总的可能状态数，M_t 是平动运动的总的可能状态数，其余类推。

可以证明

$$\sum_{i=1}^{3}\sum_{j=1}^{3} e^{\varepsilon_i+\varepsilon_j} = \left(\sum_{i=3}^{3} e^{\varepsilon_i}\right)\left(\sum_{j=3}^{3} e^{\varepsilon_j}\right)$$

因此有

$$Z = Z_t Z_r Z_v Z_e Z_n$$

其中

$$Z_t = \sum_{j(t)} e^{-\beta\varepsilon_j(t)} \tag{4.41}$$

$$Z_r = \sum_{j(r)} e^{-\beta\varepsilon_j(r)} \tag{4.42}$$

$$Z_v = \sum_{j(v)} e^{-\beta\varepsilon_j(v)} \tag{4.43}$$

$$Z_e = \sum_{j(e)} e^{-\beta\varepsilon_j(e)} \tag{4.44}$$

$$Z_n = \sum_{j(n)} e^{-\beta\varepsilon_j(n)} \tag{4.45}$$

分别为平动配分函数、转动配分函数、振动配分函数、电子配分函数和核配分函数。

以上所得的配分函数中，指标 j 代表的是状态，而不是能级。但是，加入简并度 g_i 后，也适于具有简并能级的状态，即

$$Z_t = \sum_{j(t)} g_i(t) e^{-\beta\varepsilon_i(t)} \tag{4.46}$$

$$Z_r = \sum_{j(r)} g_i(r) e^{-\beta\varepsilon_i(r)} \tag{4.47}$$

$$Z_v = \sum_{j(v)} g_i(v) e^{-\beta\varepsilon_i(v)} \tag{4.48}$$

$$Z_e = \sum_{j(e)} g_i(e) e^{-\beta\varepsilon_i(e)} \tag{4.49}$$

$$Z_n = \sum_{j(n)} g_i(n) e^{-\beta\varepsilon_i(n)} \tag{4.50}$$

其中，$g_i(t)$，$g_i(r)$，$g_i(v)$，$g_i(e)$ 和 $g_i(n)$ 分别代表平动能级简并度、转动能级简并度、振动能级简并度、电子能级简并度和核能级简并度。将粒子的各种运动形式的能量的具体表达式代入以上各式(4.36) ~ (4.50)，即可得到粒子各种具体运动形式的配分函数。

4.3.1 平动配分函数

按照经典力学，平动运动的配分函数为

$$Z_t = (2\pi mkT/h^2)^{3/2}V \tag{4.51}$$

按照量子力学有

$$Z_t = \sum_{n_x}\sum_{n_y}\sum_{n_z}\exp\left[\frac{-(n_x^2+n_y^2+n_z^2)h^2}{(8ma^2kT)}\right] = \left\{\sum_{n}\exp\left[\frac{-n^2h^2}{(8ma^2kT)}\right]\right\}^3 \tag{4.52}$$

由于平动的能级差较小,式(4.52)中的求和可用积分代替,这样得到的结果与式(4.51)相同,所以满足量子力学的粒子体系与满足经典力学的粒子体系的平动配分函数是一致的。

【例】 计算 1 mol 的 $O_2(g)$ 在 101 325 Pa 和 273.15 K 时的配分函数。

【解】 氧分子的质量为

$$m = \frac{31.99\times10^{-3}}{6.023\times10^{23}} = 5.312\times10^{-26}\ \text{kg}$$

$k = 1.38\times10^{-23}\ \text{J}\cdot\text{K}^{-1}, h = 6.628\times10^{-34}\ \text{J}\cdot\text{s}, V = 22.414\times10^{-3}\ \text{m}^3$

所以

$$Z_t = \frac{2\pi\times5.312\times10^{-26}\times1.38\times10^{-23}\times273.15]^{3/2}}{(6.626\times10^{-34})^3}\times22.414\times10^{-3} = 3.44\times10^{30}$$

因为平动配分函数与分子质量的3/2次方成比例,从上面的例子可知在通常的温度和压力条件下,摩尔气体的平动配分函数的量级约为10^{30}。记住这个数对于以后粗略估算平动运动对热力学函数的贡献是有益的。顺便说明一点,玻耳兹曼分布公式涉及两个参数α和β。其中已指出过β反比于绝对温度,至于参数α,仅给出了它与配分函数的联系式(4.28)。现在已经得到了平动配分函数的表达式(4.41),它与体系的温度和体积有关,因此α也与温度和体积有关,即α也与温度成反比,同时与组分的化学势成正比。

4.3.2 转动配分函数

对于转动配分函数,当粒子体系满足经典力学时,有

$$Z_r = (8/h^2)\pi^2 IkT \tag{4.53}$$

其中I为转动惯量。由于满足量子力学的粒子体系的转动能量是简并的,因此转动的量子效应比较明显。依据量子力学,转动配分函数为

$$Z_r = \sum_{J=0}^{\infty}(2J+1)\exp[-J(J+1)h^2/(8\pi^2 IkT)] \tag{4.54}$$

由于上式中$h^2/8\pi^2 Ik$具有温度量纲,称为转动特征温度,记为Θ_r,如有

$$\Theta_r = h^2/8\pi^2 Ik \ll T \tag{4.55}$$

则式(4.54)可用如下积分近似

$$Z_r = \int_0^\infty (2J+1)\exp[-J(J+1)\Theta_r/T]\mathrm{d}J = T/\Theta_r \tag{4.56}$$

对于具有转动对称数 σ 的粒子,配分函数应除以转动对称数,即

$$Z_r = T/(\sigma \cdot \Theta_r) \tag{4.57}$$

而对于非直线型分子,对应于三个坐标轴的三个非零基本转动惯量 I_x、I_y 和 I_z 是不相等的,所以其配分函数为

$$Z_r = [(\pi I_x I_y I_z)^{1/2}/\sigma](8\pi^2 KT/h^2)^{3/2} \tag{4.58}$$

上式也可表示成

$$Z_r = (\pi^{1/2}/\sigma)(T^3/\theta_x\theta_y\theta_z)^{1/2} \tag{4.59}$$

其中

$$\theta_x = h^2/(8\pi^2 I_x k), \theta_y = h^2/(8\pi^2 I_y k), \theta_z = h^2/(8\pi^2 I_z k)$$

为三个转动特征温度,其中假定 $\theta_x \ll T, \theta_y \ll T, \theta_z \ll T$。

4.3.3 振动配分函数

对于双原子分子,按照经典力学,并引入振动频率 ν,即

$$\nu = (k/m)^{1/2}/2\pi \tag{4.60}$$

则振动配分函数为

$$Z_v = kT/h\nu \tag{4.61}$$

而按量子力学,粒子的能级是分立的,其振动配分函数为

$$Z_v = \sum_{n=0}^{\infty}\exp[-\beta(n+1/2)h\nu] = \exp(-\Theta_v/2T)/[1-\exp(-\Theta_v/T)] \tag{4.62}$$

其中,振动特征温度为 $\Theta_v = h\nu/k$。当时 $T \gg \Theta_v$,式(4.62)变为

$$Z_v = T/\Theta_v = kT/h\nu \tag{4.63}$$

此时与经典力学得到的结果一致。

若规定基态的振动能为零,则式(4.62)可简化为

$$Z_v = 1/[1-\exp(\Theta_v/T)] \tag{4.64}$$

为双原子分子振动配分函数的又一形式。

4.3.4 配分函数的物理意义

由式(4.34)可知,未定因子 β 反比于绝对温度。将式(4.34)代入式(4.27)可知,配分函数是由许多项玻尔兹曼因子($\exp(-\varepsilon_i/kT)$)组成,由于 k 和 T 以及 ε_i 都是正值,因此随着 ε_i 的增加,玻尔兹曼因子以负指数规律减小,所以这个级

数是收敛的，配分函数 Z 具有有限值。在确定的能级配置和确定温度下配分函数只是一个确定的数，如果以基态能量为能量的基准，即取 ε_0 为零，则无穷级数的第一项为1，其余各项均为大于零小于1，因此配分函数总是大于1。

假定能级是非简并的，并且各能级之间等间距，即

$$\varepsilon_1 - \varepsilon_0 = \varepsilon_2 - \varepsilon_1 = \cdots = \varepsilon_i - \varepsilon_{i-1} = \cdots$$

若令 $(\varepsilon_{i+1} - \varepsilon_i)/kT = x$，则有

$$Z = e^{-\varepsilon_0/kT} + e^{-\varepsilon_1/kT} + e^{-\varepsilon_2/kT} + \cdots = 1 + e^{-x} + e^{-2x} + \cdots = (1 - e^{-x})^{-1}$$

由此可见，能级间距越大或温度越低，x 越大，上述级数收敛越快，低能级在配分函数中起的作用越大，Z 越接近于1。因此，对于足够大的能级间距和足够低的温度，Z 接近等于1。相反，能级间距越小或温度越高，x 越小，级数收敛越慢，Z 越大。由此可见，**配分函数的值越大，反映粒子在各能级间的分布越均匀，而配分函数越小，反映粒子将越密集在低能级。**

尽管配分函数(partition function)与分布函数(distribution function)的名字很接近，并且两者是紧密相关的，但是两者的物理意义是不相同的。分布函数代表几率密度的分布，而配分函数本身没有分布的含义，粒子的配分函数是对一个粒子的所有可能状态的玻尔兹曼因子求和，也称**状态和**。只是求和号中的每一项与分布有关，它们正比于最可几分布中的相应的数。所以说，**配分函数表示各个状态的相对几率之和**。

4.4 费米－狄拉克分布和玻色－爱因斯坦分布

以上导出的玻耳兹曼分布，是针对微观粒子(分子或原子)在能量空间上的分布。对于具有 N 个粒子的体系，其中有 n_i 个粒子处于能量为 ε_i 的 g_i 个量子态上，这样的分布 $\{n_i\} = (n_1, n_2, \cdots, n_i, \cdots)$ 对应的微观状态数为

$$\omega(\{n_i\}) = \frac{N!}{\prod_i n_i!}\prod_i g_i^{n_i} = N!\prod_i \frac{g_i^{n_i}}{n_i} \tag{4.65}$$

对于不可分辨的粒子有

$$\omega(\{n_i\}) = \prod_i \frac{g_i^{n_i}}{n_i} \tag{4.66}$$

因此，玻耳兹曼分布为

$$n_i = g_i e^{-\alpha-\beta\varepsilon_i} \tag{4.67}$$

相应的配分函数为

$$Z = \sum_{\lambda}^{i} g_i e^{-\beta\varepsilon_i} \tag{4.68}$$

但是,玻尔兹曼分布的得出,是在假定同种粒子是彼此可分辨的,因此不能用于描述遵循量子力学的粒子。玻尔兹曼分布中所描述的粒子称为经典粒子。经典粒子和量子粒子的主要区别不仅在于,前者的能量是连续的,后者的能量是分立的,而且在于,前者彼此是可分辨的,后者彼此是不可分辨的。按照量子力学的规则,两个全同粒子的量子态交换以后并不引起体系新的量子状态,这样在计算体系的微观状态数时与经典粒子的情形会有很大的不同,因此产生了费米 – 狄拉克分布和玻色 – 爱因斯坦分布。

4.4.1 费米 – 狄拉克分布

有一类粒子,如电子和中子,其自旋量子数为半整数,这类粒子通常称为费米子。费米子是彼此不可区分的,它们在量子态上的分布服从泡利不相容原理:在每个量子态上最多允许填充一个粒子。任何一个单粒子量子态要么空着,要么被一个粒子占据,所以 n_i 个费米粒子在 g_i 个量子态上的分布方式数相当于从 g_i 个量子态中选出 g_i 个量子态的方式数,这个方式数为

$$C_{g_i}^{n_i} = \frac{g_i}{n_i!(g_i - n_i)!} \tag{4.69}$$

于是对应于 $\{n_i\} = (n_1, n_2, \cdots, n_i, \cdots)$ 这样一种分布,其对应的微观状态数为

$$\omega_{\mathrm{F}}(\{n_i\}) = \prod_i \frac{g_i}{n_i!(g_i - n_i)!} \tag{4.70}$$

与推导玻耳兹曼分布时所采用的方法一样,首先对 $\omega_{\mathrm{F}}(\{n_i\})$ 取对数,然后应用斯特林近似公式和拉格朗日未定乘子法求 $\ln\omega_{\mathrm{F}}$ 在约束条件

$$\sum_i n_i = N, \quad \sum_i n_i \varepsilon_i = E \tag{4.71}$$

下的极值条件。为此先令

$$F(\{n_i\}) = \ln\omega_{\mathrm{F}} + \alpha(N - \sum_i n_i) + \beta(E - \sum_i n_i \varepsilon_i) = 0 \tag{4.72}$$

其中 α 和 β 为两个未定参数。式(4.72)的右边取极值的条件时满足

$$\frac{\partial F}{\partial n_i} = 0 \tag{4.73}$$

将式(4.70) ~ (4.72)代入式(4.73),并利用斯特林公式,可得到

$$-\ln n_i + \ln(g_i - n_i) - \alpha - \beta_{\varepsilon_i} = 0$$

从而得到

$$n_i = \frac{g_i}{[\exp(\alpha + \beta\varepsilon_i) + 1]} \tag{4.74}$$

这是费米子体系满足的最可几分布。称为费米(Fermi) – 狄拉克(Dirac)分布,简称 F – D 分布。其中,参数 α 和 β 与玻耳兹曼分布有同样的意义。

在一些文献中,费米 - 狄拉克分布写作

$$n_i = \frac{g_i}{[\exp(-\alpha - \beta\varepsilon_i) + 1]} \tag{4.75}$$

其中,α 和 β 与式(4.74) 中 α 和 β 仅差一个负号。因为只是两个未定因子,在确定它们之前,书写形式上的差别无关紧要,因此式(4.74) 与式(4.75) 完全是等价的。但是一旦选定某个公式后,α 和 β 就有确定的物理意义,对于式(4.75) 则有 $\beta = -1/kT$。

另外,式(4.74) 和式(4.75) 都是粒子按能级的分布公式。相应地也可写成按量子态的分布公式,即

$$n_j = \frac{1}{[\exp(\alpha + \beta\varepsilon_j) + 1]} \tag{4.76}$$

4.4.2 玻色 - 爱因斯坦分布

与费米子不同,有另一类粒子,例如光子和氦原子,它们的自旋量子数为正整数(包括零在内),这类粒子通常称为玻色子。玻色子也是彼此不可区分的,但是它们不受泡利不相容原理的限制,即每个量子态上可占据的粒子数不受限制。于是 n_i 个玻色子在 g_i 个量子态上的分配相当于 n_i 个不可分辨的球和在由 $g_i - 1$ 个隔板隔开的 g_i 个容器中的分配方式,其方式数相当于 n_i 个不可分辨的球和 $g_i - 1$ 块不可分辨的隔板排成一行所能排布的方式数。这个方式数为

$$C_{g_i}^{n_i} = \frac{(n_i + g_i - 1)}{n_i!(g_i - n_i)!} \tag{4.77}$$

于是对应于$\{n_i\} = (n_1, n_2, \cdots, n_i, \cdots)$这样一种分布,其对应的微观状态数为

$$\omega_{\mathrm{B}}(\{n_i\}) = \prod_i \frac{(n_i + g_i - 1)!}{n_i!(g_i - n_i)!} \tag{4.78}$$

利用与推导费米 - 狄拉克分布时采用的相同方法,令

$$F(\{n_i\}) = \ln\omega_{\mathrm{B}} + \alpha(N - \sum_i n_i) + \beta(E - \sum_i n_i\varepsilon_i) = 0 \tag{4.79}$$

令 $\partial F/\partial n_i = 0$,并利用斯特林公式,可得到

$$\ln(n_i + g_i - 1) + \ln n_i - \alpha - \beta\varepsilon_i = 0$$

由于一般来说总有 $n_i + g_i \gg 1$,因而$(n_i + g_i - 1) \approx (n_i + g_i)$,于是得到

$$n_i = \frac{g_i}{[\exp(\alpha + \beta\varepsilon_i) - 1]} \tag{4.80}$$

这是玻色子体系满足的最可几分布,通常称玻色(Bose) - 爱因斯坦(Einstein)分布。与费米 - 狄拉克分布一样,式(4.80) 中玻色 - 爱因斯坦分布中的两个参数 α 和 β 与经典的玻耳兹曼分布中的参数 α 和 β 的参数有同样的意义。

同样,在一些文献中,玻色－爱因斯坦分布有时也写作如下的形式

$$n_i = \frac{g_i}{[\exp(-\alpha - \beta\varepsilon_i) - 1]} \tag{4.81}$$

和

$$n_j = \frac{1}{[\exp(\alpha + \beta\varepsilon_j) - 1]} \tag{4.82}$$

式(4.80)与式(4.81)的不同仅在于参数的定义方式不同,而式(4.80)与式(4.82)的不同之处仅在于公式中涉及的下标的意义有所不同。

4.4.3　三种分布的关系

可以发现,费米－狄拉克分布以及玻色－爱因斯坦分布与经典的玻耳兹曼分布是不相同的。这是因为经典粒子服从的经典力学规律与费米子和玻色子服从的量子力学规律是不相同的。但是,尽管经典力学与量子力学有很大的不同,但在某些极限情况下,量子力学可以过渡到经典力学。那么费米－狄拉克分布和玻色－爱因斯坦分布是否在某些情况下可过渡到经典的玻耳兹曼分布呢?不难看出,当 $e^{\alpha} \gg 1$ 时,费米－狄拉克分布式(4.74)和玻色－爱因斯坦分布式(4.80)的分母中的1可以忽略。在这种情况下这两种分布都过渡到玻尔兹曼分布式(4.67)。

下面以单原子分子理想气体的情形为例,说明在什么情况下不等式 $e^{\alpha} \gg 1$ 成立。

α 与配分函数 Z 的关系为

$$\alpha = \ln(Z/N)$$

在不考虑电子运动和核运动的情况下,单原子分子气体的配分函数为

$$Z = [2\pi mkT/h^2]^{3/2} V \tag{4.83}$$

其中,m 为粒子质量,h 为普朗克恒量。由上两式可得到

$$e^{\alpha} = Z/N = (2\pi mkT/h^2)^{3/2} V/N \tag{4.84}$$

于是不等式 $e^{\alpha} \gg 1$ 相当于

$$(2\pi mkT/h^2)^{3/2} V/N \gg 1 \tag{4.85}$$

由此可以看出,温度越高以及粒子的质量越大,不等式 $e^{\alpha} \gg 1$ 越容易满足。粒子的质量越大,量子效应将越不明显,这与费米－狄拉克分布和玻色－爱因斯坦分布越接近经典的玻耳兹曼分布的情况一致。另外,温度越高,V/N 越大,即粒子的密度越低,粒子可能达到的能级越多,意味着每个能级上所能分配到的粒子数将越少,可使每个能级的简并度是一定的,于是如果温度越高,粒子数

密度越大，越会有 $g_i \gg n_i$。容易发现在 $g_i \gg n_i$ 的情况下，会有

$$\omega_F(\{n_i\}) = \prod^i \frac{g_i!}{n_i!(g_i - n_i)!} = \prod^i \frac{g_i(g_i - 1)(g_i - 2)\cdots(g_i - n_i + 1)}{n_i!} \approx \prod^i \frac{g_i^{n_i}}{n_i!} \tag{4.86}$$

同样有

$$\omega_B(\{n_i\}) = \prod^i \frac{(n_i + g_i + 1)!}{n_i!(g_i - 1_i)!} = \prod^i \frac{(n_i + g_i - 1)(n_i + g_i - 2)\cdots(n_i + g_i - n_i)}{n_i!} \approx \prod^i \frac{g_i^{n_i}}{n_i!} \tag{4.87}$$

这两式和玻耳兹曼分布对应的微观状态数的公式(4.66) 正好一样，与(4.65)也仅差一个对玻耳兹曼分布的形式无影响的因子 $N!$。

通常把条件 $e^{\alpha} \gg 1$ 称为非简并条件，把满足这一条件的分布称为非简并分布。相应地把满足玻耳兹曼分布的粒子组成的体系称为非简并体系或弱简并体系，而把有费米子或玻色子组成的体系称为简并体系或强简并体系。

对于单原子分子组成的非简并条件(4.70) 可写成

$$T \gg (H^2/2\pi km)(N/V)^{2/3} \equiv T_0$$

称 T_0 为体系的简并温度。当体系温度高于简并温度时，费米 - 狄拉克分布和玻色 - 爱因斯坦分布都转化为玻耳兹曼分布。

第5章　热力学函数的统计表述

上一章利用最可几方法得到了玻耳兹曼分布的一般形式。还利用各种微观运动模型导出了各种运动模式对应的配分函数。一旦确定了系统的全配分函数,玻耳兹曼分布函数便完全确定了。有了分布函数,原则上就可以通过求统计平均的方法从各种微观量计算相应的宏观量。为了对此有一个直接的了解,本章将介绍如何从玻耳兹曼分布计算独立粒子系统的各种热力学量。之所以限于独立粒子系统而不是一般的粒子系统,是因为玻耳兹曼分布本身是从独立粒子系统导出的,因此现在还只能计算独立粒子系统的热力学量。

需要指出的是,从微观量求宏观量的基本方法是求统计平均,其出发点是分布函数。不过实际上有许多宏观量并不需要通过分布函数计算,而是可以直接通过配分函数计算就可以得到。这是因为配分函数本身已经隐含了分布函数的许多特性。

5.1　内能和热容

对于独立粒子体系,内能即为体系的总能量 E,它等于各粒子的能量之和

$$E = \sum_i n_i \varepsilon_i \tag{5.1}$$

根据玻耳兹曼分布

$$n_i = (N/Z) g_i e^{-\beta \varepsilon_i} \tag{5.2}$$

$$Z = \sum_i g_i e^{-\beta \varepsilon_i} \tag{5.3}$$

其中,简并度 g_i 表示具有能量 ε_i 的量子态数。

将式(5.2) 和(5.3) 代入式(5.1),可得

$$E = \sum_i (N/Z) \varepsilon_i g_i e^{-\beta \varepsilon_i} = - N(\partial \ln Z / \partial \beta) \tag{5.4}$$

上式就是体系的内能和配分函数的关系式。根据此式,只要计算出配分函数,便可以直接从配分函数中计算体系的内能。

文献中,有的将玻耳兹曼分布写成如下形式

$$P_i = (1/Z) g_i e^{-\beta \varepsilon_i} \tag{5.5}$$

其中,$P_i = n_i / Z$ 代表一个粒子处于 ε_i 能量级上的几率。利用式(5.5),式(5.4)

中的第一个等式也可写成

$$E = N\sum_{i} P_i \varepsilon_i \tag{5.6}$$

其中

$$\langle \varepsilon \rangle = \sum_{i} P_i \varepsilon_i \tag{5.7}$$

表示一个粒子的平均能量,又称统计平均能量。因此,如果知道了$\langle \varepsilon \rangle$,由式(5.6)和(5.7)也可直接计算出体系的内能。

配分函数在确定条件下只是一个无量纲的数,但这个数的大小与体系的温度和体积有关。因此配分函数是温度 T 和体积 V 的函数,式(5.4)更确切地写成

$$E = -N(\partial \ln Z/\partial \beta)_{V,N} = kNT^2(\partial \ln Z/\partial \beta)_{V,N} \tag{5.8}$$

其中,下标 V 和 N 表示在体积 V 和总的粒子数 N 不变时求偏导。这里之所以还加下标 N 是因为这里原本讨论的就是 N 恒定的孤立系统。有了内能的统计表达式,利用热力学关系

$$C_V = (\partial E/\partial T)_V$$

可以得到恒容热容的统计表达式

$$C_V = kN\frac{\partial}{\partial T}\left[T^2\left(\frac{\partial \ln Z}{\partial T}\right)_{V,N}\right]_V \tag{5.9}$$

5.2 熵

如果有 N 个粒子的体系,其中有 n_i 个粒子分布在 g_i 个量子态上,称为$\{n_i\}$分布。对于可分辨的粒子体系,分布$\{n_i\}$的热力学几率为

$$\omega = N_! \prod^{i} \frac{g_i^{n_i}}{n_i!}$$

上式两边取对数并利用斯特林公式,可得

$$\begin{aligned}\ln\omega &= \ln N! - \sum_i (n_i!\ln g_i - \ln n_i!) = \\ &N\ln N - N + \sum_i (n_i!\ln g_i - n_i\ln n_i + n_i) = \\ &N\ln N + \sum_i [n_i\ln(g_i/n_i)]\end{aligned}$$

将上式代入式(3.45),可得到分布$\{n_i\}$对应的状态的熵

$$S = k[N\ln N - \sum_i n_i\ln(g_i/n_i)] \tag{5.10}$$

将玻耳兹曼分布公式(5.2)代入上式,便得到玻耳兹曼分布对应状态的熵

$$S = k\left[N\ln N - \sum_i n_i\ln\left(\frac{Ne^{-\beta\varepsilon_i}}{Z}\right)\right] = k(N\ln Z + \beta E) \tag{5.11}$$

这里利用了 $\sum n_i = N$ 和式(5.1)。

利用上式计算得到的是玻耳兹曼分布对应的熵。比较式(4.35)与式(5.11)可知,熵与热力学几率极大值的自然对数间只差一个系数,即玻尔兹曼常数 k。由于玻耳兹曼分布是许多种可能实现的分布中的一种,而平衡态分布对应着几率最大的一种分布,所以玻耳兹曼分布的热力学几率要比平衡态的热力学几率小得多。但是研究证明,利用式(5.11)计算得到的熵值与平衡态的熵值近似相等。

玻耳兹曼分布对应的熵公式中涉及到参数 α 和 β。现在证明以前给出的 β 与 T 的关系。

因为配分函数不仅是体积的函数,还是温度的函数,而温度是与系统的能量紧密相关的,因此在利用式(5.8)计算 $(\partial S/\partial E)_V$ 时不能简单地把(5.8)中 Z 和 β 当作独立于 E 的常数处理。利用微分运算法则,从式(5.8)中可得到

$$(\partial S/\partial E)_V = (kN/Z)(\partial Z/\partial E)_V + k\beta + kE(\partial\beta/\partial E)_V$$

将式(5.4)代入上式,得

$$(\partial S/\partial E)_V = (kN/Z)(\partial Z/\partial\beta)_V(\partial\beta/\partial E)_V + k\beta - (kN/Z)(\partial Z/\partial\beta)_V(\partial\beta/\partial E)_V$$

因此有

$$(\partial S/\partial E)_V = k\beta \tag{5.12}$$

又因为内能 E 与第一章介绍的内能 U 是同一函数,由式(2.9)

$$(\partial U/\partial S)_V = T$$

得

$$(\partial S/\partial E)_V = 1/T \tag{5.13}$$

比较式(5.12)与(5.13),可得到

$$\beta = 1/kT \tag{5.14}$$

利用式(5.14)和(5.4),式(5.11)可写成

$$S = kN\ln Z + E/T = kN[\ln Z + T(\partial\ln Z/\partial T)_{V,N}] \tag{5.15}$$

这就是满足玻耳兹曼分布的可分辨的粒子体系的熵的统计表达式,也是处于平衡的可分辨的粒子体系的熵的一般的统计表达式。

5.3 其它热力学函数

有了内能和熵的统计表达式,利用热力学中的函数关系式,便可得到其它热力学函数的统计表达式。由于热力学函数焓 H、自由能 F 和自由焓 G 与内能 $U(E)$ 和熵 S 之间有如下关系:

$$F = E - TS$$

$$G = E + pV - TS = F + pV$$
$$H = E + pV = G - TS$$
$$p = -(\partial F/\partial V)_T$$

将上两节中得到的内能和熵的统计表达式代入以上各式,便可得到以上各种热力学函数的统计表达式。这些表达式连同内能和熵的统计表达式一并列于表5.1中。

由表5.1可清楚看出,只要求出配分函数,便可计算所有的热力学函数。

表5.1　热力学函数的统计表达式

热力学函数	可分辨粒子体系	不可分辨粒子体系
E	$kNT^2(\partial \ln Z/\partial T)_{V,N}$	$kNT^2(\partial \ln Z/\partial T)_{V,N}$
S	$kN[\ln Z + T(\partial \ln Z/\partial T)_{V,N}]$ 或 $kN\ln Z + E/T$	$kN[\ln Z + T(\partial \ln Z/\partial T)_{V,N}] - k\ln N!$ 或 $kN\ln Z + E/T - k\ln N!$
F	$-kNT\ln Z$	$-kNT\ln Z + kT\ln N!$
G	$-kNT[\ln Z - V(\partial \ln Z/\partial V)_{T,N}]$ 或 $-kNT\ln Z + pV$	$-kNT[\ln Z - V(\partial \ln Z/\partial V)_{T,N}] + k\ln N!$ 或 $-kNT\ln Z + pV + kT\ln N!$
p	$kNT(\partial \ln Z/\partial V)_{T,N}$	$kNT(\partial \ln Z/\partial V)_{T,N}$
H	$kNT[T(\partial \ln Z/\partial)_{V,N} + V(\partial \ln Z/\partial V)_{T,N}]$ 或 $kNT^2(\partial \ln Z/\partial T)_{V,N} + pV$	$kNT[T(\partial \ln Z/\partial T)_{V,N} + V(\partial \ln Z/\partial V)_{T,N}]$ 或 $kNT^2(\partial \ln Z/\partial T)_{V,N} + pV$

第6章 平衡统计的系综方法

按照统计热力学的观点,宏观量是在一定条件下对一切可能的微观运动状态相对应的微观量的平均值,或者说是大量观测结果的平均,而每一次观测下体系处于某一微观运动状态,或者某一微观统计状态范围之内。但是,在实际的实验中,每次观测总是在某个时间间隔内完成的,这个时间不管怎么短,从微观上讲总是相当长的。在此时间间隔内,体系必定经历许多种微观运动状态,因此一次试验观测实际上包含了大量的微观观测,也就是说,每次认为时间间隔很短的观测结果,相对于微观运动来讲仍然是大量微观运动结果的平均。为此有人建议用"一个观测"代替"一次观测"。

设想体系已经达到宏观平衡的状态,对于体系的每一个观测都可以看作是彼此独立地进行的。对同一体系的大量观测便对应于微观结构和宏观性质彼此相同又彼此独立的大量体系的观测。吉布斯(J.W.Gibbs)把这种微观结构和宏观性质完全相同而彼此完全独立的大量体系的集合称为统计系综,或简称系综(ensemble)。在这个集合中,每个体系都满足相同的约束条件,具有相同的哈密顿量(能量),在每个特定时刻,它们各自处于满足这种约束条件的一种微观运动状态。因此系综是由大量性质相同、各自处于不同运动状态的力学体系组成。

引入系综概念的目的之一是为了更方便地进行统计平均。而统计热力学的基本任务是从微观量求宏观量,其基本方法是统计平均。最直观的平均方法是时间平均。如果知道一个体系的初始状态,利用运动方程,可以求出在任何时刻 t 体系的某个力学量 $A(t)$,其稳定的时间平均可以用下式来确定

$$\langle A \rangle = \lim_{\tau \to \infty} \frac{1}{\tau} \int_{t_0}^{t_0+\tau} A(t)\mathrm{d}t \tag{6.1}$$

由于试验观测的结果本身是一种时间平均的结果,观测时间总是要比微观运动的特征时间长许多倍,用以往的统计平均的方法所获得的结果往往并不是真正的时间平均的结果,也就是说实验上,时间平均是很难甚至不可能实现的。

可以这样想象,如果让许多人在相同的条件下同时进行相同的实验,这样**许多个人在相同的条件下同时进行的许多个实验体系可以看成是一个系综**。因而许多个实验的结果的平均应相当于系综平均,因此系综平均是进行统计平均的一种方法。

在每个特定时刻系综中的每一个体系处于某一种微观状态，要进行系综平均，首先需要知道每个微观运动状态对平均值贡献的比重 $\rho(p,q)$，也就是相空间中不同地区在平均值中贡献的比重，由此可以定义系综的分布函数 $\rho(p,q)$，相当于相空间中代表点的几率密度，也就是说，$\rho \mathrm{d}p\mathrm{d}q$ 相当于代表点出现在相体积元 $\mathrm{d}p\mathrm{d}q$ 内的几率。因此，任何一个量 $A(p,q)$ 的系综平均可表示为

$$\langle A \rangle = \iint A(p,q)\rho(p,q)\mathrm{d}p\mathrm{d}q \tag{6.2}$$

其中已假定分布函数 $\rho(p,q)$ 满足归一化条件

$$\iint \rho(p,q)\mathrm{d}p\mathrm{d}q = 1 \tag{6.3}$$

在任何时刻，分布函数确定了在相空间中的系综分布。当求一个**孤立体系**在平衡态的宏观量时，系综的分布数 ρ 在同一能量曲面上假定为常数，即考虑在两个邻近的能量曲面 μ 和 $\mu + \Delta\mu$ 之间的区域中 ρ 为常数，最后令 $\Delta\mu \to 0$，这样的系综称为**微正则系综**，其在相空间中的分布称为微正则分布。当所讨论的体系在宏观条件上不是绝对孤立的，而是与以大热源相接触而达到平衡（相当于经典热力学中的封闭体系），这种体系属于**正则系综**。显然，可将体系与大热源一起作为一个大孤立体系，因此正则系综可由微正则系综导出。由数目众多分子或原子所组成的正则系综就接近微正则系综。在化学反应过程中，分子数要改变，如与大的热源接触，则所用的统计系综称为**巨正则系综**。

6.1 微正则系综

在微正则系综（microcanonical ensemble）中，由于所有的体系都是孤立体系，它们都有相同且恒定的能量，并具有相同且恒定的体积和组成（粒子种类和数目）。

通常所说的孤立体系，其能量是守恒的，应等于一个常数。严格地说绝对孤立的体系是不存在的，所谓孤立体系的能量不是一个绝对常数 E，而是在某范围内 $E \sim E + \delta E$，此处 δE 代表一个很小的能量间隔。于是微正则系综中的每个体系的状态只能存在于相空间中能量曲面 E 和能量曲面 $E + \delta E$ 之间的区域内。在这个区域之外的几率应等于零，亦即在区域之外系综的分布函数为零：

$$\rho = 0 \quad (\text{当 } H < E \text{ 及 } H > E + \delta E) \tag{6.4}$$

此处 H 代表孤立体系的哈密顿量。

当体系处于 E 与 $E + \delta E$ 之间区域时，假定其几率密度等于一个常数 c，即

$$\rho = c \quad (\text{当 } E \leqslant H \leqslant E + \delta E) \tag{6.5}$$

此时可以认为该常数等于单位体积对应的微观状态的数目与体系所有可能实

现的微观状态的总数目 ω 之比。而每种微观状态出现的几率应等于体系所有可能实现的微观状态的总数目 ω 的倒数。对于由独立粒子组成的体系，原则上可以明显地用粒子的参量写出 ω 的表达式。对于彼此间有相互作用的体系，无法写出 ω 的显式表达式，但是可以肯定，ω 与体系的总能量 E、能量范围 δE 以及总的粒子数 N 和体积 V 有关，因此式(6.4) 和(6.5) 可以写成

$$\rho(p,q) = \begin{cases} \bar{g}/\omega(E,\delta E,V,N) & (E \leqslant H \leqslant E + \delta E) \\ 0 & (H > E + \delta E \text{ 及 } H < E) \end{cases} \tag{6.6}$$

其中，$\omega(E,\delta E,V,N)$ 代表处于相空间中能量 E 和 $E+\delta E$ 之间的相体积中的微观状态的数目。而 $\bar{g}$ 代表能量在 E 和 $E+\delta E$ 之间的单位相体积中的微观状态的数目。对于由 N 个全同粒子组成的体系来说，每个粒子的自由度为 f，N 个粒子的自由度为 Nf，体系的一个微观状态在相空间中占据的相体积为 h^{Nf}。如果考虑到粒子的全同性，单个相体积中的微观状态数为

$$\bar{g} = \frac{1}{N!\,h^{Nf}} \tag{6.7}$$

因而有

$$c = \frac{1}{N!\,h^{Nf}\omega(E,\delta E,V,N)} \tag{6.8}$$

式(6.6) 代表的是能级连续的经典粒子体系组成的微正则系综的分布函数式。对于量子粒子体系，微观状态的能量是不连续的，可以定义每种状态出现的几率。根据等几率假设，一种状态出现的几率应等于体系所有可能出现的的微观状态数的倒数。若第 r 个微观状态出现的几率为 ρ_r，应有

$$\rho_r = \begin{cases} 1/\omega(E,\delta E,V,N) & (E \leqslant H \leqslant E + \delta E) \\ 0 & (H > E + \delta E \text{ 及 } H < E) \end{cases} \tag{6.9}$$

原则上有了分布函数，便可计算其平均值。

对于统计热力学的重要参数配分函数，可通过玻尔兹曼分布获得，如式(4.51) 和(4.68)。

6.2 正则系综

对于一个封闭体系，虽然其能量 E 并不固定，但其温度 T 可有确定的值。实现这一点的办法之一是让它与温度恒定的大热源接触。如果体系的边界是刚性的，其体积 V 就有确定的值。根据封闭体系的定义，其中的粒子个数 N 也有确定的值。由大量相同的且 T、V 和 N 恒定的封闭体系组成的集合称为正则系综(canonical ensemble)。为保证系综中的每个体系具有相同的温度，可以设想系综中的每个体系都放在一个非常大的温度相同的恒温热浴中，于是正则系综可

以表示为如图 6.1 中所示的大量体系的集合。

6.2.1 正则系综的分布函数

设想图 6.1 中每个体系和它的热源(热浴)合起来组成一个大的孤立体系，由大量这种孤立体系的集合组成一个微正则系综，于是可以利用微正则系综分布得到体系和热源组成的孤立体系的性质，再利用体系和热源之间的关系来确定正则系综的分布函数。

设 Ⅰ 为所关心的体系，Ⅱ 为热源两者合起来组成一个孤立体系 A(见图 6.2)。

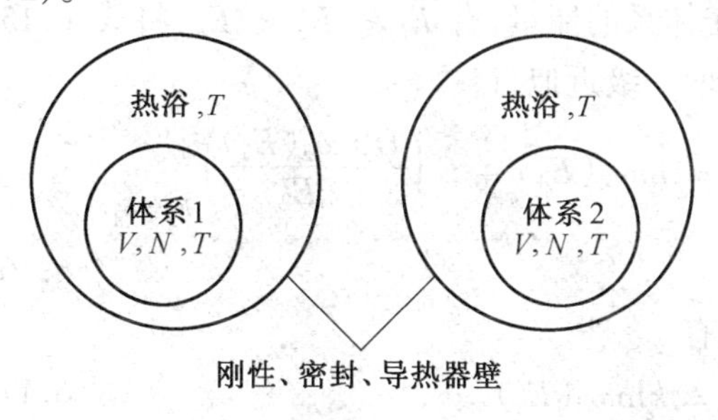

图 6.1 正则系统示意图

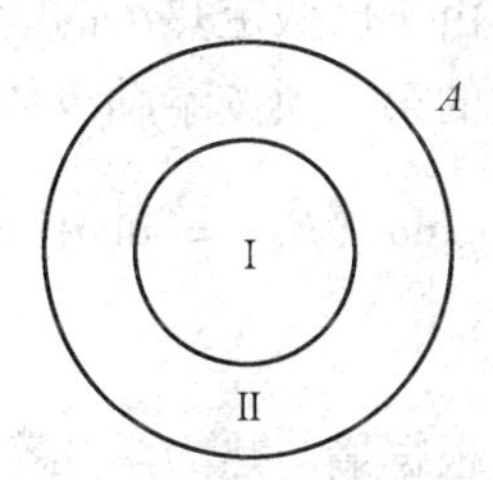

图 6.2 体系 Ⅰ 和热源 Ⅱ 组成孤立体系 A

为了保证体系和热源之间的能量交换并不影响热源的温度，设想热源的能量 E_2，远大于体系的能量 E_1，即

$$E_2 \gg E_1 \tag{6.10}$$

假定体系 Ⅰ 和热源 Ⅱ 之间的相互作用能同体系和热源的总能量相比可忽略不计(只要体系和热源都足够大，此时总是可以满足的)，则有

$$E_A = E_1 + E_2 \tag{6.11}$$

显然，E_1，E_2 和 E_A 仅仅分别为规定了体系 Ⅰ、热源 Ⅱ 和体系 A 的总能量，并没有规定这些能量在各自的基本结构单元如何分配，也就是说只是规定了它们对应的体系的宏观状态，而没有指定微观状态。假定体系 Ⅰ 与能量 E_1 对应的微观状态数为 $\omega_1(E_1)$，热源 Ⅱ 与能量 E_2 对应的微观状态数为 $\omega_2(E_2)$，而体系 A 与能量 E_A 对应的微观状态数为 $\omega_A(E_A)$，因此有

$$\omega_A(E_A) = \sum_{E_1} \omega_1(E_1)\omega_2(E_2) \tag{6.12}$$

由于 A 是一孤立体系，E_A 是一常数，而体系 Ⅰ 和热源 Ⅱ 之间所交换的能量 E_1 和 E_2 是可以变化的，但必须满足式(6.12)。当体系 Ⅰ 处于能量 E_i 的某个特定的微观状态时，热源 Ⅱ 可处于能量为 $E_2 = E_A - E_i$ 的所有微观状态中的任何一个。这些微观状态的数目应是 $E_A - E_i$ 的函数，记为 $\omega_2(E_A - E_i)$。对应于

体系Ⅰ处于第 i 个微观状态,也就是体系Ⅰ的第 i 个量子态或处于经典相空间中第 i 个相格中的状态,孤立体系 A 的微观状态数为

$$\omega_{A,i} = 1 \times \omega_2(E_A - E_i) \tag{6.13}$$

根据微正则系综的分布函数公式,孤立体系 A 中的体系Ⅰ处于第 i 个微观状态的几率为

$$\rho_i = \omega_{A,i}/\omega_A(E_A) = \omega_2(E_A - E_1)/\omega_A(E_A) \tag{6.14}$$

上式也可写成

$$\ln\rho_i = \ln\omega_2(E_A - E_1) - \ln\omega_A(E_A) \tag{6.15}$$

由于已假定热浴的能量远大于体系的能量,有 $E_i \ll E_2 < E_A$,将式(6.15)右边的第一项按泰勒级数展开,并取一级近似,得

$$\ln\omega_2(E_2) = \ln\omega_2(E_A - E_i) = \ln\omega_2(E_A) - E_i\left(\frac{\partial\ln\omega_2(E_2)}{\partial E_2}\right)_{E_2 = E_A, V} \tag{6.16}$$

根据熵与热力学几率的关系,有

$$S_2 = k\ln\omega_2(E_2) \tag{6.17}$$

$$S_A = k\ln\omega_A(E_A) \tag{6.18}$$

再利用熵与能量的关系

$$(\partial S/\partial E)_V = 1/T \tag{6.19}$$

可得

$$(\partial\ln\omega_2/\partial E_2)_V = (1/k)(\partial S_2/\partial E_2)_V = 1/(kT_2) \tag{6.20}$$

其中 T_2 是热源的温度。当体系与热源始终处于热平衡时,热源与体系的温度相等,可统一记为 T,于是有

$$(\partial\ln\omega_2/\partial E_2)_V = 1/kT \tag{6.21}$$

从式(6.15) ~ (6.18) 和(6.21) 可得

$$k\ln\rho_i = -E_i/T + S_2(E_A) - S_A(E_A) \tag{6.22}$$

其中

$$S_2(E_A) = k\ln\omega_2(E_A) \tag{6.23}$$

由于 $S_2(E_A)$ 和 $S_A(E_A)$ 都是与 E_i 无关的常数,式(6.22) 可写成

$$\rho_i = C\exp(-E_i/kT) \tag{6.24}$$

其中 C 是一常数。归一化条件为

$$\sum_i \rho_i = 1 \tag{6.25}$$

其中求和号是对体系的所有的量子态求和,可得

$$C = 1/\sum_i \exp(-E_i/kT) \tag{6.26}$$

即

$$Q = \sum_i \exp(-E_i/kT) \tag{6.27}$$

因此,式(6.24)可写成

$$\rho_i = \exp(-E_i/kT)/Q \tag{6.28}$$

式(6.28)为正则系综的分布函数,简称正则分布函数。而式(6.27)中定义的 Q 称为正则配分函数。其中 i 为系统的量子态标号,ρ_i 代表体系处于第 i 个量子态上的几率。

体系处于能量为 E_i 的能级上的几率,应等于 ρ_i 乘上该能级的简并度 $g(E_i)$,即

$$\rho(E_2) = \rho_i g(E_i) \tag{6.29}$$

于是对能级的分布函数可表示成

$$\rho_i = g(E_i)\exp(-E_i/kT)/Q \tag{6.30}$$

其中

$$Q = \sum_{E_i} g(E_i)\exp(-E_i/kT) \tag{6.31}$$

其中求和号代表对能级求和。

分布函数(6.28)和(6.30)适于能级分立的同时体系的微观状态可用量子态或能级来描述的情况。对于能量连续的经典统计,分布函数与配分函数的形式可借鉴连续型玻耳兹曼分布所采用的方法。设 $d\Omega$ 为体系的相体积元,f 为其中每个粒子的自由度,N 为体系包含的粒子数,则对于可分辨的粒子体系,处于相体积元 $d\Omega$ 中的几率为

$$\rho(E)d\Omega = (1/Q)\exp(-E/kT)d\Omega/h^{Nf} \tag{6.32}$$

其中 $d\Omega/h^{Nf}$ 相当于简并度。因此其分布函数(几率密度)可表示为

$$\rho(E) = (1/Qh^{Nf})\exp(-E/kT) \tag{6.33}$$

其中

$$Q = (1/h^{Nf})\int \exp(-E/kT)d\Omega \tag{6.34}$$

对于不可分辨的粒子体系,上述两式可表示成

$$\rho(E) = (1/QN!\,h^{Nf})\exp(-E/kT) \tag{6.33$'$}$$

$$Q = (1/N!\,h^{Nf})\int \exp(-E/kT)d\Omega \tag{6.34$'$}$$

因此,正则分布函数可表示成统一的形式

$$\rho(E) = \exp(-E/kT)\Big/\int \exp(-E/kT)d\Omega \tag{6.35}$$

考虑到最可几分布时,可得

$$\rho_j = \exp(-E_j/kT)Q \tag{6.36}$$

$$Q = \sum_j \exp(-E_j/kT) \tag{6.37}$$

正则分布函数也可利用最可几方法求得。当 N 个粒子处于 $\Delta\omega_l$ 内的粒子数为 a_l 最可几的数值为

$$a_l = e^{-\alpha-\beta\varepsilon_l}\Delta\omega_l \tag{6.38}$$

就一个粒子而言,其在 $\Delta\omega_l$ 内的几率应为 a_l/N,即

$$a_l/N = \frac{1}{N}e^{-\alpha-\beta\varepsilon_l}\Delta\omega_l = \frac{1}{Z}e^{-\beta\varepsilon_l}\Delta\omega_l \tag{6.39}$$

其中 $\alpha = \ln(Z/N)$。把一个粒子当作一个复杂的子系,以 μ 代替ε_l,以 $\mathrm{d}\Omega_1$ 代替 $\Delta\omega_l$,把 a_l/N 改写成$\rho_1\mathrm{d}\Omega_1$,这样有

$$\rho_1\mathrm{d}\Omega_1 = \frac{1}{Z}\exp(-\beta\mu_1)\mathrm{d}\Omega_1 \tag{6.40}$$

因此有

$$\rho_1 = \exp(-\Psi-\beta\mu_1) \tag{6.41}$$

或

$$\rho = \exp(-\Psi-\beta\mu) \tag{6.42}$$

其中,Ψ 和β 为常数。而 Ψ 由归一化条件来确定

$$\int\rho_1\mathrm{d}\Omega_1 = \int\exp(-\Psi-\beta\mu_1)\mathrm{d}\Omega_1 = 1$$

$$\Psi = \ln Z$$

即

$$\exp(-\Psi) = \int\exp(-\beta\mu_1)\mathrm{d}\Omega_1$$

$$Z = \int\exp(-\beta\mu_1)\mathrm{d}\Omega_1$$

或

$$\exp(-\Psi) = \int\exp(-\beta\mu_1)\mathrm{d}\Omega$$

$$Z = \int\exp(-\beta\mu_1)\mathrm{d}\Omega$$

式(6.40) 为正则分布函数的另一种表达形式。

6.2.2 正则系综的配分函数

如果把前面讨论的大体系(包括体系与热源) 中的每个体系收缩成一个粒子,大体系便变成近独立粒子体系。于是从大体系的分布(6.36) 或正则分布

(6.28) 可以推出玻耳兹曼分布，因此正则分布(6.28) 与玻耳兹曼分布有相同的形式，正则配分函数 Q 与玻耳兹曼分布中的粒子配分函数 Z 具有相同的形式。不过两者中的能量含义不同，正则分布(6.28) 和正则配分函数 Q 中涉及的能量 E_j 是指体系的能量，而玻耳兹曼分布及其粒子配分函数 Z 中涉及的能量 ε_j 是指粒子能量。事实上，对于(近) 独立粒子体系，应有

$$E_j = \left(\sum_{a=1}^{N} \varepsilon_a\right)_j = \sum_{a=1}^{N} \varepsilon_{j(a)} \tag{6.43}$$

其中 $\varepsilon_{j(a)}$ 代表处于第 j 种状态的体系 a 个粒子所具有的能量，下标 $j(a)$ 表征粒子的状态。对于一种微观状态，体系中的每个粒子都有一种运动状态与之相对应，体系的状态 j 是通过体系中每个粒子的状态来定义的，因此对体系的状态 j 求和，应当对应于对体系中所有粒子的状态 $j(1), j(2), \cdots, j(N)$ 求和，因而有

$$Q = \sum_{j=1}^{M} \exp(-E_j/kT) = \sum_{j(1)=1}^{M_1} \sum_{j(2)=1}^{M_2} \cdots \sum_{j(N)=1}^{M_N} \exp\left[-\sum_{a=1}^{N} \varepsilon_{j(a)}/kT\right] \tag{6.44}$$

其中 $M = M_1 M_2 \cdots M_N$ 是体系的可能状态的总数，而 $M_a (a = 1,2,\cdots,N)$ 是第 a 个粒子的可能状态的总数。式(6.44) 右边是关于许多指数项的乘积的求和。式(6.44) 可表示成

$$Q = \sum_{j(1)} \exp(-\varepsilon_{j(1)}/kT) \cdot \sum_{j(2)} \exp(-\varepsilon_{j(2)}/kT) \cdots \sum_{j(N)} \exp(-\varepsilon_{j(N)}/kT) \tag{6.45}$$

由于体系中 N 个粒子中的每个粒子与其它粒子处于完全等同的地位，上式右边 N 个求和项是完全等价的，因此上式可简化为

$$Q = \left[\sum_i \exp(-\varepsilon_i/kT)\right]^N \tag{6.46}$$

其中 ε_i 代表单个粒子处于第 i 种状态的能量。因此式(6.46) 右边括号内的量正好是粒子配分函数 Z，因此有

$$Q = Z^N \tag{6.47}$$

上述考虑中已假定体系中的每个粒子是可编号的，因此式(6.47) 适于可分辨的粒子体系。对于由全同粒子组成的体系，式(6.47) 应改为

$$Q = Z^N/N! \tag{6.48}$$

6.3 巨正则系综

对于开放体系，化学反应体系，其能量 E 和粒子数 N 并不固定，但是其温度 T 和组分的化学位 μ 却有确定的值，其体积 V 也有确定的值。把大量相同的且 T、V 和 (恒定的开放体系组成的集合称为巨正则系综 (Grand canonical ensemble)。

为保证巨正则系综中的每个体系具有相同的温度和化学位，设想系综中的每个体系不仅与一温度恒定的大热源接触，而且还与一个化学位恒定的粒子源接触。于是巨正则系综可以表示为如图 6.3 中所示的大量体系的集合。

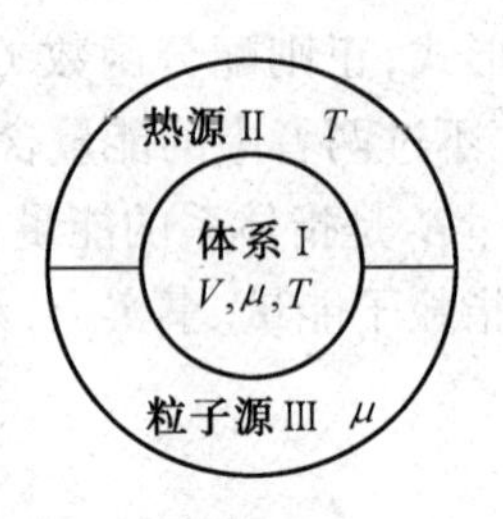

图 6.3 体系Ⅰ和热源Ⅱ及粒子源Ⅲ组成的孤立体系

参照正则系综分布函数的推导过程，并利用微正则系综分布函数的性质，可以推出巨正则系综的分布函数。

设Ⅰ为所研究的体系，Ⅱ表示热源，Ⅲ表示粒子源。以上三者和起来组成一个孤立体系，由大量的这种孤立体系组成的集合可看成是一个微正则系综。为讨论方便，先假定体系和粒子源中只包含一种组分。

如果设热源Ⅱ和粒子源Ⅲ两者合起来构成体系 A，其与体系Ⅰ合起来构成孤立体系 B，则有

$$E_B = E_1 + E_2 + E_3 = E_1 + E_A \tag{6.49}$$

$$N_B = N_1 + N_2 + N_3 = N_1 + N_A \tag{6.50}$$

其中 E_1, E_2, E_3 和 N_1, N_2, N_3 分别代表体系Ⅰ、热源Ⅱ和粒子源Ⅲ的能量和粒子数。当体系Ⅰ处于能量 E_i、粒子数为 N_j 的某个状态时，体系 A 的能量和粒子数分别为

$$E_A = E_B - E_i \tag{6.51}$$

$$N_A = N_B - N_j \tag{6.52}$$

E_A 和 N_A 仅仅规定了体系 A 的总能量和总粒子数，并没有完全规定其中的每一个粒子的状态，也就是说，体系还可以对应于大量的微观状态。微观状态的数目是 E_A 和 N_A 的函数，记为 $\omega_A(E_A, N_A)$。与此对应，整个孤立体系 B 的微观状态数是总能量 E_B 和总粒子数 N_B 的函数，记为 $\omega_B(E_B, N_B)$。根据微正则系综的等几率假说，有

$$\rho_{ij}(E_i, N_j) = \omega_A(E_B - E_i, N_B - N_j)/\omega_B(E_B, N_B) \tag{6.53}$$

其中 $\rho_{ij}(E_i, N_j)$ 表示体系Ⅰ处于能量 E_i、粒子数 N_j 的第 (i,j) 个状态的几率。将(6.53)两边取对数，可得

$$\ln\rho_{ij}(E_i, N_j) = \ln\omega_A(E_B - E_i, N_B - N_j) - \ln\omega_B(E_B, N_B) \tag{6.54}$$

假定热源Ⅱ和粒子源Ⅲ都比体系Ⅰ大得多，有

$$E_B \gg E_i, \quad N_B \gg N_j \tag{6.55}$$

于是将式(6.54)右边第一项做泰勒级数展开，并取一级近似，可得

$$\ln\rho_{ij} = \ln[\omega_A(E_B, N_B)/\omega_B(E_B, N_B)] - N_j(\partial\ln\omega_A/\partial N_A)_{E_A, N_A = N_B, V_B} -$$

$$E_i(\partial \ln\omega_A/\partial E_A)_{N_A,E_A=E_B,V} \tag{6.56}$$

利用玻耳兹曼公式 $S = k\ln\omega$ 以及热力学关系

$$(\partial S/\partial E)_{V,N} = 1/T, \quad (\partial S/\partial n_i)_{E,V} = -\mu_i/T \tag{6.57}$$

有

$$S_A = k\ln\omega_A \tag{6.58}$$

$$(\partial \ln\omega_A/\partial E_A)_{N_A,V} = 1/kT \tag{6.59}$$

$$(\partial \ln\omega_A/\partial N_A)_{E_A,V} = -\bar{\mu}/kT \tag{6.60}$$

其中 $\bar{\mu} = \mu/N_0$,为书写方便并与其它文献中通常表示方式一致,以下将 $\bar{\mu}$ 简记为 μ。若令

$$\beta = 1/kT \tag{6.61}$$

$$\alpha = -\mu/kT \tag{6.62}$$

式(6.55)可表示成

$$\ln\rho_{ij} = C - \alpha N_j - \beta E_i \tag{6.63}$$

其中

$$C = \ln[\omega_A(E_B, N_B)/\omega_B(E_B, N_B)] \tag{6.64}$$

是与 E_i 和 N_j 无关的常数。从式(6.62)可得

$$\rho_{ij} = C\exp(-\alpha N_j - \beta E_i) \tag{6.65}$$

利用归一化条件为

$$\sum_{ij}\rho_{ij} = 1 \tag{6.66}$$

可得到

$$\rho_{ij} = (1/\Xi)\exp(-\alpha N_j - \beta E_i) = (1/\Xi)\exp[(\mu N_j - E_i)/kT] \tag{6.67}$$

其中

$$\Xi = \sum_{ij}\exp(-\alpha N_j - \beta E_i) = \sum_{ij}\exp[(\mu N_j - E_i)/kT] \tag{6.68}$$

称为巨正则系综的配分函数,简称巨配分函数。而式(6.68)定义了巨正则系综的分布函数,简称**巨正则分布函数**。

式(6.67)中对 i 求和只是对状态求和,而不是对能级求和。如果对能级指标 f 求和,则求和号中应增加简并度因子。而简并度 g_i 是能量 E_i 和粒子数 N_j 的函数,因此,式(6.67)和(6.68)应该变为

$$\rho_{ij} = (1/\Xi)g_f(E_f, N_j)\exp(-\alpha N_j - \beta E_f) \tag{6.69}$$

$$\Xi = \sum_{f,j}g_f(E_f, N_j)\exp(-\alpha N_j - \beta E_i) \tag{6.70}$$

以上为从微正则系综的等几率假设开始推出巨正则系综的分布函数和相

应的配分函数,也可以直接利用正则系综的结果推出巨正则系综的分布函数和巨配分函数。

同时,可以参考独立粒子体系的正则配分函数与粒子配分函数之间的联系,可以导出全同的独立粒子的巨配分函数与正则配分函数以及粒子配分函数之间的联系,其结果为

$$\Xi = \sum_N \exp(\mu N/kT) \cdot Q(N) \tag{6.71}$$

以及

$$\Xi = \exp[Z \cdot \exp(\mu/kT)] \tag{6.72}$$

其中 Q 为全同的独立粒子体系的正则配分函数,并满足式(6.37);Z 为粒子配分函数,满足式(4.40)。需要强调的是,以上关系仅适于(近)独立粒子体系。

第7章　溶体及其模型

7.1　溶体的基本特性

凡是两种或两种以上物质组成的均匀体系,如混合均匀的气体、混合均匀的溶液及单相的固溶体均称为单相溶体,它们的热力学性质的变化规律存在较多的相同或相似,所以将它们划归一类来处理,称为溶体。本书中所说的溶体主要是指凝聚态溶体,即溶液和固溶体。

7.1.1　偏摩尔量与化学势

1.溶体中组元浓度的表示法

(1)质量表示法

工业上一般用质量百分数来表示溶体中各组元的浓度。设在 k 个组元所组成的溶体中,各组元的质量分别为 $g_1, g_2, \cdots, g_k$,则组元 i 所占的质量分数 w_i 为

$$w_i = \frac{g_i}{g_1 + g_2 + \cdots + g_k} \times 100\%$$

(2) 原子百分比

在 k 个组元所组成的溶体中,各组元的质量百分比分别为 $w_1, w_2, \cdots, w_k$,对应各组元的原子量分别为 $A_1, A_2, \cdots, A_k$,则 i 组元所占的原子百分数 a_i 为

$$a_i = \frac{w_i / A_i}{w_1/A_1 + w_2/A_2 + \cdots + w_i/A_i} \times 100\%$$

已知溶体中各组元的原子百分数分别为 $a_1, a_2, \cdots, a_k$,则可分别求得组元的质量百分数如下

$$w_i = \frac{a_i A_i}{a_1 A_1 + a_2 A_2 + \cdots + a_k A_k} \times 100\%$$

(3) 摩尔分数

热力学计算中,各组元的浓度常以摩尔分数来表示。以 $n_1, n_2, \cdots, n_k$ 表示溶体中各组元的物质的量,则 $n_1 = w_1/A_1, n_2 = w_2/A_2, \cdots, n_k = w_k/A_k$,$n_i$表示组元 i 的物质的量,则组元 i 的摩尔分数 x_i 为

$$x_i = \frac{n_i}{n_1 + n_2 + \cdots + n_k}$$

对于理想气体,可用各组元 i 的分压 p_i 和混合气体的总压力 $p(p = p_1 + p_2 + \cdots + p_k)$ 之比来表示摩尔分数,即

$$x_i = \frac{p_i}{p_1 + p_2 + \cdots + p_k} = \frac{p_i}{p}$$

2. 偏摩尔量

为了表示溶体中某一组元浓度的改变量对溶体宏观性质的影响,引入一个热力学参数 —— 偏摩尔量。在极大量的溶体中加入 1 mol 的某一组元(使其它组元的物质的量保持不变),测定溶体性质的变化量,这个性质的变化量称为偏摩尔量。设溶体中各组元的浓度分别为 $n_1, n_2, \cdots, n_k$ mol,M 为整个任意量溶体的容量性质,则 i 组元的偏摩尔量 M_i 可由下式定义:

$$M_i = \left(\frac{\partial M}{\partial n_i}\right)_{T,p,n_j/n_i} \tag{7.1}$$

其中,$M = M(T, p, n_1, n_2, \cdots, n_k)$,下表的含义为温度 T、压力 p 以及除了组元 i 以外的其它组元的物质的量 n_j 保持不变。当 $\mathrm{d}T = 0$ 及 $\mathrm{d}p = 0$ 时,有

$$\mathrm{d}M = \left(\frac{\partial M}{\partial n_1}\right)_{T,p,n_2,n_3,\cdots,n_k/n_1}\mathrm{d}n_1 + \left(\frac{\partial M}{\partial n_2}\right)_{T,p,n_1,n_3,\cdots,n_k/n_2}\mathrm{d}n_2 + \cdots + \left(\frac{\partial M}{\partial n_k}\right)_{T,p,n_1,n_2,\cdots,n_{k-1}/n_k}\mathrm{d}n_k \tag{7.2}$$

由于 M 为整个任意量的容量性质,因此有

$$M = \sum n_i M_i \tag{7.3}$$

对于二元系,式(7.2) 成为

$$\mathrm{d}M = M_1\mathrm{d}n_1 + M_2\mathrm{d}n_2 \tag{7.4}$$

式(7.3) 成为

$$M = M_1 n_1 + M_2 n_2 \tag{7.5}$$

对式(7.5) 微分,得

$$\mathrm{d}M = n_1\mathrm{d}M_1 + n_2\mathrm{d}M_2 + M_1\mathrm{d}n_1 + M_2\mathrm{d}n_2 \tag{7.6}$$

比较式(7.4) 与式(7.6),有

$$n_1\mathrm{d}M_1 + n_2\mathrm{d}M_2 = 0 \tag{7.7}$$

设 $x_1 = \frac{n_1}{n_1 + n_2}, x_2 = \frac{n_2}{n_1 + n_2}$,则由式(7.7) 可得

$$x_1\mathrm{d}M_1 + x_2\mathrm{d}M_2 = 0 \tag{7.8}$$

而 $x_1 + x_2 = 1$, $\mathrm{d}x_1 = -\mathrm{d}x_2$,则

$$x_1\left(\frac{\partial M_1}{\partial x_1}\right)_{T,p} - x_2\left(\frac{\partial M_2}{\partial x_2}\right)_{T,p} = 0 \tag{7.9}$$

式(7.8)和式(7.9)均称为**吉布斯 - 杜亥姆**(Gibbs - Duhem)方程(对二元系)。利用该公式可由一个组元的偏摩尔量求得另一组元的偏摩尔量。

对1 mol量的任何容量性质 M_m($M_m = M/(n_1 + n_2)$),根据式(7.5),有

$$M_m = x_1 M_1 + x_2 M_2 \tag{7.10}$$

对上式微分得

$$dM_m = x_1 dM_1 + x_2 dM_2 + M_1 dx_1 + M_2 dx_2 \tag{7.11}$$

将式(7.8)与式(7.11)合并,则有

$$dM_m = M_1 dx_1 + M_2 dx_2 \tag{7.12}$$

将上式各项乘以 x_1/dx_2,而 $dx_1 = - dx_2$,则

$$x_1 \frac{dM_m}{dx_2} = - x_1 M_1 + x_1 M_2 \quad 或 \quad x_1 M_1 = x_1 M_2 - x_1 \frac{dM_m}{dx_2}$$

代入式(7.10)得

$$M_m = x_1 M_2 - x_1 \frac{dM_m}{dx_2} + x_2 M_2$$

$$M_2 = M_m + x_1 \frac{dM_m}{dx_2} = M_m + (1 - x_2)\frac{dM_m}{dx_2} \tag{7.13}$$

同样对于 M_1 有

$$M_1 = M_m + (1 - x_1)\frac{dM_m}{dx_1} = M_m - x_2 \frac{dM_m}{dx_2} \tag{7.14}$$

对于多元系的容量性质,引入 G 和 G_m 分别表示体系(溶体)的自由焓(吉布斯自由能)和体系(溶体)中的摩尔自由焓,如体系中共有 n mol 物质,则有

$$G = nG_m$$

组元 i 的偏摩尔自由焓为

$$G_i = \left(\frac{\partial G}{\partial n_i}\right)_{n_k} = \left(\frac{\partial n}{\partial n_i}\right)_{n_k} G_m + n\left(\frac{\partial G_m}{\partial n_i}\right)_{n_k}$$

由于 $n = \sum n_j$, $x_j = n_j/n$,又由于 G_m 常以摩尔分数来表示,所以应施以以下变换

$$(n_1, n_2, \cdots, n_r) \rightarrow (n, x_2, \cdots, x_r)$$

则有

$$G_i = \left(\frac{\partial n}{\partial n_i}\right)_{n_k} G_m + n\left(\frac{\partial G_m}{\partial n}\right)_{x_j}\left(\frac{\partial n}{\partial n_i}\right)_{n_k} + n\sum_{j=2}^{r}\left(\frac{\partial G_m}{\partial x_j}\right)_{n, x_k}\left(\frac{\partial x_j}{\partial n_i}\right)_{n_k}$$

由于 G_m 仅依赖于成分而与体系的大小无关,有

$$\left(\frac{\partial G_m}{\partial n}\right)_{x_j} = 0$$

且

$$\left(\frac{\partial n}{\partial n_i}\right)_{n_k} = 1, \quad \left(\frac{\partial x_j}{\partial n_i}\right)_{n_k} = \frac{\delta_{ij} - x_j}{n}$$

其中，δ_{ij} 是 Kronecker 记号（当 $i \neq j$ 时，$\delta_{ij} = 0$；当 $i = j$ 时，$\delta_{ij} = 1$）。因此可得

$$G_i = G_m + \sum_{j=2}^{r} (\delta_{ij} - x_j)\left(\frac{\partial G_m}{\partial x_j}\right) \tag{7.15}$$

对于三元系溶体（$r = 3$），由式(7.15)可知

$$G_1 = G_m - x_2 \frac{\partial G_m}{\partial x_2} - x_3 \frac{\partial G_m}{\partial x_3} \tag{7.16}$$

$$G_2 = G_m + (1 - x_2)\frac{\partial G_m}{\partial x_2} - x_3 \frac{\partial G_m}{\partial x_3} \tag{7.17}$$

$$G_3 = G_m - x_2 \frac{\partial G_m}{\partial x_2} + (1 - x_3)\frac{\partial G_m}{\partial x_3} \tag{7.18}$$

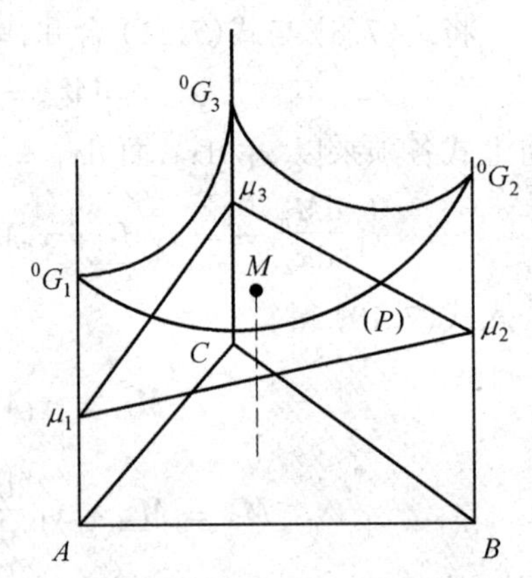

图 7.1　以图解法求三元系偏摩尔性质。平面 P 与自由能曲面相切在 M 点，并与各垂直轴相截在 μ_1, μ_2, μ_3。

若以等边三角形来表示成分，三角形的三个顶点分别表示三个组元，以垂直于该平面的轴来表示体系的摩尔吉布斯自由能（见图 7.1），则式(7.16)、(7.17)和(7.18)分别表示过自由能曲面上 M 点的切平面在 A、B、C 轴上的截距，即 G_1、G_2 和 G_3（即 μ_1、μ_2 和 μ_3）。

上述方法适于所有的容量性质。

3. 化学势

整个体系的自由焓为容量性质，其偏摩尔量称为化学势，对任意量溶体的自由焓 G，有

$$G = G(T, p, n_1, n_2, \cdots, n_k)$$

$$dG = \left(\frac{\partial G}{\partial T}\right)_{p, n_2, n_3, \cdots, n_k} dT + \left(\frac{\partial G}{\partial p}\right)_{T, n_1, n_3, \cdots, n_k} dp + \cdots + \sum \left(\frac{\partial G}{\partial n_k}\right)_{T, p, n_1, n_2, \cdots, n_k/n_i} dn_i \tag{7.19}$$

其中

$$\left(\frac{\partial G}{\partial n_i}\right)_{T, p, n_1, n_2, \cdots, n_k/n_i} dn_i = G_i = \mu_i$$

其中，μ_i 表示组元 i 的偏摩尔自由焓，或称为 i 组元的化学势，即在恒温恒压下无限大溶体中改变 1 mol 的 i 引起溶体自由焓的变化。

显然对纯组元来说，在恒温恒压时的化学势即为摩尔自由焓。

对二元系的摩尔自由焓 G_m，由式(7.10)得

$$G_m = x_1\mu_1 + x_2\mu_2 \tag{7.20}$$

即二元系的摩尔自由焓等于各组元的摩尔分数与化学势乘积之和。以上关系式可以推广到对于多元体系，即有

$$G_m = \sum x_i\mu_i \tag{7.21}$$

对于二元系，摩尔自由焓的微分可参考式(7.12)得到

$$dG_m = \mu_1 dx_1 + \mu_2 dx_2 \tag{7.22}$$

推广到多元系，同样有

$$dG_m = \sum \mu_i dx_i \tag{7.23}$$

即熔体摩尔自由焓的微小变化量等于各组元化学势与其摩尔分数变化量乘积之和。

由式(7.8)的吉布斯－杜亥姆公式，对二元系有

$$x_1 d\mu_1 + x_2 d\mu_2 = 0 \tag{7.24}$$

将式(7.24)推广到多元系，则有

$$\sum x_i d\mu_i = 0 \tag{7.25}$$

由于 $dG_m = 0$ 为多元体系平衡的条件，则由式(7.23)可知，$\sum \mu_i dx_i = 0$ 为多元体系平衡的条件。

由于 $dG_m < 0$ 为体系进行不可逆过程的条件，因此由式(7.23)可知，$\sum \mu_i dx_i < 0$ 为体系进行自发不可逆过程的条件。

化学势可视为某一组元从一相中逸出的能力。某一组元在一相内的化学势越高，它从这一相转移到另一相的倾向越大；当组元 i 在两相中的化学势相等(转移成为可逆过程)时，即处于平衡状态。因此，**化学势可作为相变或化学变化是否平衡或不可逆过程的一个判据。**

当二元系中存在 α 和 β 相的自由焓变化为

$$dG_m = dG^\alpha + dG^\beta$$

假如只有组元 A 自 α 相转移到 β 相，则引起 α 和 β 相的自由焓变化为

$$dG^\alpha = \mu_A^\alpha dx_A^\alpha, \quad dG^\beta = \mu_A^\beta dx_A^\beta$$

而

$$dx_A^\alpha = -dx_A^\beta$$

因此

$$dG_m = dG^{\alpha} + dG^{\beta} = \mu_A^{\alpha} dx_A^{\alpha} + \mu_A^{\beta} dx_A^{\beta} = (\mu_A^{\beta} - \mu_A^{\alpha}) dx_A^{\beta}$$

由于 $dx_A^{\beta} \neq 0$,所以在二元系中两相平衡条件为

$$\mu_A^{\beta} = \mu_A^{\alpha} \tag{7.26}$$

对于组元 B,同样可得两相平衡条件

$$\mu_B^{\beta} = \mu_B^{\alpha} \tag{7.26'}$$

对于理想气体,因为

$$G = G^0 + RT\ln p$$

所以,在混合气体中对每一组元 i 也可写成

$$\mu_i = \mu_i^0 + RT\ln p_i \tag{7.27}$$

式(7.27) 中 p_i 为组元 i 在混合体内的分压,μ_i^0 为积分常数,同样是温度的函数,其物理意义为,当 $p_i = 1$ 时组元 i 的化学势。当多相存在时,任一组元的饱和蒸汽压的分压在各相中相等时,体系达到平衡。

7.1.2 亨利定律与拉乌尔定律

1. 亨利定律

当一种溶质溶解在溶剂内,若溶体足够稀时,则溶质从溶体中逸出的能力正比于它的摩尔分数,即

$$p_i = kx_i \quad (x_i \to 0) \tag{7.28}$$

其中,p_i 为溶质的蒸汽压,x_i 为溶质在溶体中的溶解度,k 为常数。上式是亨利(Henry)1803 年测定压力对溶质在溶体(溶液) 中的溶解度的影响时得出的,故称为**亨利定律**。

2. 拉乌尔定律

拉乌尔(Raoult) 在 1887 年根据试验得到

$$p_i = p_i^0 x_i \quad (x_i \to 1) \tag{7.29}$$

其中,p_i 为溶体中溶剂的蒸汽压,p_i^0 为同温度下纯溶剂的蒸汽压,x_i 为溶体内溶剂的摩尔分数。上式又称为**拉乌尔定律**。

3. 溶体的活度

如果溶体服从拉乌尔定律,将式(7.27) 代入式(7.29),得

$$\mu_i = \mu_i^0 + RT\ln p_i^0 + RT\ln x_i \tag{7.30}$$

设 $\mu_i^* = \mu_i^0 + RT\ln p_i^0$,则式(7.30) 可写成

$$\mu_i = \mu_i^* + RT\ln x_i \tag{7.31}$$

在一定温度下 p_i^0 为常数,因此 μ_i^* 为温度的函数,并与组元 i 的特性有关。当 $x_i = 1$ 时,$\mu_i = \mu_i^*$,所以 μ_i^* 为纯组元的化学位或摩尔自由能。

但是一般溶体偏离拉乌尔定律。为使式(7.30)适于一般溶体,引入活度 a_i 代替 x_i 来求 μ_i,即

$$\mu_i = \mu_i^{标} + RT\ln a_i \tag{7.32}$$

或使

$$\mu_i = \mu_i^{标} + RT\ln \gamma x_i$$

即

$$a_i = \gamma_i x_i \tag{7.33}$$

γ_i 称为活度系数,可视为对偏离拉乌尔定律的浓度校正系数。当 $\gamma_i = 1$ 时,$a_i = x_i$,溶体服从拉乌尔定律,当 $\gamma_i > 1$ 表示对拉乌尔定律呈正偏差,当 $\gamma_i < 1$ 表示对拉乌尔定律呈负偏差。因此,活度也称校正浓度或有效浓度。

式(7.32)为活度的定义式,其中 $\mu_i^{标}$ 相当于 $a_i = 1$ 时的化学位,选择这个状态作为标准态便可表征其它状态的活度值。

4. 吉布斯 – 杜亥姆公式的积分和活度测定

用电动势试验测得一个纯组元与这个组元在溶体中两者之间的电动势 ε,便可求得这个组元的活度,即

$$\Delta G = -n\varepsilon F = \mu_i - \mu_i^{标} = RT\ln a_i \tag{7.34}$$

其中,F 为法拉第(Faraday)常数(F = 96 484.6 C · mol^{-1})。上述方法只适合于低温。

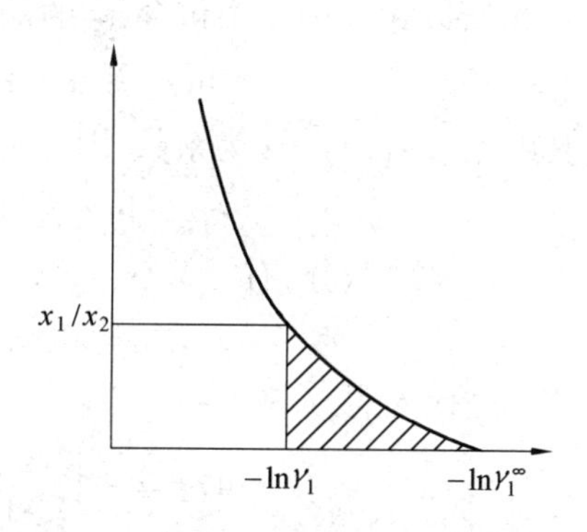

图 7.2 吉布寺 – 杜海姆公式的积分示意图

对于二元系,由吉布斯 – 杜亥姆公式(7.9),可根据一组元的化学位求出另一组元的化学位,也可以由一组元的活度或活度系数,求出另一组元活度或活度系数。

由式(7.24)得

$$x_1 d\mu_1 + x_2 d\mu_2 = 0$$

同时由式(7.32)微分得

$$d\mu_i = RTd\ \ln a_i \tag{7.35}$$

设已测得组元 1 在整个成分范围内的活度为 a_1,则前式可写成

$$x_1 d\ \ln a_1 + x_2 d\ \ln a_2 = 0 \tag{7.36}$$

即

$$x_1 d\ \ln\gamma_1 + x_2 d\ \ln\gamma_2 + x_1 d\ \ln x_1 + x_2 d\ \ln x_2 = 0 \tag{7.37}$$

由于 $x_1 + x_2 = 1, dx_1 + dx_2 = 0$,有

$$x_1 d\ \ln x_1 + x_2 d\ \ln x_2 = 0$$

因此有

$$x_1 \mathrm{d}\ln\gamma_1 + x_2 \mathrm{d}\ln\gamma_2 = 0 \tag{7.38}$$

若选用符合拉乌尔定律的纯物质为标准态，$\gamma_2\big|_{x_2\to 1}$，有

$$\ln\gamma_2 = -\int_{x_2=1}^{x_2} \frac{x_1}{x_2}\mathrm{d}\ln\gamma_1 \tag{7.39}$$

若以 $-\ln\gamma_1$ 作横坐标，以 x_1/x_2 作纵坐标，图 7.2 中将出现一条渐近线(对应 $x_2\to 0, -\ln\gamma_1\to 0, x_1/x_2\to\infty$)，使得 $x_2\to 0$ 时的积分值难以求解。因此，将 $\ln\gamma_1$ 在 $x_2\to 0$ 以泰勒(Taylor) 级数展开

$$\ln\gamma_1 = \ln\gamma_1\Big|_{x_2\to 0} + \left(\frac{\mathrm{d}\ln\gamma_1}{\mathrm{d}x_2}\right)_{x_2\to 0} x_2 + \frac{1}{2}\left(\frac{\mathrm{d}^2\ln\gamma_1}{\mathrm{d}x_2^2}\right)_{x_2\to 0} x_2^2 + \cdots \tag{7.40}$$

因为选取符合拉乌尔定律的纯物质为标准态 $\ln\gamma_1\Big|_{x_2\to 0} = 0, \left(\frac{\mathrm{d}\ln\gamma_1}{\mathrm{d}x_2}\right)_{x_2\to 0} = 0$，所以式(7.40) 中包含 x_2 的最低项为二次项，也即

$$\ln\gamma_2 = x_2^2(A_0 + A_1x_2 + A_2x_2^2 + \cdots) \tag{7.41}$$

其中，A_0、A_1、A_2、… 为系数。因此引入一个参数 α_i

$$\alpha_i = \ln\gamma_i/[(1-x_i)^2] \quad (i = 1 \text{ 或 } 2) \tag{7.42}$$

对式(7.42) 微分，有

$$\mathrm{d}\ln\gamma_1 = \mathrm{d}(\alpha_1 x_2^2) = 2\alpha_1 x_2\mathrm{d}x_2 + x_2^2\mathrm{d}\alpha_1 \tag{7.43}$$

将上式代入式(7.39)，得

$$\ln\gamma_2 = -\int_{x_2=1}^{x_2} 2\alpha_1 x_2\mathrm{d}x_2 - \int_{x_2=1}^{x_2} x_1x_2\mathrm{d}\alpha_2 \tag{7.44}$$

对上式的第二个积分式采用分步积分，有

$$\ln\gamma_2 = -\alpha_1 x_1 x_2 - \int_{x_2=1}^{x_2}\alpha_1\mathrm{d}x_2 \tag{7.45}$$

α_1 的值可根据后面介绍的不同溶体模型求出。

7.1.3 理想溶体与实际溶体

1. 形成溶体时自由焓的变化

凝聚态纯组元 i 在温度为 T 时蒸汽压为 p_i^0，而温度 T 时组元 i 在凝聚态溶体中则具有较低的平衡蒸汽压 p_i，根据盖斯定律，可按如下三个步骤求得由纯物质 i 成为溶体中组元 i 的摩尔自由焓的变化值：

(1) 在 p_i^0 和 T 时 1 mol 凝聚态纯 i 蒸发为 i 蒸汽；

(2) 在 T 时 1 mol i 蒸汽的蒸汽压由 p_i^0 降至 p_i；

(3) 在 T 时具有蒸汽压 p_i 的 1 mol i 蒸汽凝聚至溶体内。

因此,溶解 1 mol i 组元形成溶体时自由焓的变化值 ΔG_m 应为

$$\Delta G_m = \Delta G_{m(1)} + \Delta G_{m(2)} + \Delta G_{m(3)}$$

其中,步骤(1) 和(3) 为平衡过程,因此 $\Delta G_{m(1)} = \Delta G_{m(3)} = 0$。这样

$$\Delta G_m = \Delta G_{m(2)} = RT\ln(p_i/p_i^0)$$

由于 $a_i = p_i/p_i^0$,有

$$\Delta G_m = \Delta G_{m(2)} = G_{mi}(\text{在溶体中}) - G_{mi}(\text{纯组元中}) = RT\ln a_i$$

其中,在溶体中 G_{mi} 为组元i 在溶体中的偏摩尔自由焓 $G_i = \mu_i$,纯组元中 G_{mi} 为 $G_i^0 = \mu_i^0$,两者之差可表示为 ΔG_i,即溶解组元 i 时偏摩尔自由焓的变化值。

$$\Delta G_i = G_i - G_i^0 = RT\ln a_i \tag{7.46}$$

当 n_A mol A 组元与 n_B mol B 组元混合组成二元溶体时,在恒温恒压下

$$\text{混合前的自由焓} = n_A G_A^0 + n_B G_B^0$$

$$\text{混合后的自由焓} = n_A G_A + n_B G_B$$

混合引起的自由焓变化为(上标 M 表示混合)

$$\Delta G^M = (n_A G_A + n_B G_B) - (n_A G_A^0 + n_B G_B^0)$$

将式(7.35) 代入,得

$$\Delta G^M = n_A \Delta G_A^M + n_B \Delta G_B^M$$

或

$$\Delta G^M = RT(n_A \ln a_A + n_B \ln a_B) \tag{7.47}$$

对于 1 mol 溶体,混合引起的自由焓变化为

$$\Delta G_m^M = x_A \Delta G_A^M + x_B \Delta G_B^M$$

或

$$\Delta G_m^M = RT(x_A \ln a_A + x_B \ln a_B) \tag{7.48}$$

参考式(7.13) 及(7.14),有

$$\Delta G_A^M = \Delta G_m^M + x_B \frac{d\Delta G_m^M}{dx_A} \tag{7.49}$$

$$\Delta G_B^M = \Delta G_m^M + x_A \frac{d\Delta G_m^M}{dx_B} \tag{7.50}$$

对式(7.48) 微分后重新整理并除以 x_B^2,则有(因 $dx_A = -dx_B$)

$$\frac{\Delta G_A^M dx_A}{x_B^2} = \frac{x_B d\Delta G_m^M - \Delta G_m^M dx_B}{x_B^2} = d\left(\frac{\Delta G_m^M}{x_B}\right)$$

或

$$d\left(\frac{\Delta G_m^M}{x_B}\right) = \frac{\Delta G_A^M dx_A}{x_B^2}$$

对上式积分，得

$$\Delta G_{\mathrm{m}}^{M} = x_{\mathrm{B}}\int_{0}^{x_{\mathrm{A}}} \frac{\Delta G_{\mathrm{A}}^{M}}{x_{B}^{2}}\mathrm{d}x_{\mathrm{A}}$$

但是 $\Delta G_{\mathrm{A}}^{M} = RT\ln a_{\mathrm{A}}$，因此 A 和 B 混合组成溶体后总的自由焓的变化值可直接由 a_{A} 随成分变化得到，即

$$\Delta G_{\mathrm{m}}^{M} = RTx_{\mathrm{B}}\int_{0}^{x_{\mathrm{A}}} \frac{\ln a_{\mathrm{A}}}{x_{\mathrm{B}}^{2}}\mathrm{d}x_{\mathrm{A}} \tag{7.51}$$

同样，对于其它热力学函数，如混合焓和混合熵，同样有

$$\Delta H_{\mathrm{m}}^{M} = x_{\mathrm{B}}\int_{0}^{x_{\mathrm{A}}} \frac{\Delta H_{\mathrm{A}}^{M}}{x_{\mathrm{B}}^{2}}\mathrm{d}x_{\mathrm{A}} \tag{7.52}$$

$$\Delta S_{\mathrm{m}}^{M} = x_{\mathrm{B}}\int_{0}^{x_{\mathrm{A}}} \frac{\Delta S_{\mathrm{A}}^{M}}{x_{\mathrm{B}}^{2}}\mathrm{d}x_{\mathrm{A}} \tag{7.53}$$

2. 理想溶体

在整个成分范围内每个组元都符合拉乌尔定律，这样的溶体称为理想溶体，其特征为混合热为零，混合体积变化为零，混合熵不为零。从微观上看，组元间粒子为相互独立的，无相互作用。如图 7.3 所示，Fe – Cr 系溶体在 1 600 ℃ 时的活度为 $a_i = x_i$。

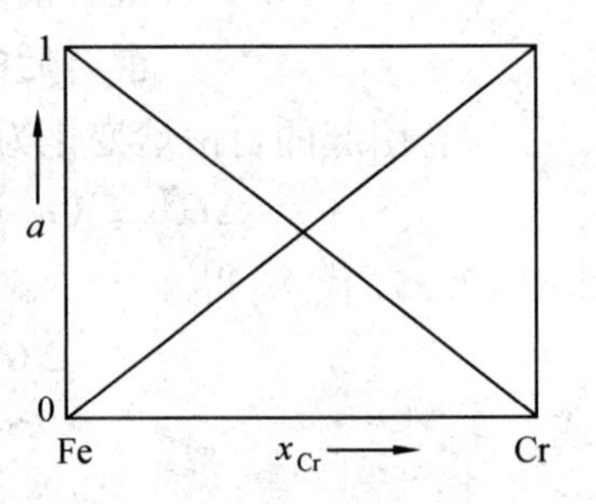

图 7.3　Fe – Cr 系溶体在 1 600 ℃ 时的活度与浓度的关系

对于二元系，由式(7.48)可知，理想溶体的混合自由焓 $\Delta^{\mathrm{id}}G_{\mathrm{m}}$ 为

$$\Delta^{\mathrm{id}}G_{\mathrm{m}} = RT(x_{\mathrm{A}}\ln x_{\mathrm{A}} + x_{\mathrm{B}}\ln x_{\mathrm{B}})$$

则

$$\Delta^{\mathrm{id}}G_{\mathrm{A}} = RT\ln x_{\mathrm{A}}$$

$$\Delta^{\mathrm{id}}G_{\mathrm{B}} = RT\ln x_{\mathrm{B}}$$

由于

$$\left(\frac{\partial G}{\partial p}\right)_{T,\text{成分}} = V$$

所以有

$$\left[\frac{\partial}{\partial n_i}\left(\frac{\partial G}{\partial p}\right)_{T,\text{成分}}\right]_{T,p,n_j} = \left(\frac{\partial V}{\partial n_i}\right)_{T,p,n_j}$$

按偏摩尔量的定义，有

$$\left(\frac{\partial V}{\partial n_i}\right)_{T,p,n_j} = V_i$$

因为热力学容量性质 G 为状态函数,所以有

$$\left[\frac{\partial}{\partial n_i}\left(\frac{\partial G}{\partial p}\right)_{T,成分}\right]_{T,p,n_j} = \left[\frac{\partial}{\partial p}\left(\frac{\partial G}{\partial n_i}\right)_{T,p,n_j}\right]_{T,成分} = \left(\frac{\partial G_i}{\partial p}\right)_{T,成分}$$

因此

$$\left(\frac{\partial G_i}{\partial p}\right)_{T,成分} = V_i$$

对于纯 i,则有$\left(\frac{\partial G_i^0}{\partial p}\right)_{T,成分} = V_i^0$,所以有

$$\left[\frac{\partial(G_i - G_i^0)}{\partial p}\right]_{T,成分} = V_i - V_i^0 \quad 或 \quad \left(\frac{\partial \Delta G_i}{\partial p}\right)_{T,成分} = \Delta V_i$$

ΔV_i 表示组元i溶入溶体后的体积与纯态时之差,即组元 i 溶入溶体后体积的改变。

对理想溶体,有

$$\Delta G_i^M = RT\ln x_i$$

代入上式得

$$RT\frac{\partial \ln x_i}{\partial p} = \Delta V_i$$

由于 x_i 不是压力的函数,因此

$$RT\frac{\partial \ln x_i}{\partial p} = \Delta V_i = 0 \tag{7.54}$$

所以,任一组元 i 在理想溶体中的体积与纯组元i 相同。

当形成含有 n_A mol 组元 A 及 n_B mol 组元 B 的二元溶体后,体积的改变应为

$$\begin{aligned}\Delta V^M = (n_A V_A + n_B V_B) - (n_A V_A^0 + n_B V_B^0) = \\ n_A(V_A + V_A^0) + n_B(V_B + V_B^0) = \\ n_A \Delta V_A + n_B \Delta V_B\end{aligned}$$

由于理想溶体 $\Delta V_i = 0$,则 $\Delta^{id} V = 0$。因此,二元理想溶体的体积为

$$V_m = x_A V_A^0 + x_B V_B^0 \tag{7.55}$$

或以固溶体的点阵常数 a 表示为

$$a = x_A a_A^0 + x_B a_B^0 \tag{7.56}$$

其中 a_A^0 和 a_B^0 分别表示纯 A 和纯 B 的点阵常数。式(7.55) 称为**威佳**(Vegard) **定律**。

由第二章中吉布斯 - 亥姆霍兹方程,即式(2.30)

$$\left[\frac{\partial(G/T)}{\partial(1/T)}\right]_p = H$$

可以得到

$$\left[\frac{\partial(G_i/T)}{\partial(1/T)}\right]_{p,n_1,n_2,\cdots} = H_1 \tag{7.57}$$

$$\frac{\partial[(G_i - G_i^0)/T]}{\partial(1/T)} = \Delta H_i \tag{7.58}$$

而

$$G_i - G_i^0 = RT\ln a_i$$

对理想溶体，$a_i = x_i$，则有 $G_i - G_i^0 = RT\ln x_i$，代入式(7.58)，得

$$R\left[\frac{\partial \ln x_i}{\partial(1/T)}\right] = \Delta H_i^M$$

当 $x_i \neq x(T)$，即 x_i 不受温度的影响，因此，

$$R\left[\frac{\partial \ln x_i}{\partial(1/T)}\right] = \Delta H_i^M = 0 \tag{7.59}$$

当形成含 n_A mol A 及 n_B mol B 的二元溶体时

$$混合前的自由焓 = n_A H_A^0 + n_B H_B^0$$

$$混合后的自由焓 = n_A H_A + n_B H_B$$

混合形成理想溶体后焓的变化值为(上标表示混合热力学函数)

$$\Delta H^M = (n_A H_A + n_B H_B) - (n_A H_A^0 + n_B H_B^0) =$$

$$n_A(H_A + H_A^0) + n_B(H_B + H_B^0) =$$

$$n_A \Delta H_A^M + n_B \Delta H_B^M$$

由于形成理想溶体时，$\Delta H_i^M = 0$，则

$$\Delta^{id} H = \Delta H^M = 0 \tag{7.60}$$

而

$$\Delta G^M = \Delta H^M - T\Delta S^M$$

$$\left(\frac{\partial \Delta G^M}{\partial T}\right)_{p,成分} = -\Delta S^M$$

同时，形成理想溶体时，混合前后溶体自由焓变化为

$$\Delta^{id} G_m = RT(x_A \ln x_A + x_B \ln x_B)$$

则熵的变化为

$$\Delta^{id} S_m = \frac{-\partial \Delta^{id} G^m}{\partial T} = -R(x_A \ln x_A + x_B \ln x_B) \tag{7.61}$$

因此，理想溶体混合时的摩尔熵变 $\Delta^{id} S_m$ 即为按统计概念所得的混合熵。而

$$\Delta^{id} S_m = x_A \Delta^{id} S_A + x_B \Delta^{id} S_B$$

因此，在理想溶体中

$\Delta^{id}S_A = -R\ln x_A, \Delta^{id}S_B = -R\ln x_B$

所以,理想溶体的性质有

$a_i = x_i, \Delta H_i^M = 0, \Delta V_i^M = 0,$

$\Delta S_i^M = -R\ln x_i, \Delta^{id}G_m = -T\Delta^{id}S_m$

3.实际溶体

多数溶体,即实际溶体,往往偏离拉乌尔定律,这时

$$\gamma_i = a_i/x_i \neq 1$$

活度系数 γ_i 随温度及成分的变化而改变,通常要通过试验测定。如 $\gamma_i > 1$ 时,$a_i > x_i$,出现对拉乌尔定律的正偏差;当时 $\gamma_i < 1, a_i < x_i$,出现对拉乌尔定律的负偏差。由式(7.57),可得

$$\frac{\partial(\Delta G_i^M/T)}{\partial T} = -\frac{\Delta H_i^M}{T^2} \quad (7.62)$$

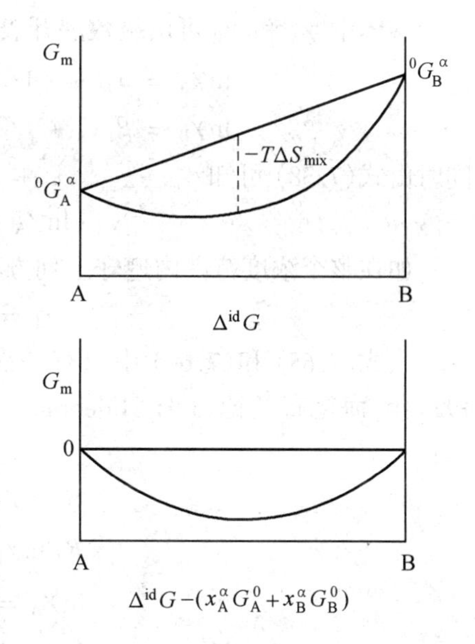

图 7.4 二元理想溶体的自由能

而

$$\Delta G_i^M = RT\ln a_i = RT\ln\gamma_i + RT\ln x_i$$

因此,可将式(7.62)改写成

$$\frac{\partial(\Delta G_i^M/T)}{\partial T} = \frac{\partial(R\ln\gamma_i)}{\partial T} = -\frac{\Delta H_i^M}{T^2} \quad (7.63)$$

当 γ_i 随温度变化而改变时,$\Delta H_i^M \neq 0$,式(7.63)也可写成

$$\frac{\partial(R\ln\gamma_i)}{\partial(1/T)} = \Delta H_i^M \quad (7.64)$$

式(7.63)和(7.64)为吉布斯-亥姆霍兹方程的另种形式。若已知一个组元的溶解热 $\Delta\bar{H}_i^M$,可由式(7.64)求出该组元某温度下在溶体中的活度系数。

这样,对于非理想溶体,其性质可总结如下

$$a_i = \gamma_i x_i, \quad \gamma_i \neq 1, \quad \frac{d\ln a_i}{d(1/T)} = \frac{\Delta H_i^M}{R} = \frac{d\ln\gamma_i}{d(1/T)}, \quad \Delta H_i^M \neq 0$$

7.2 规则溶体与亚规则溶体

7.2.1 规则溶体模型

1895 年马格勒斯(M.Margules)提出,在一定温度下,由 A、B 组元所组成的

二元溶体中 γ_A 和 γ_B 可由级数展开表示：

$$\ln\gamma_A = \alpha_1 x_B + 1/2\alpha_2 x_B^2 + 1/3\alpha_3 x_B^3 + \cdots \tag{7.65}$$

$$\ln\gamma_B = \beta_1 x_A + 1/2\beta_2 x_A^2 + 1/3\beta_3 x_A^3 + \cdots \tag{7.66}$$

同时由式(7.38)可知

$$x_A \mathrm{d}\ln\gamma_A = -x_B \mathrm{d}\ln\gamma_B$$

如在整个浓度范围内遵守上列方程，则有

$$\alpha_1 = \beta_1 = 0$$

当式(7.65)和(7.66)中只有二次项时，马格勒斯证明 $\alpha_2 = \beta_2$。鉴于此，1929年，海德布兰德(J.H.Hidebrand)提出，符合下列方程的溶体称为规则溶体：

$$\left.\begin{aligned} RT\ln\gamma_A &= \alpha' x_B^2 \\ RT\ln\gamma_B &= \alpha' x_A^2 \\ \ln\gamma_A &= \alpha x_B^2 \\ \ln\gamma_B &= \alpha x_A^2 \end{aligned}\right\} \tag{7.67}$$

其中，α' 为常数，而 α 为$(1/T)$的函数，即 $\alpha = \alpha'/RT$。

海德布兰德同时指出，Tl - Sn合金就属于规则溶体，并定义规则溶体为，形成(混合)热并不为零，而混合熵为理想溶体的混合熵，即满足

$$\Delta H^M \neq 0,\ \Delta H_i^M \neq 0,\ \Delta S_m^M = \Delta^{id}S_m = -R\sum x_i \ln x_i,\ \Delta S_i^M = \Delta^{id}S_i = -R\ln x_i$$

为了方便，将溶体的热力学性质分为两部分 —— 理想的部分和剩余(多余)部分。例如实际溶体的自由焓可表示为

$$G_m = {}^{id}G_m + {}^{E}G$$

其中，${}^{id}G$ 为理想部分，${}^{E}G$ 为剩余部分。当组元混合成溶体时，热力学性质(自由焓)的改变为 ΔG_m^M

$$\Delta G_m^M = \Delta^{id}G_m + \Delta^{E}G$$

即

$$\Delta^{E}G = \Delta G_m^M - \Delta^{id}G_m$$

而

$$\Delta^{id}H_m \equiv {}^{id}H_m - \sum x_i^0 H_i = 0$$

$$\Delta^{id}S_m \equiv {}^{id}S_m - \sum x_i^0 S_i = -R\sum x_i \ln x_i$$

$$\Delta^{id}G_m \equiv {}^{id}G_m - \sum x_i^0 G_i = -R\sum x_i \ln x_i$$

对于任何溶体，有

$$\Delta G^M = \Delta H^M - T\Delta S^M$$

当理想混合时,有

$$\Delta^{id}G = -T\Delta^{id}S$$

因此

$$\Delta^{E}G = \Delta G^{M} - \Delta^{id}G = \Delta H^{M} - T(\Delta S^{M} - \Delta^{id}S) \tag{7.68}$$

对规则溶体,有 $\Delta S^{M} = \Delta^{id}S$,则

$$\Delta^{E}G = \Delta H_{\mathrm{m}}^{M}$$

同时有

$$\Delta^{E}G = \Delta G^{M} - \Delta^{id}G_{\mathrm{m}} = RT\sum x_i\ln a_i - RT\sum x_i\ln x_i$$

所以

$$\Delta^{E}G = RT\sum x_i\ln\gamma_i \tag{7.69}$$

对二元系的规则溶液,有

$$\Delta^{E}G = RT(x_{\mathrm{A}}\ln\gamma_{\mathrm{A}} + x_{\mathrm{B}}\ln\gamma_{\mathrm{B}}) \tag{7.70}$$

将式(7.67)代入

$$\Delta^{E}G = \Delta H_{m}^{M} = \alpha'(x_{\mathrm{A}}x_{\mathrm{B}}^{2} + x_{\mathrm{B}}x_{\mathrm{A}}^{2}) = \alpha' x_{\mathrm{A}}x_{\mathrm{B}} \tag{7.71}$$

或

$$\Delta^{E}G = RT\alpha x_{\mathrm{A}}x_{\mathrm{B}} \tag{7.72}$$

由式(7.71)或(7.72)可知,规则溶液的剩余自由焓变 $\Delta^{E}G$ 与温度无关(α' 为常数)。由

$$\left(\frac{\partial G}{\partial T}\right)_{p,\text{成分}} = -S$$

可知

$$\left(\frac{\partial \Delta^{E}G}{\partial T}\right)_{p,\text{成分}} = -\Delta^{E}S$$

因此,规则溶液 $\Delta^{E}S = 0$,这样可以得到 $\Delta^{E}G(=\Delta H^{M})$ 与温度无关。

由式(7.65)可知,对于一定成分的溶体,在不同温度下,有

$$RT_1\ln\gamma_{\mathrm{A}(T_1)} = RT_2\ln\gamma_{\mathrm{A}(T_2)} = \alpha' x_{\mathrm{B}}^{2}$$

因此,对规则溶体有

$$\frac{\ln\gamma_{\mathrm{A}(T_2)}}{\ln\gamma_{\mathrm{A}(T_1)}} = \frac{T_1}{T_2} \tag{7.73}$$

规则溶体模型又称正规溶体模型。在海德布兰德模型中,没有给出 α 以及 α' 的物理意义。而希拉特将二元合金过剩自由能表示为

$$\Delta^{E}G = x_{\mathrm{A}}x_{\mathrm{B}}I_{\mathrm{AB}} \tag{7.74}$$

其中,I_{AB} 为 A、B 组元的相互作用系数或称相互作用能,可以通过实验测定。这

样 $I_{AB} = RT\alpha = \alpha'$。不同组元原子之间相互吸引时，$I^{\alpha}_{AB} < 0$，此时可使溶体(合金)发生有序化(Ordering)转变(见图 7.5(a))；不同组元原子之间相互排斥时 $I^{\alpha}_{AB} > 0$，此时可使溶体在低温时发生 Spinodal 脱溶分解(见图 7.5(c))。这样规则溶体的自由焓变化可表示为

$$\Delta G^{M} = RT(x_A \ln x_A + x_B \ln x_B) + x_A x_B I_{AB} \tag{7.75}$$

此式没有考虑原子组态数的变化而带来的混合熵的变化。满足以上关系的溶体称狭义规则溶体，其中 I_{AB} 是与温度和成分无关的常数。

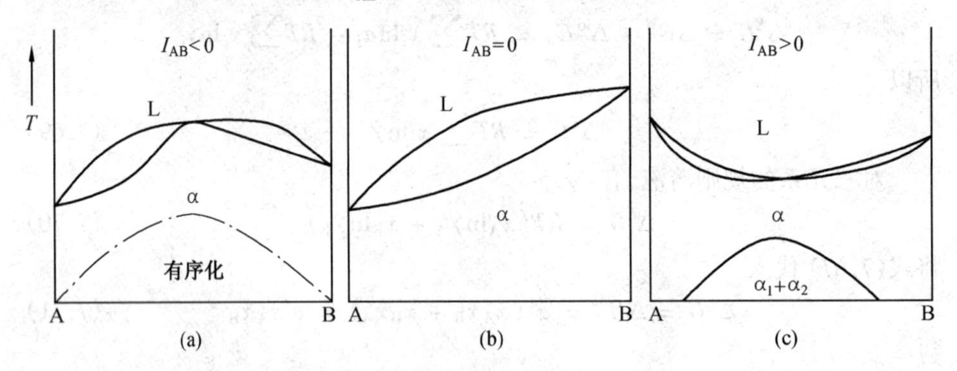

图 7.5　相互作用系数对相变的影响

在海德布兰德模型中，由于认为某一组元的 α_i 与其它组元的成分变化无关，因此可以令

$$\alpha_B = \frac{\ln\gamma_B}{(1 - x_B)^2}$$

由式(7.45)可得

$$\ln\gamma_A = -\alpha_B x_A x_B - \alpha_B(x_A - 1) = \alpha_B x_B^2$$

二元规则溶体的化学位定义为

$$\mu_A = G_A = \left(\frac{\partial G}{\partial n_A}\right)_{T,p,n_B},\quad \mu_B = G_B = \left(\frac{\partial G}{\partial n_B}\right)_{T,p,n_A}$$

而

$$G = (n_A + n_B) G_m$$

对 n_A 求偏导得

$$G_A = \left(\frac{\partial G}{\partial n_A}\right)_{T,p,n_B} = (n_A + n_B)\frac{\partial G_m}{\partial n_A} + G_m = (n_A + n_B)\frac{\partial G_m}{\partial x_B}\cdot\frac{\partial x_B}{\partial n_A} + G_m \tag{7.77}$$

同理有

$$G_B = (n_A + n_B)\frac{\partial G_m}{\partial x_B}\cdot\frac{\partial x_B}{\partial n_B} + G_m \tag{7.78}$$

其中，$x_A = \dfrac{n_A}{n_A + n_B}$，$x_B = \dfrac{n_B}{n_A + n_B}$，因此

$$\frac{\partial x_B}{\partial n_A} = -\frac{x_B}{n_A + n_B}, \quad \frac{\partial x_B}{\partial n_B} = \frac{1 - x_B}{n_A + n_B} \tag{7.79}$$

将式(7.79)代入式(7.78)得

$$G_A = G_m - x_B \frac{\partial G_m}{\partial x_B}$$

$$G_B = G_m + (1 - x_B) \frac{\partial G_m}{\partial x_B} \tag{7.80}$$

将式(7.80)中第一式乘以 x_A 与第二式乘以 x_B 后相加，得

$$G_m = x_A G_A + x_B G_B \tag{7.81}$$

图 7.6 为二元熔体中自由能与熔体成分的关系。由图 7.6 中的几何关系可知

$$Aa = cd - cc' = cd - ac' \tan\alpha$$

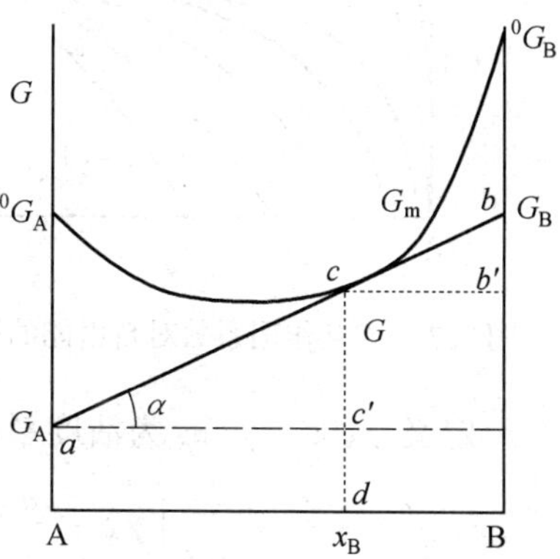

图 7.6　二元熔体的自由能

也就是

$$G_A = G(c) - x_B(c)\left(\frac{\partial G}{\partial x_B}\right)_c$$

此时图解说明了式(7.80)的意义。其中上式括号中的 c 表示图 7.6 中 c 的参数。

对于规则溶体，摩尔自由能的计算如下：

$$G_m = x_A^0 G_A + x_B^0 G_B + RT(x_A \ln x_A + x_B \ln x_B) + x_A x_B I_{AB} \tag{7.82}$$

代入式(7.80)得

$$\begin{cases} G_A = {}^0G_A + RT\ln x_A + (1 - x_A)^2 I_{AB} \\ G_B = {}^0G_B + RT\ln x_B + (1 - x_B)^2 I_{AB} \end{cases} \tag{7.83}$$

以下讨论 $I_{AB} - G_B - a_B$ 的关系。化学势的另一种表示法为

$$\begin{cases} G_A = {}^0G_A + RT\ln a_A \\ G_B = {}^0G_B + RT\ln a_B \end{cases} \tag{7.84}$$

比较化学势的两种表示方法式(7.83)和(7.84)，可得

$$RT\ln a_A = RT\ln x_A + (1 - x_A)^2 I_{AB}$$

或

$$RT\ln \frac{a_A}{x_A} = (1 - x_A)^2 I_{AB} \tag{7.85}$$

此式为规则溶体中活度和浓度的关系式。

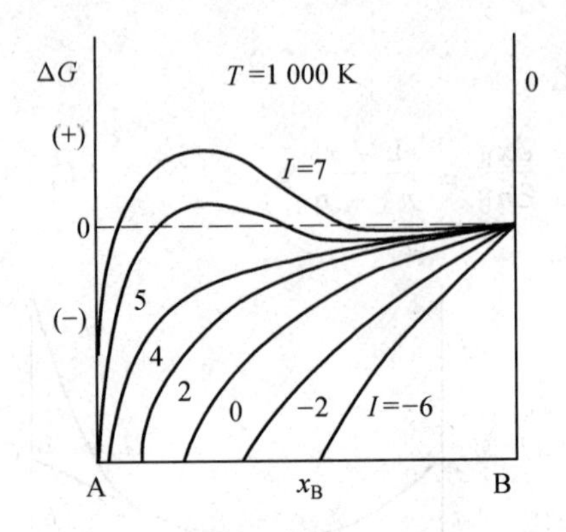

图 7.7　相互作用系数对自由能的影响

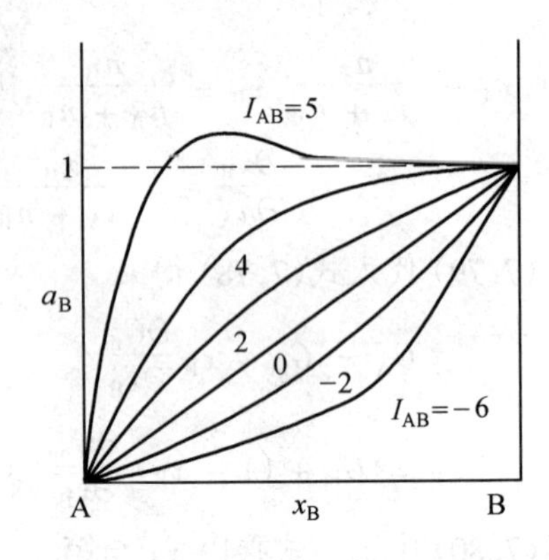

图 7.8　二元系中组元 B 的活度

定义 $\gamma_A = a_A/x_A$ 为活度系数,则有

$$\begin{cases} \gamma_A = \dfrac{a_A}{x_A} = \exp\left[\dfrac{(1-x_A)^2}{RT}I_{AB}\right] \\ \gamma_B = \dfrac{a_B}{x_B} = \exp\left[\dfrac{(1-x_B)^2}{RT}I_{AB}\right] \end{cases} \tag{7.86}$$

这样有

$$\begin{cases} I_{AB} > 0, & \gamma > 1 \\ I_{AB} < 0, & \gamma < 1 \\ I_{AB} = 0, & \gamma = 1 \end{cases}$$

活度可以通过电化学法直接测出,由此可求出组元原子间的相互作用系数。图 7.7 和 7.8 表示了组元相互作系数对溶体自由焓和组元活度的影响。

如果认为一组元的 α 与另一组元的成分变化有关,则式(7.45)就不能采用所用的方法进行积分,从而也就不能满足式(7.67),此时的溶体称为广义规则溶体。实际溶体多为广义规则溶体,其相互作用系数与温度和成分有关,即 $I_{AB} = f(T, x_B)$。求解广义规则溶体自由焓的方法是通过修正 I_{AB} 来补偿自由能的变化。对广义规则溶体,组元间相互作用系数与组元含量和温度有关时,可表示为

$$I_{AB} = f(x_B, T) = I_{AB}^0 + (I_{AB}^0)'T + [I_{AB}^1 + (I_{AB}^1)'](x_A + x_B) + \cdots \tag{7.86}$$

在广义规则溶体中,$\Delta H^M \neq 0$,同时 $\Delta S^M \neq \Delta S^{id}$,其 ΔG^M 曲线虽为抛物线形状,但数值与规则溶体的数值不同。

【例】　Myles 曾测得 Fe－V 二元合金的 α 相中 V 的浓度(1 600 K)如表7.1。求 $I_{Fe-V}^{\alpha}(\mathrm{cal \cdot mol^{-1}})$。

表 7.1 实验测定的 Fe－V 二元合金中 V 的活度

x_V^α	0.1	0.2	0.3	0.4	0.5	0.6	0.7	0.8	0.9
a_V^α	0.0138	0.0446	0.103	0.188	0.312	0.470	0.634	0.787	0.900

【解】 由前面的推导得知

$$I_{Fe-V}^\alpha = \frac{RT}{(1-x_V^\alpha)^2}\ln\frac{a_V^\alpha}{x_V^\alpha} \quad 或 \quad RT\frac{a_V^\alpha}{x_V^\alpha} = I_{Fe-V}^\alpha(1-x_V^\alpha)^2$$

利用作图法以 $RT\ln\frac{a_V^\alpha}{x_V^\alpha}$ 为纵坐标，以 $(1-x_V^\alpha)^2$ 为横坐标，得斜率为

$$I_{Fe-V}^\alpha = -7\,000\ \mathrm{cal\cdot mol^{-1}}$$

对于实际溶体，低浓度时符合 Henry 定律，即 $a_A \propto x_A$，高浓度时符合 Raoult 定律，即 $a_A \approx x_A$。例如 Kubacheski 测得 Fe－Cr 合金的 α 相中 a_{Cr} 如表 7.2 所示，$RT\ln\frac{a_{Cr}^\alpha}{x_{Cr}^\alpha}$ 与 $(1-x_{Cr}^\alpha)^2$ 不呈直线关系，说明 I_{Fe-Cr}^α 不是常数，而是成分的函数。此时应按实际溶体计算 Fe－Cr 间的相互作用系数。

设

$$I_{Fe-Cr}^\alpha = {}^0I_{Fe-Cr}^\alpha + {}^1I_{Fe-Cr}^\alpha \cdot x_{Cr}^\alpha$$

表 7.2 Fe－Cr 合金 α 相中 Cr 的活度(1 600 K)

x_{Cr}^α	0.0474	0.0823	0.2955	0.501	0.699
a_{Cr}^α	0.112	0.153	0.402	0.543	0.727

代入 G^α 的表达式中，得

$$RT\ln\frac{a_{Cr}^\alpha}{x_{Cr}^\alpha} = [{}^0I_{Fe-Cr}^\alpha + {}^1I_{Fe-Cr}^\alpha \cdot x_{Cr}^\alpha](1-x_{Cr}^\alpha)^2$$

作出 $RT\ln(a_{Cr}^\alpha/x_{Cr}^\alpha)/(1-x_{Cr}^\alpha)^2$ 与 x_{Cr}^α 的关系图，得到直线的截距和斜率分别为

$${}^0I_{Fe-Cr}^\alpha = 2\,800\ \mathrm{cal\cdot mol^{-1}},\quad {}^1I_{Fe-Cr}^\alpha = -1\,300\ \mathrm{cal\cdot mol^{-1}}$$

因此得到 Fe－Cr 间的相互作用系数为

$$I_{Fe-Cr}^\alpha = 2\,800 - 1\,300x_{Cr}^\alpha\ \mathrm{cal\cdot mol^{-1}}$$

7.2.2 亚规则溶体模型*

在规则溶体中，认为组元间交互作用系数 $\alpha'(I_{AB})$ 与温度和成分无关，但大多数溶体是不能满足该条件的。因此哈迪(H.K.Hardy)于 1953 年提出了亚规

* Hardy H K, Acta Metallurgica, 1953,(1):202.

则溶体模型，以修正规则溶体模型。

由于正规溶体模型中只考虑最近邻原子之间的相互作用，所以正规溶体模型在用于热力学计算时往往存在一定的偏差。在实际溶体中次近邻原子之间也会有相互作用，虽然这种相互作用要小于最近邻原子之间的相互作用，但是在实际热力学性质计算中次近邻原子之间相互作用也是不能忽略的。而对于除了最近邻和次近邻原子之间的作用，其它作用可以忽略。这样原子之间的相互作用能或称相互作用系数 I_{12} 在一定温度下可以看成是成分(x_1, x_2)的线性函数，即

$$I_{12} = Ax_1 + Bx_2 \tag{7.87}$$

其中，A 和 B 为与温度有关的常数。这样在正规溶体模型中涉及到的过剩自由能可表示为

$$\Delta^E G = I_{12}x_1x_2 = x_1x_2(Ax_1 + Bx_2) \tag{7.88}$$

这样亚规则溶体的混合自由焓变化可表示为

$$G^M = RT(x_1\ln x_1 + x_2\ln x_2) + x_1x_2(Ax_1 + Bx_2) \tag{7.89}$$

因此亚规则溶体的摩尔自由能可表示为

$$G_m = x_1^0G_1 + x_2^0G_2 + RT(x_1\ln x_1 + x_2\ln x_2) + x_1x_2(Ax_1 + Bx_2) \tag{7.90}$$

在此后的研究中又出现了多种亚规则溶体模型，其过剩自由能的表达式分别有

$$\Delta^E G = x_1x_2(A_0 + A_1x_2 + A_2x_2^2 + A_3x_2^3 + \cdots) \tag{7.91a}$$

$$\Delta^E G = x_1x_2[A_0 + A_1(x_1 - x_2) + A_2(x_1 - x_2)^2 + A_3(x_1 - x_2)^3 + \cdots] \tag{7.91b}$$

$$\Delta^E G = x_1x_2(A_1 + A_1x_2) \tag{7.91c}$$

$$\Delta^E G = x_1x_2(A_1x_1^2 + A_2x_1x_2 + A_3x_2^2) \tag{7.91d}$$

$$\Delta^E G = x_1x_2(A_1x_1^3 + A_2x_1^2x_2 + A_3x_1x_2^2 + A_4x_2^3) \tag{7.91e}$$

以上各式中，$A_1 \sim A_4$ 均表示组元间交互作用参数，它们也是温度的函数，所以可用下式表示交互作用参数

$$A_i = a_i + b_iT + c_iT\ln T + d_iT^2 + e_iT^{-1} + f_iT^3 \tag{7.92}$$

以上各种过剩自由能的表达式也可归结为 Redlich – Kister 多项式，即

$$\Delta^E G = x_1x_2\sum_v {}^vL(x_1 - x_2)^v \quad (v = 0,1,2,\cdots,n) \tag{7.93}$$

对于三元合金，过剩自由能可表示为

$$\Delta^E G^\phi = \sum_i \sum_{j>i} x_ix_j \sum_{v=0} ({}^vL_{i,j}^\phi(x_i - x_j)^v) + x_Ax_Bx_C\sum_{v'=0}^{2} {}^{v'}L_{A,B,C}^\phi\, x_{v'} \tag{7.94}$$

其中，${}^vL_{i,j}^\phi$ 表示二组元间的相互作用系数；v 为 Redlich – Kister 多项式中的系

数；${}^{v'}L^{\varphi}_{A,B,C}$ 为与第三组元有关的过剩二元相互作用系数；$v' = 0,1,2$ 分别代表组元 A、B 和 C。而${}^{v'}L^{\varphi}_{A,B,C}$ 可表示为温度的函数，即

$$ {}^{v'}L^{\varphi}_{A,B,C} = a + bT $$

由于以上各种亚规则模型几乎分别包括了所有溶体的各种特性，所以对于每一种溶体总能找到其中一种亚规则模型与之相适合，所以在处理实际溶体时，要根据实验获得的参数来选择溶体模型，也就是选择组元间交互作用参数，从而确定那些不易利用实验测定的热力学性质。

7.3　规则溶体模型的统计分析

易欣(E. Ising) 提出的固溶体统计模型中，把固溶体内原子之间的作用力(相互作用能) 表示为各原子对之间作用能的综合。

若 A－A 原子结合能为 u_{AA}，B－B 原子结合能为 u_{BB}，A－B 原子结合能为 u_{AB}，B－A 原子结合能为 u_{BA}，同时有 $u_{AB} = u_{BA}$。由一对 A－A 原子和一对 B－B 原子混合后形成两个 A－B 对，结合能变化为

$$ 2\varepsilon = u_{AB} + u_{BA} - u_{AA} - u_{BB} $$

因此形成一个 A－B 对的结合能变化为

$$ \varepsilon = u_{AB} - \frac{1}{2}(u_{AA} + u_{BB}) \tag{7.95} $$

若 1 mol 混合物中有 n_{AA} mol 的 A－A 原子对，n_{BB} mol 的 B－B 原子对，n_{AB} mol 的A－B 原子对和 n_{BA} mol 的 B－A 原子对，这样混合物的内能为

$$ u^{M} = n_{AA}u_{AA} + n_{BB}u_{BB} + n_{AB}u_{AB} + n_{BA}u_{BA} \tag{7.96} $$

而形成 A－A 对的数目等于相邻位置对的数目与出现 A－A 对的几率的乘积，而某一原子位置出现 A 原子或 B 原子的几率就等于溶体中 A 或 B 原子分数，A－A 原子对数目 ＝ A 原子数 /2，因此有

$$ n_{AA} = n_A \times \frac{1}{2}Zx_A = \frac{1}{2}N_0 Zx_A^2,\quad n_{BB} = \frac{1}{2}n_B Zx_B = \frac{1}{2}N_0 Zx_B^2, $$

$$ n_{AB} = \frac{1}{2}n_A Zx_B = \frac{1}{2}N_0 Zx_A x_B,\quad n_{BA} = \frac{1}{2}n_B Zx_A = \frac{1}{2}N_0 Zx_B x_A \tag{7.97} $$

其中，N_0、n_A、n_B 分别为 1 mol 混合物中原子总数(阿佛加德罗数)、A 原子数和 B 原子数，x_A 和 x_B 分别为 A 和 B 原子分数，Z 为配位数。将式(7.97) 代入式(7.96) 有

$$ u^{M} = \frac{1}{2}N_0 Zx_A^2 u_{AA} + \frac{1}{2}N_0 Zx_B^2 u_{BB} + \frac{1}{2}N_0 Zx_A u_{AB} + \frac{1}{2}N_0 Zx_B x_A u_{BA} = $$

$$ \frac{1}{2}N_0 Zx_A u_{AA} + \frac{1}{2}N_0 Zx_B u_{BB} + \frac{1}{2}N_0 Zx_A x_B(u_{AB} + u_{BA} - u_{AA} - u_{BB}) $$

对于规则溶体,其内部粒子(原子)是随机分布的,若 u_A^0 为 1 mol 的纯 A 的内能,u_B^0 为 1 mol 的纯 B 的内能,这样混合前 1 mol A + B 的内能为 $u_A^0 x_A + u_B^0 x_B$,同时

$$\frac{1}{2}N_0 Z u_{AA} = u_A^0, \quad \frac{1}{2}N_0 Z u_{BB} = u_B^0$$

这样 1 mol 规则溶体的内能为

$$U_m^M = u_A^0 x_A + u_B^0 x_B + x_A x_B \frac{N_0 Z}{2}(u_{AB} + u_{BA} - u_{AA} - u_{BB})$$

由结合式(7.97)可知,混合前后内能的变化为

$$\Delta U_m^M = U_m^M - (u_A^0 x_A + u_B^0 x_B) = x_A x_B N_0 Z \varepsilon \tag{7.98}$$

其中,$u_A^0 x_A + u_B^0 x_B$ 为混合前的内能。

若在等压下形成混合物时无体积变化,此时混合物的焓变与内能相等($\Delta(pV) = 0$),所以

$$\Delta U_m^M = H_m^M - (H_A^0 x_A + H_B^0 x_B) = \Delta U_m^M = x_A x_B N_0 Z \varepsilon \tag{7.99}$$

同时混合物的熵变可表示为

$$\Delta S_m^M = S_m^M - (x_A S_A^0 + x_B S_B^0) = -R(x_A \ln x_A + x_B \ln x_B) \tag{7.100}$$

所以

$$\Delta G_m^M = \Delta H_m^M - T\Delta S_m^M = RT(x_A \ln x_A + x_B \ln x_B) + N_0 Z x_A x_B \varepsilon \tag{7.101}$$

与式(7.75)比较,得到 A - B 组元的相互作用系数为

$$I_{AB} = N_0 Z \varepsilon \tag{7.102}$$

因此可知

$$\alpha' = \alpha RT = N_0 Z \varepsilon \tag{7.103}$$

其中各符号的意义已于前面介绍过。

对于 1 mol 某溶体,N_0 和 Z 为常数,所以组元间的相互作用系数与各组元中原子间的键能大小有密切的关系,而键能随温度和成分的变化不大,因此将 α' 看成与温度和成分无关是具有一定合理性的。

7.4 二元固溶体的亚点阵模型

亚点阵模型首先是 M.Hillert 提出的,最初被应用于离子溶体及化学计量比相。该模型是把溶体看成是有多个亚点阵组成,固溶体的混合熵等于各亚点阵的混合熵之和。

7.4.1 模型的提出

在铁基合金中,常见的晶体结构有 bcc(体心立方)和 fcc(面心立方)结构。

对于 bcc 结构,位于八面体顶点和体心的质点构成一个亚点阵,称为质点亚点阵,而八面体间隙构成另一个亚点阵,称为间隙亚点阵,见图7.9。在 Fe–C 合金的 bcc 结构中,溶质碳原子只进入八面体间隙位置。

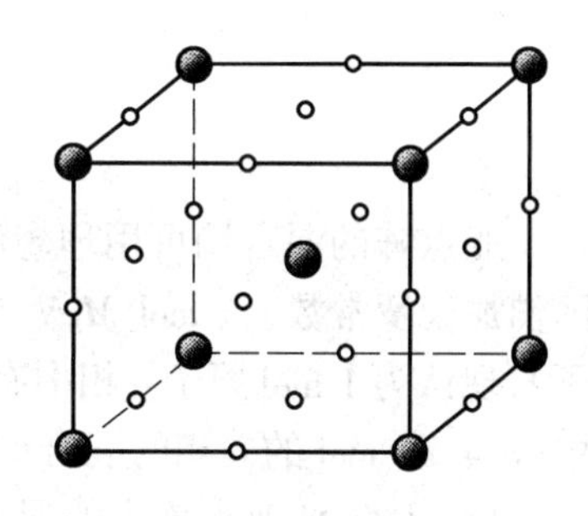

图 7.9　bcc 结构中八面体间隙位置示意图

在 Fe–C 合金的 bcc 结构单胞中,八面体间隙位置共有 $12 \times 1/4 + 6 \times 1/2 = 6$ 个,而溶剂质点位置有 2 个,若溶剂质点位置(质点亚点阵)全部被铁原子占据,同时八面体间隙位置(间隙亚点阵)全部被碳原子占据,则组成 Fe_1C_3。

在铁基合金中的质点亚点阵只能容纳 Fe、Cr、Mn 等;间隙亚点阵可容纳 C、N、v,其中 v 表示空位。因此铁基合金也可表示为

$$(\mathrm{Fe},\mathrm{Cr},\mathrm{Mn})_1(\mathrm{C},\mathrm{N},v)_3 \tag{7.104}$$

若以 M 代表质点位置,称 M 亚点阵,以 N 代表间隙位置,称 N 亚点阵。写成通式为

$$M_aN_c \tag{7.105}$$

亚点阵模型认为,如果质点亚点阵只有 Fe,空位亚点阵只有 C(碳)或空位时,则混合熵为零。

在具有体心立方结构的一般固溶体中,若以 x_i 表示包括空位在内的各质点的摩尔分数(即把空位也看成是一种质点),对于铁基合金,有

$$x_{\mathrm{Fe}} + x_{\mathrm{Cr}} + x_{\mathrm{Mn}} + x_{\mathrm{C}} + x_{\mathrm{N}} + x_v = 1,\text{即}\sum x_i = 1$$

$$x_{\mathrm{Fe}} + x_{\mathrm{Cr}} + x_{\mathrm{Mn}} = \frac{1}{4},x_{\mathrm{C}} + x_{\mathrm{N}} + x_v = \frac{3}{4}$$

$$\frac{x_{\mathrm{Fe}} + x_{\mathrm{Cr}} + x_{\mathrm{Mn}}}{x_{\mathrm{C}} + x_{\mathrm{N}} + x_v} = \frac{1}{3}$$

表示成通式为

$$\sum^{M} x_i = \frac{a}{a+c},\quad \sum^{N} x_i = \frac{c}{a+c},\quad \frac{\sum^{M} x_i}{\sum^{N} x_i} = \frac{a}{c} \tag{7.106}$$

在铁基合金 bcc 结构的亚点阵中,定义一个新的参数,即

$$y_{\mathrm{Fe}} = \frac{x_{\mathrm{Fe}}}{x_{\mathrm{Fe}} + x_{\mathrm{Cr}} + x_{\mathrm{Mn}}} = \frac{x_{\mathrm{Fe}}}{1/4},\quad y_{\mathrm{C}} = \frac{x_{\mathrm{C}}}{x_{\mathrm{C}} + x_{\mathrm{N}} + x_v} = \frac{x_{\mathrm{C}}}{3/4}$$

表示成通式为

$$y_{M_i} = \frac{x_{M_i}}{\frac{a}{a+c}}, \quad y_{N_i} = \frac{x_{N_i}}{\frac{c}{a+c}} \tag{7.107}$$

亚点阵的混合熵可用理想溶体模型求得。1 mol 原子中有 N_0 个原子(N_0 为阿佛加德罗常数),1 mol M_aN_c 分子中有 $aM_0 + cN_0$ 个原子(把空位也看成是原子),现认为 1 mol 原子 α 相中有 $1/(a+c)$ mol 的 M_aN_c 分子,下面计算在 M_aN_c 中$(a+c)$ mol 的 α 相的混合熵。

1 mol 的 M 亚点阵中的混合熵为

$$S_M = -R(y_{M_1}\ln y_{M_1} + y_{M_2}\ln y_{M_2}) = -R\sum^{M} y_{M_i}\ln y_{M_i} \tag{7.108}$$

1 mol 的 N 亚点阵中混合熵为(间隙原子随机分布于间隙位置)

$$S_N = -R(y_{N_1}\ln y_{N_1} + y_{N_2}\ln y_{N_2}) = -R\sum^{N} y_{N_i}\ln y_{N_i} \tag{7.109}$$

在$(a+c)$ mol 原子的 α 相中混合熵为

$$S_{M_aN_c} = aS_M + cS_N = -aR\sum^{M} y_{M_i}\ln y_{M_i} - cR\sum^{N} y_{N_i}\ln y_{N_i} \tag{7.110}$$

所以 1 mol 原子的 α 相中混合熵为

$$S_m = \frac{1}{a+c}S_{M_aN_c} = -\frac{a}{a+c}R\sum^{M} y_{M_i}\ln y_{M_i} - \frac{c}{a+c}R\sum^{N} y_{N_i}\ln y_{N_i}$$

$$S_m = -R\sum^{M} x_{M_i}\ln y_{M_i} - R\sum^{N} x_{N_i}\ln y_{N_i} \tag{7.111}$$

对任意数量的 α 相来说,有

$$S = -k\sum^{M} N_{M_i}\ln y_{M_i} - k\sum^{N} N_{N_i}\ln y_{N_i} \tag{7.112}$$

其中 $$x_{M_i} = \frac{N_{M_i}}{N}, \quad x_{N_i} = \frac{N_{N_i}}{N} \quad (N \neq N_0)$$

在通常表示法中,溶体的摩尔分数为 $x_{M_i} = N_{M_i}/N_0 = M$ 点阵中质点数比实体原子总数(不包括空位),$x_{N_i} = N_{N_i}/N_0 = N$ 点阵中质点数比实体原子总数,$x_v = N_v/N_0 =$ 空位数比实体原子总数。这样有

$$\sum^{M} x_{M_i} + \sum^{N} x_{N_i} = 1, \quad \frac{\sum^{M} x_{M_i}}{\left(\sum^{N} x_{N_i} + x_v\right)} = \frac{a}{c} \tag{7.113}$$

因此有

$$x_v = \frac{c}{a}\sum^{M} x_{M_i} - \sum^{N} x_{N_i} \tag{7.114}$$

这样对于式(7.106),有

$$\sum^{M} x_{M_i} + \sum^{N} x_{N_i} \neq 1 \quad (\text{此时 } x_{N_i} \text{ 不包括 } x_v)$$

此外式(7.114)还可以通过下列方法得到

$$\sum^{M} x_{M_i} = \frac{a}{a+c}, \quad \sum^{N} x_{N_i} + x_v = \frac{c}{a+c}$$

也就是

$$\frac{1}{a}\sum^{M} x_{M_i} = \frac{1}{a+c}, \quad \frac{1}{c}\left(\sum^{M} x_{N_i} + x_v\right) = \frac{1}{a+c}$$

因此

$$x_v = \frac{c}{a}\sum^{M} x_{M_i} - \sum^{N} x_{N_i} \tag{7.115}$$

式(7.114)与式(7.115)在形式上相同,但是摩尔分数的表示内容不同,使用上两式时应予以注意。

7.4.2 熵与自由能

在 Fe－C 合金 α 相中,通式记为 A_aN_c,A 代表 Fe 原子,N 代表 C 原子数和 v(空位数),其中 $a=1, c=3$。A_aN_c 也可以看成是由 A_aC_c 和 A_av_c 混合而成,即

$$A_aC_c + A_av_c \Rightarrow A_a(C,v)_c \tag{7.116}$$

或者写成

$$y_C(A_aC_c) + y_v(A_av_c) \Rightarrow A_a(C,v)_c \tag{7.117}$$

在固溶体中,若 $x_A + x_B = 1$(以式(7.114)的形式表示),有

$$x_v = \frac{c}{a}\sum^{A} x_M - \sum^{N} x_N = \frac{c}{a}(1 - x_C) - x_C \tag{7.118}$$

由式(7.108)可知,在 A 亚点阵中 $y_A = 1$,而在 N 亚点阵中

$$y_C = \frac{x_C}{x_C + x_v} = \frac{x_C}{\frac{c}{a}x_A} = \frac{a}{c}\frac{x_C}{1 - x_C}, \quad y_v = 1 - y_C \tag{7.119}$$

对于 1 mol 的 A_aN_c 分子,因为 A 亚点阵的混合熵为零,也就是只有 c mol 的 N 亚点阵有混合熵,所以由理想溶体熵的表达式(式(7.61))可知,1 mol 的 A_aN_c 分子混合熵为

$$S_{A_aN_c} = -cR\sum^{N} y_{N_i}\ln y_{N_i} = -cR[y_C\ln y_C + (1 - y_C)\ln(1 - y_C)] \tag{7.120}$$

1 mol 的 A_aN_c 中含实体原子摩尔数 $a + cy_C$,实体原子数为 $(a + cy_C)N_0$,而

$$a + cy_C = a + c\frac{a}{c}\frac{x_C}{1 - x_C} = \frac{a}{1 - x_C}$$

1 mol 原子的 α 相的混合熵为

$$S_m = \frac{S_{A_aN_c}}{\frac{a}{1 - x_C}} = -\frac{c}{a}(1 - x_C)R[y_C\ln y_C + (1 - y_C)\ln(1 - y_C)] \quad (7.121)$$

下面分析因混合熵引起的过剩自由能。

对于 A 亚点阵，只有 A 原子时，没有过剩自由能，即 $\Delta^E G_A = 0$。而对于 N 亚点阵，是两种质点 C 和 v 的混合，所以 $\Delta^E G_N \neq 0$。由式(7.74) 得知，过剩自由能为

$$\Delta^E G_N = y_C y_v I_C \quad (7.122)$$

对于正规溶体，有

$$G_m = x_A{}^0G_A + x_B{}^0G_B + x_A x_B I_{AB} + RT(x_A\ln x_A + x_B\ln x_B)$$

或

$$G_m = x_A{}^0\mu_A + x_B{}^0\mu_B + x_A x_B I_{AB} + RT(x_A\ln x_A + x_B\ln x_B)$$

其中，$x_A x_B I_{AB}$ 为过剩自由能。

1 mol 的 A_aN_c 分子中含有 c mol 的 N 质点，所以其过剩自由能为 $cy_C y_v I_C$，因此 1 mol 的 $A_a(C,v)_c$ 分子的自由能为

$$G_{A_aN_c} = y_C{}^0G_{A_aC_c} + y_v{}^0G_{A_av_c} + cy_C y_v I_C + cRT(y_C\ln y_C + y_v\ln y_v) \quad (7.123)$$

把 $A_a(C,v)_c$ 看成由两组元 A_aC_c(Ⅰ) 和 A_av_c(Ⅱ) 组成，由式(7.15) 可知

$$G_{\text{I}} = G_m - (1 - y_{\text{I}})\frac{\partial G_m}{\partial y_{\text{II}}}, \quad G_{\text{II}} = G_m + (1 - y_{\text{II}})\frac{\partial G_m}{\partial y_{\text{II}}}$$

Ⅰ 相的摩尔分数为 y_C，Ⅱ 相的摩尔分数为 $y_v = 1 - y_C$，因此有

$$G_{A_aC_c} = G_{A_aN_c} - (1 - y_C)\frac{\partial G_{A_aN_c}}{\partial y_v}, \quad G_{A_av_c} = G_{A_aN_c} + y_C\frac{\partial G_{A_aN_c}}{\partial y_v}$$

将式(7.123) 代入并考虑到 $y_C + y_v = 1$，得

$$G_{A_av_c} = {}^0G_{A_av_c} + cy_C^2 I_C + cRT\ln(1 - y_C) \quad (7.124)$$

由于 A_av_c 亚点阵中含 a 个 A 原子与 v 个空位，因此 1 mol 的 A_av_c 自由能就是 a 个 A 原子的自由能，即

$$G_{A_av_c} = aG_A \quad (7.125)$$

所以结合式(7.124) 可得

$$G_A = \frac{G_{A_av_c}}{a} = {}^0G_A + \frac{c}{a}y_C^2 I_C + \frac{c}{a}RT\ln(1 - y_C) \quad (7.126)$$

同样可得

$$G_{A_aC_c} = {}^0G_{A_aC_c} + cI_C(1 - y_C)^2 + cRT\ln y_C \quad (7.127)$$

而 A_aC_c 亚点阵是由 a 个 A 原子和 c 个 C 原子组成,因此有

$$G_{A_aC_c} = aG_A + cG_C$$

考虑到在 A_aC_c 亚点阵和 A_av_c 亚点阵,A 原子的化学位(偏摩尔自由能)相等,结合式(7.125)有

$$G_C = \frac{G_{A_aC_c} - aG_A}{c} = \frac{G_{A_aC_c} - G_{A_av_c}}{c}$$

将式(7.127)和式(7.124)代入上式,得

$$G_C = \frac{{}^0G_{A_aC_c} - {}^0G_{A_av_c}}{c} + I_C(1 - 2y_C) + RT\ln\frac{y_C}{1 - y_C} \tag{7.128}$$

把亚点阵模型应用于碳在奥氏体中形成的间隙溶体,在这里 $a = c = 1$。由式(7.126)和(7.128)可知

$$G_{Fe}^{\gamma} = {}^0G_{Fe}^{\gamma} + RT\ln(1 - y_C^{\gamma}) + I_C^{\gamma}(y_C^{\gamma})^2 \tag{7.129}$$

$$G_C^{\gamma} = {}^0G_{FeC}^{\gamma} - {}^0G_{Fe}^{\gamma} + I_C^{\gamma}(1 - 2y_C^{\gamma}) + RT\ln\frac{y_C^{\gamma}}{1 - y_C^{\gamma}} \tag{7.130}$$

根据活度的定义,定义碳在奥氏体中的活度表达式为

$$\mu_C^{\gamma} = G_C^{\gamma} = {}^0G_C^{\gamma} + RT\ln a_C^{\gamma}$$

碳在奥氏体中的活度若以石墨为基准态,即 ${}^0G_C^{\gamma} = {}^0G_C^{gr}$。这样

$$RT\ln a_C^{\gamma} = [{}^0G_{FeC}^{\gamma} - {}^0G_{Fe}^{\gamma} - {}^0G_C^{gr} + I_C^{\gamma}(1 - 2y_C^{\gamma})] + RT\ln\frac{y_C^{\gamma}}{1 - y_C^{\gamma}}$$

令 $a_C^{\gamma} = f_C^{\gamma}y_C^{\gamma}/(1 - y_C^{\gamma})$,这样有

$$f_C^{\gamma} = \exp\left\{\frac{1}{RT}[{}^0G_{FeC}^{\gamma} - {}^0G_{Fe}^{\gamma} - {}^0G_C^{gr} + I_C^{\gamma}(1 - 2y_C^{\gamma})]\right\}$$

试验测得

$$[{}^0G_{FeC}^{\gamma} - {}^0G_{Fe}^{\gamma} - {}^0G_C^{gr} + I_C^{\gamma}] = 46\ 115 - 19.178T \quad \text{J/mol}$$

$$I_C^{\gamma} = -21\ 079 - 11.555T \quad \text{J/mol}$$

因此可以求出 a_C^{γ}。图 7.10 为 Fe-C 合金奥氏体中 C 的活度随温度的变化的情况。

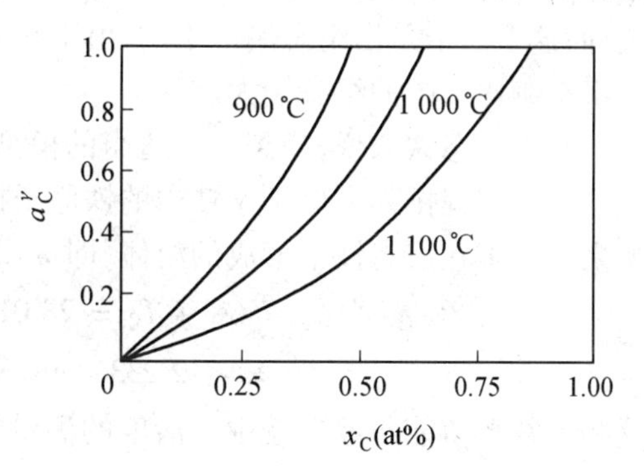

图 7.10　Fe-C 二元系奥氏体中碳活度

碳在 α-Fe 中的溶解度很小,基本符合亨利定律,可以忽略过剩项中的 y_C。在这种情况下 $a = 1$, $c = 3$,因此有

$$G_{Fe}^{\alpha} = {}^0G_{Fe}^{\alpha} + RT\ln(1 - y_C^{\alpha}) \tag{7.131}$$

$$G_C^\alpha = {}^0G_{Fe_{1/3}C}^\alpha - \frac{1}{3}\,{}^0G_{Fe}^\alpha + I_C^\alpha + RT\ln\frac{y_C^\alpha}{1-y_C^\alpha} \tag{7.132}$$

经试验测得

$${}^0G_{Fe_{1/3}C}^\alpha - \frac{1}{3}\,{}^0G_{Fe}^\alpha + I_C^\alpha - {}^0G_C^{gr} = 108\,299 - 39.603\ T \quad \mathrm{J \cdot mol^{-1}}$$

现在可以分析碳在 α – Fe 和 γ – Fe 之间的分配,令 $G_C^\gamma = G_C^\alpha$,由式(7.130)和(7.133)得

$$RT\ln\frac{y_C^\alpha(1-y_C^\gamma)}{y_C^\gamma(1-y_C^\alpha)} = {}^0G_{FeC}^\gamma - {}^0G_{Fe}^\gamma + I_C^\gamma - {}^0G_{Fe_{1/3}C}^\alpha + \frac{1}{3}\,{}^0G_{Fe}^\alpha - I_C^\alpha - 2I_C^\gamma y_C^\gamma \tag{7.133}$$

在这种情况下,重新定义分配系数

$$K_C^{\alpha/\gamma} = \frac{y_C^\alpha(1-y_C^\gamma)}{y_C^\gamma(1-y_C^\alpha)} \tag{7.134}$$

这里

$$y_C^\alpha = \frac{1}{3}\,\frac{x_C^\alpha}{1-x_C^\alpha},\ y_C^\gamma = \frac{x_C^\gamma}{1-x_C^\gamma}$$

将数据代入式(7.133),可得

$$RT\ln K_C^{\alpha/\gamma} = -62\,184 + 20.433T + (42\,158 + 23.110T)y_C^\gamma \quad \mathrm{J \cdot mol^{-1}}$$

在碳含量较低时,模型的选择对结果是不重要的。人们常得到以下结果:

$$RT\ln x_C^\alpha/x_C^\gamma = RT\ln(K_C^{\alpha/\gamma}) = -62\,184 + 29.559T \quad \mathrm{J \cdot mol^{-1}}$$

此式值表明碳在α中的溶解度小于在γ铁中的溶解度,但在高温此差别不很大。例如,在1 500 ℃,$RT\ln x_C^\alpha/x_C^\gamma = -9\,775\ \mathrm{J \cdot mol^{-1}}$,即 $x_C^\alpha/x_C^\gamma = 0.52$,而在低温这个差别是大的,在900 ℃,$RT\ln x_C^\alpha/x_C^\gamma = -27\,511\ \mathrm{J \cdot mol^{-1}}$,即 $x_C^\alpha/x_C^\gamma = 0.060$。有趣的是,碳在 α 及 γ 中的分配表现出温度依赖性,其中一部分与 $RT\ln 3$ 因子有关,而这个因子是由组态熵产生的,由于在 α 中有更多数目的间隙位置,在 α 中的组态熵比 γ 中的组态熵大。

对于液态铁来说,找到一个适当的模型是比较困难的。有人认为液态铁中铁原子的短程排列类似于 γ 铁中的铁原子排列,因此建议使用与 γ 铁相同的模型来处理碳在液态铁中形成的溶体,即 $a = 1, c = 1$。并给出下列数据:

$${}^0G_{FeC}^L - {}^0G_{Fe}^L - {}^0G_C^{gr} + I_C^L = 28\,012 - 19.317T \quad \mathrm{J \cdot mol^{-1}}$$

$$I_C^L = -12\,233 - 19.31T \quad \mathrm{J \cdot mol^{-1}}$$

这些参数数值能与液态铁中碳活度的测量值以及与两相平衡和三相平衡的测量值取得最佳的匹配。也有必要给出下列数值,这些数值是在相同的计算小得到的或用于其中。

$$^{0}G_{Fe}^{L} - ^{0}G_{Fe}^{\gamma} = -11\,274 + 163.878T - 22.02T\ln T + 4.177\,5\times10^{-3}T^{2} \quad J\cdot mol^{-1}$$

$$^{0}G_{Fe_3C}^{Cem} - 3^{0}G_{Fe}^{\gamma} - ^{0}G_{C}^{gr} = 39\,828 - 193.296T + 22.3452T\ln T \quad J\cdot mol^{-1}$$

其中,$^{0}G_{Fe_3C}^{Cem}$表示渗碳体的自由焓。利用以上数据可以对Fe－C二元合金进行各种状态下碳活度计算。

7.5 其它溶体模型

7.5.1 中心原子模型

中心原子模型主要通过溶体单元胞腔内原子近邻变化对原子之间能量场的影响,来描述溶体特性的溶体模型,由鲁匹斯(Lupis)和埃利奥特(Elliott)* 发展而成。该模型的最大特点是,用一个中心原子和其最近邻区域原子之间的一串原子对代替单个原子对,因而溶体的配分函数可以用与最近邻原子不同组态有关的分布几率和这些不同组态对中心原子的作用来描述。计算时将每一个原子作为中心原子处理后求和。

中心原子模型的一个重要假设是溶体中各原子呈球对称分布,因此最近邻壳层的组态特征是由其实际的原子排列方式所决定。如图7.11所示,中心原子A的最近邻原子A和B的排列方式不同,B原子对中心原子A所施加的能量场不同于A－A能量场,因此B原子的不同排布将造成能量差。

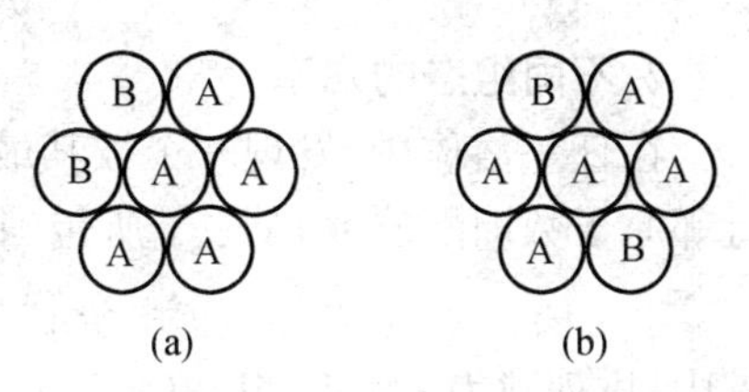

图7.11　最近邻壳层中不同的两种组态

1.配分函数

根据统计力学可知,中心原子模型中配分函数可记为

$$Q = \sum g\exp(-E/kT) \tag{7.135}$$

其中,E是含n_A个A原子与n_B个B原子组成的系综的能量,g为组态数,即$g = (n_A + n_B)!/(n_A!n_B!)$。由于化学能可与其它能如振动能和直线运动能等分开,所以配分函数可以表示为

$$Q = \sum g z_A^{n_A} z_B^{n_B}\exp(-E/kT) \tag{7.136}$$

其中,z_A和z_B为A原子和B原子的不包括化学能的平均配分函数。如以A_1,

* Lupic C H P and Elliott J F. Acta Metallurica, 1967,(15):265.

$A_2, \cdots, A_n$ 来标记 A 原子,则 $z_A^{n_A}$ 即为各 A 原子配分函数的乘积 $z_{A_1} z_{A_2} \cdots z_{A_n}$。

假定一个原子(中心原子)可在其最近邻原子构成的壳内自由运动,该原子不受任何力的作用,即可将该原子看成是单原子分子气体,依式(4.51)有

$$z = (2\pi mkT/h^2)^{3/2} V \tag{7.137}$$

由于原子与近邻间的交互作用势 Ψ 是其在壳内位置 r 的函数,在一个给定大小的体积元中某一位置发现原子的几率并不一致,因而以一有效体积 V_f 来代替上式中的原子体积 V

$$V_f = \int_{\text{cell}} \exp\{-[\varphi(r) - \varphi(0)]/kT\} 4\pi r^2 \mathrm{d}r \tag{7.138}$$

其中,起点 $r = 0$ 对应了势函数 Ψ 的极小值。为简单计,假定势函数为抛物线型,可有

$$V_f = [(\partial^2 \Psi/\partial r^2)/2\pi kT]^{-3/2} \tag{7.139}$$

上述结果中,原子是三维各向同性的具有频率为 ν 的谐振子,其中

$$\nu = (\partial^2 \Psi/\partial r^2)^{1/2}/2\pi m^{1/2} \tag{7.140}$$

其特征温度为

$$\theta = h\nu/k \tag{7.141}$$

2. 不同组态的几率

在任一溶体中,发现一个被其最近邻壳层中 i 个 B 原子和 $Z-i$ 个(Z 为最近邻原子数即配位数)A 原子所包围的中心原子 A 的几率 p_{iB}^{*A} 为

$$p_{iB}^{*A} = C_Z^i x_A^{Z-i} x_B^i \tag{7.142}$$

其中,排列数为 $C_Z^i = Z!/[(Z-i)!i!]$。在规则溶体中,几率表达式须加以修正,可记为

$$p_{iB}^{A} = p_{iB}^{*A} f_{iB}^{A}/p_A = C_Z^i x_A^{Z-i} x_B^i f_{iB}^{A}/p_A \tag{7.143}$$

其中,p_{iB}^{A} 为规则溶体中发现中心原子 A 的几率,f_{iB}^{A} 是校正因子,p_A 是正规化因子(归一化因子),即

$$p_A = \sum_{i=0}^{Z} C_Z^i x_A^{Z-i} x_B^i f_{iB}^{A} \tag{7.144}$$

由此可见,$\sum_{i=0}^{Z} p_{iB}^{A} = 1$。同样可得

$$p_{iB}^{B} = p_{iB}^{*B} f_{iB}^{B}/p_B = C_Z^i x_A^{Z-i} x_B^i f_{iB}^{B}/p_B \tag{7.145}$$

及

$$p_B = \sum_{i=0}^{Z} C_Z^i x_A^{Z-i} x_B^i f_{iB}^{B} \tag{7.146}$$

3. 热力学函数

每一个被 i 个 B 原子和 $Z-i$ 个 A 原子包围的 A 原子(或 B 原子)均具有

势能 U_{iB}^{A}(或 U_{iB}^{B}),E 即可表示为以每个原子依次作为中心原子后所贡献的能量之和

$$E = \frac{1}{2}x_A\sum_{i=0}^{Z}p_{iB}^{A}U_{iB}^{A} + \frac{1}{2}x_B\sum_{i=0}^{Z}p_{iB}^{B}U_{iB}^{B} \tag{7.147}$$

p_{iB}^{A} 和 p_{iB}^{B} 对应于产生配分函数最大项的分布几率。因子 1/2 是用以避免重复计算。对于凝聚态,体积随压力的变化较小,可略去 pV 项,剩余焓可表示为

$${}^{E}H = E - x_AE_A - x_BE_B = E - \frac{1}{2}x_AU_{0B}^{A} - \frac{1}{2}x_BU_{0B}^{B} \tag{7.148}$$

将上两式结合起来,有

$${}^{E}H = \frac{1}{2}x_A\sum_{i=0}^{Z}(p_{iB}^{A}U_{iB}^{A} - U_{0B}^{A}) + \frac{1}{2}x_B\sum_{i=0}^{Z}(p_{iB}^{B}U_{iB}^{B} - U_{0B}^{B}) \tag{7.149}$$

即

$${}^{E}H = \frac{1}{2}x_A\sum_{i=0}^{Z}p_{iB}^{A}\delta U_{iB}^{A} + \frac{1}{2}x_B\sum_{i=0}^{Z}p_{iB}^{B}\delta U_{iB}^{B} - \frac{1}{2}x_B\delta U_{ZB}^{B} \tag{7.150}$$

其中

$$\delta U_{iB}^{A} = U_{iB}^{A} - U_{0B}^{A}, \quad \delta U_{iB}^{B} = U_{iB}^{B} - U_{0B}^{B}$$

由自由焓(吉布斯自由能)的定义

$$G = H - TS = H - TS_{\text{conf}} - TS_{\text{nonconf}}$$

可得

$${}^{E}G = {}^{E}H - T\,{}^{E}S = {}^{E}H - T\,{}^{E}S_{\text{conf}} - T\,{}^{E}S_{\text{nonconf}} \tag{7.151}$$

其中,S_{conf} 和 S_{nonconf} 分别为组态熵和非组态熵,${}^{E}S_{\text{conf}} = R\ln g$ 为剩余组态熵,而剩余非组态熵 ${}^{E}S_{\text{nonconf}}$ 为

$${}^{E}S_{\text{nonconf}} = R\left(\sum_{i=0}^{Z}p_{iB}^{A}x_A\ln q_{iB}^{A} + \sum_{i=0}^{Z}p_{iB}^{B}x_B\ln q_{iB}^{B}\right) \tag{7.152}$$

因此得到

$$G^{M} = -RT\ln g + x_A\sum_{i=0}^{Z}p_{iB}^{A}\left(\frac{1}{2}\delta U_{iB}^{A} - RT\delta\ln q_{iB}^{A}\right) + x_B\sum_{i=0}^{Z}p_{iB}^{B}\left(\frac{1}{2}\delta U_{iB}^{B} - RT\delta\ln q_{iB}^{B}\right) + x_B\left(\frac{1}{2}\delta U_{ZB}^{B} - RT\delta\ln q_{ZB}^{B}\right) \tag{7.153}$$

4. 中心原子模型的改进

设 A – B 二元合金中原子的摩尔分数分别为 x_A 和 x_B,$x_A + x_B = 1$;中心原子 α(α 可为 A 组元原子或 B 组元原子) 周围有 i 个 B 原子($i = 1,2,\cdots,I$(I 为配位数)),则称此原子处于组态 ϕ_i^{α},其相应的能量、体积、原子偏函(Atomic partition function) 和出现此原子状态的几率分别为 U_i^{α}、V_i^{α}、Q_i^{α} 和 P_i^{α}。对 Foo 和 Lupis 的模型稍作修改可得:

$$P_i^\alpha = C_I^i x_A^{I-i} + x_B^i \exp[i_A \Lambda_A + i_B \Lambda_B - \varphi_i^\alpha]/P_\alpha = S_i^\alpha / P_\alpha \tag{7.154}$$

$$\varphi_i^\alpha = \frac{U_i^\alpha + pV_i^\alpha}{kT} - \ln q_i^\alpha \tag{7.155}$$

$$P_\alpha = \sum_i S_i^\alpha \tag{7.156}$$

$$C_I^i = \frac{I!}{(I-i)!i!} \tag{7.157}$$

其中,k 为 Boltzmann 常数,p 为压力。从出现各种组态的几率 $P_i{}^\alpha$ 可求得 Gibbs 混合自由能 G^M:

$$G^M = RT(x_A \ln x_A + x_B \ln x_B) - RT(x_A \ln P_A + x_B \ln P_B) + (x_A \mu_A^0 + x_B \mu_B^0) + IRT(x_A \Lambda_A + x_B \Lambda_B) \tag{7.158}$$

式中,$\mu_A{}^0$ 和 $\mu_B{}^0$ 分别为纯 A、B 组元化学位。为使式(7.156)可以真正使用,令 $\delta\varphi_i{}^\alpha = \varphi_i{}^\alpha - \varphi_0{}^\alpha$($\varphi_0{}^\alpha$ 表示 α 周围有 0 个 B 原子时的一个状态量),并假设 $\delta\varphi_i^\alpha$ 与 $(\varphi_1{}^\alpha - \varphi_0{}^\alpha)$ 成正比($\varphi_1{}^\alpha$ 表示 α 周围有 1 个 B 原子时的一个状态量),推导一系列复杂的公式。实际上,对于完全无序状态,$P_\alpha = 1$,$G^M = RT(x_A \ln x_A + x_B \ln x_B)$,应有

$$\left.\begin{aligned} x_A \mu_A^0 + x_B \mu_B^0 &= IRT(x_A \Lambda_A + x_B \Lambda_B) \\ \mu_A{}^0 = IRT\Lambda_A&, \mu_B{}^0 = IRT\Lambda_B \end{aligned}\right\} \tag{7.159}$$

则 $\Lambda_A = IRT/\mu_A^0$,$\Lambda_B = IRT/\mu_B^0$,故式(7.154)可改为

$$\left.\begin{aligned} P_i^\alpha &= C_I^i x_A^{I-i} x_B^i \exp\left[\frac{(I-i)\mu_A^0}{IRT} + \frac{i\mu_B^0}{IRT} - \frac{\mu^\alpha}{RT}\right] \Big/ P_\alpha = \frac{S_i^\alpha}{P_\alpha} \\ P_\alpha &= \sum_i C_I^i x_A^{I-i} x_B^i \exp\left[\frac{(I-i)\mu_A^0}{IRT} + \frac{i\mu_B^0}{IRT} - \frac{\mu^\alpha}{RT}\right] \end{aligned}\right\} \tag{7.160}$$

其中,$\mu_i{}^0$ 和 α 周围有 i 个 B 原子时的化学位,而

$$G^M = RT(x_A \ln x_A + x_B \ln x_B) - RT(x_A \ln P_A + x_B \ln P_B) \tag{7.161}$$

对于任一模型

$$G^M = RT(x_A \ln x_A + x_B \ln x_B) + RT(x_A \ln \gamma_A + x_B \ln \gamma_B) \tag{7.162}$$

故

$$P_A = \frac{1}{\gamma_A}, \quad P_B = \frac{1}{\gamma_B} \tag{7.163}$$

式中,γ_A 和 γ_B 分别为 A 和 B 组元的活度系数。从式(7.163)可知,P_α 等于活度系数 γ_α 的倒数,知道各组态的化学位即可求得各组态 $\varphi_i{}^\alpha$ 的几率。对于任意 i,组态 $\phi_i{}^\alpha$ 的化学位等于其最近邻壳层各原子处于"纯态"的化学位 $\mu_\alpha{}^0$ 的平均值,以即式(7.160)指数项为1,则溶体处于完全无序状态,否则就会出现A或

B 原子的偏聚。在计算相图中，μ_i^{α} 为惟一需要确定的参数，可以为任意值，而不必认为与组态参数一定成直线关系。

7.5.2 自由体积理论模型

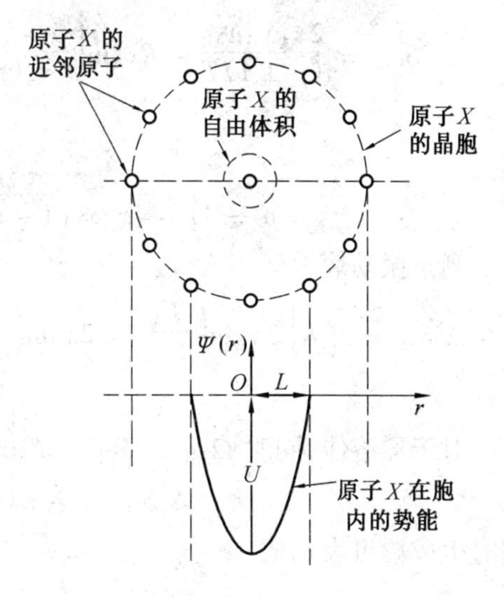

图 7.12 原子胞腔内原子势#

自由体积理论模型最早是由日本学者志井(Shiimoji) 和丹羽(Niwa)于 1957 年提出来的[①]，后又经田中(Tanaka) 完善而形成[②]。在此模型中不仅考虑了形成溶体后组态熵的变化，同时考虑了由于混合而引起各组元原子振动熵的变化。因此用自由体积理论计算二元和三元合金溶体，特别是对有色合金溶体十分有效。

假定溶体中每个粒子(原子)A 都在其最近邻原子构成的胞腔中作简谐振动，总配分函数为

$$Q_{ii} = V_{ii,F}^{N_i} \exp(-E_i/RT) = (-\pi L_{ii}^2 RT/U_{ii})^{2N_i/2} \cdot \exp(-N_i U_{ii}/2RT) \quad (7.164)$$

其中，U_{ii} 和 L_{ii} 为一个原子在胞腔中的势阱深度和势阱宽度(图 7.12)；$U_{ii} = Zu_{ii}$，Z 为配位数，u_{ii} 为一对原子 $i-i$ 的势能；N_i 为体系中原子总数；E_i 为原子越过胞腔的势能；$V_{ii,F}$ 为胞腔内中心原子可以自由移动的空间体积，即自由体积。对于二元溶体，其配分函数为

$$Q = gV_{A,F}^{N_A} V_{B,F}^{N_B} \exp(-E/RT) = g(-\pi L_A^2 RT/U_A)^{2N_A/2}(-\pi L_B^2 RT/U_B)^{2N_B/2} \cdot \exp(-E/RT) \quad (7.165)$$

其中 U_A、U_B 为形成溶体后组元 A 和组元 B 在胞腔势阱中的深度；L_A、L_B 为组元 A 和组元 B 的势阱宽度；$V_{A,F}$，$V_{B,F}$ 为组元 A 和组元 B 的自由体积；g 为简并因子；E 为体系的总势能；N_A、N_B 为体系中组元 A 和组元 B 的原子总数。

同时体系的总势能可定义为

$$E = \frac{N_{AA} U_{AA}}{2} + \frac{N_{BB} U_{BB}}{2} + \frac{N_{AB} \Omega_{AB}}{Z} \quad (7.166)$$

其中，N_{AA}、N_{BB} 和 N_{AB} 分别为 A－A 原子对、B－B 原子对和 A－B 原子对的数目，并有 $ZN = \frac{1}{2}(N_{AA} + N_{BB} + N_{AB})$，$N$ 为体系中原子总数；Ω_{AB} 为交换能。

---

① Shimoji M and Niwa K. Acta Metallurgica, 1967, (15): 265.
② Tanaka T. Z Metallkd, 1990, (81): 49.

由上述模型,并结合溶体的一级近似,可导出以下热力学关系式。

剩余组态熵为

$$\Delta^E S_{\mathrm{conf}} = \frac{2x_A x_B u_{AB}}{(p+1)T} - Rx_A \ln\left[\frac{p + x_A - x_B}{x_A(p+1)}\right] - Rx_B \ln\left[\frac{p + x_B - x_A}{x_B(p+1)}\right] \tag{7.167}$$

而

$$p = \{1 - 4x_A x_B [1 - \exp(\Omega_{AB}/RT)]\}^{1/2} \tag{7.168}$$

剩余振动熵为

$$\Delta^E S_{\mathrm{vb}} = \frac{2}{3} R\left[2x_A \ln\left(\frac{L_A}{L_{AA}}\right) + 2x_B \ln\left(\frac{L_B}{L_{BB}}\right) + x_A \ln\left(\frac{U_A}{U_{AA}}\right) + x_B \ln\left(\frac{U_B}{U_{BB}}\right)\right] \tag{7.169}$$

对于稀溶体,同时 $\Omega_{AB} = I_{AB} = \alpha'$,式(7.157)可简化为

$$\Delta^E S_{\mathrm{conf}} = -x_A^2 x_B^2 I_{AB}^2 / 2RT^2 \tag{7.170}$$

同时生成焓可表示成

$$\Delta H_{ij} = I_{AB} x_A x_B \left(1 - \frac{x_A x_B I_{AB}}{RT}\right) \tag{7.171}$$

式(7.159)中 L_A、L_B、U_A、U_B 的值不容易得到,可采用以下关系获得

$$U_A = x_A U_{AA} + x_B U_{AB}, \quad U_B = x_B U_{BB} + x_A U_{AB} \tag{7.172}$$

$$L_A = \frac{1}{2}(L_{AA} + x_A L_{AA} + x_B L_{BB}), \quad L_B = \frac{1}{2}(L_{BB} + x_A L_{BB} + x_B L_{BB}) \tag{7.173}$$

因此,振动熵可表示为

$$\Delta^E S_{\mathrm{vb}} = \frac{3}{2} R x_A x_B \left\{\frac{(L_{AA} - L_{BB})^2}{L_{AA} L_{BB}}\right\} + \frac{4U_{AA}U_{BB} - 2I_{AB}(U_{AA} + U_{BB}) - (U_{AA} + U_{BB})^2}{2U_{AA}U_{BB}} \tag{7.174}$$

令

$$\frac{3}{2} R[(L_{AA} - L_{BB})^2/(L_{AA}L_{BB}) + 2 - (U_{AA} + U_{BB})^2/(2U_{AA}U_{BB})] = \mathrm{A}_{ij} \quad (i, j = \mathrm{A}, \mathrm{B}) \tag{7.175}$$

$$\frac{3}{4} R^2 T[(U_{AA} + U_{BB})/(U_{AA}U_{BB})] = \mathrm{B}_{ij} \quad (i, j = \mathrm{A}, \mathrm{B}) \tag{7.176}$$

因此振动熵可表示为

$$\Delta^E S_{\mathrm{vb}} = A_{ij} x_i x_j - B_{ij}[1 - (1 - 4\Delta H_{ij}^M / RT)^{1/2}] \tag{7.177}$$

同时组态熵也可表示成生成焓的函数

$$\Delta^E S_{conf} = \Delta H_{ij}/2T + (R/4)(1 - 4\Delta H_{ij}/RT)^{1/2} - R/4 \quad (7.178)$$

而溶体中的混合熵可采用下面将要介绍的米德玛模型计算。

7.5.3 米德玛生成热模型

米德玛(Miedema)①生成热计算是近年来合金化理论的一项重要成果,其实用性广泛。该模型通过组元的基本性质,如元素的摩尔体积 V,电负性 φ,电子密度 n_{ws} 等,计算带 d 电子的过渡金属、惰性金属及带 s 电子和多数带 p 电子的非过渡金属之间形成任何二元液体和固体合金的形成能,计算值与实验值的偏差一般不超过 8 kJ/mol。到目前为止,已成功地预测了 500 多种二元合金的生成热数值。

米德玛模型表述如下:

当二元合金中两类原子的原子胞与纯金属元素的原子胞相似时,合金混合焓主要取决于原子从纯金属到合金迁移过程中的边界条件的变化。两种主要的影响分别为:① 两种不同原子胞中电子化学位差引起的对形成能的负贡献,即电负性促进合金化;② 与维格纳 - 赛兹(Wigner Seitz) 原子胞边界上电子密度差相关的正贡献,即消除异类原子的电子密度不连续性导致了正的能量效应(电子密度失配能)。另外,对过渡金属与具有 p 型波函数的非过渡金属原子形成合金时,p 电子的影响会引起负的贡献,且与形成二元合金的过渡金属种类及非过渡金属具有的 p 电子对种类关系不大;对过渡金属与过渡金属、惰性金属及碱金属形成合金时,这种影响较小,但却很重要。同时,模型还考虑了异类原子间的接触表面,即表面浓度,以及形成合金中原子体积变化的影响。对于不同的体系,这些影响的大小不同。米德玛总结了过渡金属、非过渡金属、惰性金属之间形成液体或固体合金及固体化合物时形成热经验值的规律性,形成了计算混合生成焓的半经验模型。

在由组元 A 和组元 B 组成的二元合金中,如果 $x_i, V_i, x_i^s, V_i^\alpha$(分别表示组元 i 的体摩尔分数和摩尔体积及合金中的表面摩尔分数和摩尔体积;n_{ws}^i 为纯金属态元素 i 的 Wigner - Seitz 原子胞边界的电子密度平均值,并有 $n_{ws}^{1/3} = (n_{ws}^{A})^{1/3} - (n_{ws}^{B})^{1/3}$;$\phi_i^*$ 为修正的纯金属元素 i 的工作函数(这里代表电负性),这样米德玛模型可表示如下:

$$\Delta H_{AB} = f(x^s)g(x_{A,B}, n_{ws})p[(q/p)(\Delta n_{ws}^{1/3})^2 - p(\Delta\phi^*)^2 - \alpha(r/p)] \quad (7.179)$$

其中,p, q, r, α 均为经验常数,$q/p = 9.4$,对于液态合金 $\alpha = 0.73$,对于固态合

① Miedema A R, Z Metallk., 1978, 69:183.

金 $\alpha = 1$；$f(x^s)$ 为浓度函数：

对于一般溶体 $$f(x^s) = x_A^s x_B^s \tag{7.180}$$

对于含有化合物的溶体 $$f(x^s) = x_A^s x_B^s[1 + (x_A^s x_B^s)^2] \tag{7.181}$$

$$g(x_{A,B}, n_{ws}) = \frac{2x_A(V_A^a)^{2/3} + 2x_B(V_B^a)^{2/3}}{(n_{ws}^{1/3})_A^{-1} + (n_{ws}^{1/3})_B^{-1}} \tag{7.182}$$

$$x_A^s = x_A V_A^{2/3}/(x_A V_A^{2/3} + x_B V_B^{2/3}) \tag{7.183}$$

$$x_B^s = x_B V_B^{2/3}/(x_A V_A^{2/3} + x_B V_B^{2/3}) \tag{7.184}$$

$$(V_A^a)^{2/3} = V_A^{2/3}[1 + \mu_A f_B^A(\phi_A^* - \phi_B^*)] \tag{7.185}$$

$$(V_B^a)^{2/3} = V_B^{2/3}[1 + \mu_B f_A^B(\phi_B^* - \phi_A^*)] \tag{7.186}$$

其中，μ_A 和 μ_B 均为常数，f_B^A 和 f_A^B 为原子匹配系数，f_B^A 表示原子 A 被原子 B 包围的程度，f_A^B 表示原子 B 被原子 A 包围的程度。对于不同的溶体有

一般溶体 $$f_B^A = x_B, \quad f_A^B = x_A \tag{7.187}$$

对于有序合金 $$f_B^A = x_B(1 + 8x_A x_B), \quad f_A^B = x_A(1 + 8x_A x_B) \tag{7.188}$$

这样对于有任意二组元组成的溶体，米德玛生成热模型完全表达式为

$$\Delta H_{ij} = f_{ij}\frac{x_i[1 + \mu_i x_j(\varphi_i - \varphi_j)] \times x_j[1 + \mu_j x_i(\varphi_j - \varphi_i)]}{x_i V_i^{2/3}[1 + \mu_i x_j(\varphi_i - \varphi_j)] + x_j V_j^{2/3}[1 + \mu_j x_i(\varphi_j - \varphi_i)]} \tag{7.189}$$

$$f_{ij} = \frac{2pV_i^{2/3}V_j^{2/3}[q(\Delta n_{ws}^{1/3})/p - (\Delta\varphi)^2 - \alpha(r/p)]}{(\Delta n_{ws}^{1/3})_i^{-1} + (\Delta n_{ws}^{1/3})_j^{-1}} \tag{7.190}$$

利用式(7.179)即可计算二元固态或液态合金的生成热。米德玛模型中有关常数的取值情况可参阅丁学勇编著的《合金溶体热力学模型、预测值及其软件开发》。

7.5.4 几何模型

几何模型是由二元系溶体的热力学性质推算三元系和多元系溶体的热力学性质的溶体模型，其特点是，方法简单，应用范围广，准确度较高，成为多元系溶体热力学性质计算的主要方法之一。

20 世纪 60 年代，柯勒(Kohler)和鲍尼耳(Bonnier)分别提出了两种不同的几何模型。他们同时都假设三元系的热性质可以由三个二元系的热力学性质的组合来表示，其不同点在于对二元系的成分点的选取和相应二元系权重的分配。20 世纪 60 年代中期陶普(Toop)和克里奈特(Colinet)又提出了另外两种几何模型。陶普模型在二元系选点上与克里奈特完全相同，但是权重分配不同。克里奈特提出的则是两点模型，也就是每个二元系的自由能用两个点儿不是一个

点来表示。进入20世纪70年代后,玛基亚奴(Muggianu)和杰考(Jacob)等分别独立地提出了同样的模型。在此基础上,20世纪70年代末和80年代初,安萨拉(Ansara)和希拉特(Hillert)对这一类几何模型给予了小结。希拉特将这类模型分为对称模型和非对称模型两大类。他还进一步为非对称模型提供了一个新成员,称之为希拉特模型。1986年拉克(Luck)等又提出两种新模型。到此为止,在20多年时间里,国外出现了七八种几何模型。

1. 对称方法

常用的对称几何模型有柯勒模型、克里奈特模型、玛基亚奴模型和周国志模型①,对称方法以相同的方法处理各个组元,组元顺序的改变并不影响计算结果。

其中周国志模型的过剩吉布斯自由能表达式为

$$\Delta^E G = \frac{x_1}{1 - x_1}\Delta^E G_{12}(x_1, 1 - x_1) + \frac{x_2}{1 - x_2}\Delta^E G_{23}(x_2, 1 - x_2) + \frac{x_3}{1 - x_3}\Delta^E G_{13}(x_3, 1 - x_3) \tag{7.191}$$

周国志模型的一个明显优点是采用 R 函数计算法可以很方便地处理二元高阶表达式。

2. 非对称几何模型法

非对称方法比较适合于含有间隙固溶原子的合金溶液体系。1960年,鲍尼耳首次提出非对称方法,陶普发展了非对称方法,许多三元系的实验数据与应用陶普方法计算的结果吻合较好。

陶普模型认为,如果已知三个二元系的过剩自由能分别为 ${}^E G_{ij}$、${}^E G_{ik}$ 和 ${}^E G_{jk}$,则三元系 $i - j - k$ 的过剩自由能 ${}^E G$ 与二元系过剩自由能的关系为

$${}^E G = \frac{x_j}{1 - x_i} G_{ij}(x_i, 1 - x_i) + \frac{x_k}{1 - x_j} G_{ik}(x_i, 1 - x_i)^{2E} G_{jk}\left(\frac{x_j}{x_j + x_k}, \frac{x_k}{x_j + x_k}\right) \tag{7.192}$$

同时各组元的偏摩尔过剩自由能可表示如下

$${}^E G_i = {}^E G - x_j \frac{\partial^E G}{\partial x_j}(1 - x_i)\frac{\partial^E G}{\partial x_i} \tag{7.193}$$

$${}^E G_j = {}^E G - x_i \frac{\partial^E G}{\partial x_i}(1 - x_j)\frac{\partial^E G}{\partial x_j} \tag{7.194}$$

$${}^E G_k = {}^E G - x_i \frac{\partial^E G}{\partial x_i} - x_j \frac{\partial^E G}{\partial x_j} \tag{7.195}$$

① 周国志,金属学报,1997,33(2):126.

希拉特又提出两种非对称方法，可以导出较简单的偏摩尔吉布斯自由能表达式，简化了计算。然而，以上的几种几何模型都假设与所处理的体系无关，这是不合理的，不能反映自然界中的真实规律，为解决这一困难，周国治提出一种新几何模型。

新几何模型假设一个有 n 个组元组成的多元系，各组元的摩尔分数可用 x_i 表示。并假设二元系的选点与处理的体系密切相关，这种关系可以用如下的一个简单的线性函数来表示

$$x_{i(ij)} = x_i = \sum_{k=1,k\neq i,j}^{n} x_k \xi_{i(ij)}^{\langle k \rangle} \tag{7.196}$$

式中，$x_{i(ij)}$ 代表 ij 二元系中 i 组元的摩尔分数，$\xi_{i(ij)}^{\langle k \rangle}$ 称为“相似系数”，按下式定义

$$\xi_{i(ij)}^{\langle k \rangle} = \frac{\eta(ij,ik)}{\eta(ij,ik) + \eta(ji,jk)} \tag{7.197}$$

这里 $\eta(ij,ik)$ 代表 ij 和 ik 两个二元系之间相偏离的偏差函数。推荐用平方和偏差来表示这种偏离程度

$$\eta(ij,ik) = \int_0^1 (\Delta^E G_{ij} - \Delta^E G_{ik})^2 \mathrm{d}x_i \tag{7.198}$$

式中，$\Delta^E G$ 代表过剩自由能。在上述定义下，很容易看出，如果 k 组元相似于 j，则 $\eta(ij,ik) \cong 0$，从而 $\xi_{i(ij)}^{\langle k \rangle} = 0$；与此相反，如果组元 k 相似于 i，则 $\eta(ij,ik) > 0$，而 $\eta(ji,jk) \cong 0$，此时 $\xi_{i(ij)}^{\langle k \rangle} = 1$。也就是说，相似系数的数值在 0 与 1 之间变动，小的数值意味着 k 接近于 i，而大的数值时 k 接近于 j。因此，相似系数是衡量组元 k 类似于 i 还是 j 的指标。

在多元系中，当一个二元系的选点问题解决之后，多元系的过剩自由能表达式可以表示为

$$\Delta^E G = \sum_{i,j=1,i\neq j}^{n} w_{ij} \Delta^E G_i \tag{7.199}$$

式中，w_{ij} 是权重因子，等于

$$w_{ij} = x_i x_j / x_{i(ij)} x_{j(ij)} \tag{7.200}$$

有关几何模型的详细情况，可参阅段淑贞和乔芝郁编写的《熔盐化学——原理和应用》。

7.5.5 活度系数模型

活度系数模型是丁学勇等人在米德玛模型、自由体积理论模型（田中模型）、几何模型（淘普模型）的基础上于 1994 年总结出来的，2000 年又作了适当的改进。该模型主要是针对二元系的，对于多元系，也同样在引进活度相互作用

系数的基础上提出了计算模型。这里主要介绍二元系活度系数模型。

由组元 i 和组元 j 组成的二元系中，i 组元的偏摩尔过剩自由能 $^{E}G_i$ 与其活度系数的关系为

$$^{E}G_i = RT\ln\gamma_i \tag{7.201}$$

i 组元的偏摩尔过剩自由能 $^{E}G_i$ 与二元系 $i-j$ 的摩尔过剩自由能 $^{E}G_{ij}$ 的关系，依据式(7.15)为

$$^{E}G_i = {}^{E}G_{ij} + (1-x_i)\frac{\partial {}^{E}G_{ij}}{\partial x_i} \tag{7.202}$$

二元系 $i-j$ 中，过剩自由能 $^{E}G_{ij}$ 与过剩熵 $^{E}S_{ij}$ 和焓变 ΔH_{ij} 的关系为

$$^{E}G_i = \Delta H_{ij} - T\,^{E}S_{ij} \tag{7.203}$$

其中，二元系 $i-j$ 中，生成热可由式(7.189)得到。而

$$^{E}S_{ij} = {}^{E}S_{\mathrm{conf}} + {}^{E}S_{\mathrm{vb}} \tag{7.204}$$

其中 $^{E}S_{\mathrm{conf}}$ 和 $^{E}S_{vb}$ 可由式(7.177)和式(7.178)获得。

将式(7.203)对 x_i 微分，可得

$$^{E}G_i = \Delta H_{ij}/2 - A_{ij}T\left(1-4\frac{\Delta H_{ij}}{RT}\right)^{1/2} + (1-x_i)\left[0.5+2A_{ij}T\left(1-4\frac{\Delta H_{ij}}{RT}\right)^{1/2}\Big/R\right]\left(\frac{\partial H_{ij}}{\partial x_i}\right) - \left(\frac{3}{2}\right)RTB_{ij} - A_{ij}T \tag{7.205}$$

考虑到式(7.201)和式(7.205)，有

$$\ln\gamma_i = \frac{\Delta H_{ij}}{2RT} - A_{ij}\left(1-4\frac{\Delta H_{ij}}{RT}\right)^{1/2}\Big/R - \frac{3}{2}B_{ij}(1-x_i)^2 + \frac{A_{ij}}{R} + \frac{1-x_i}{RT}\left[0.5+2A_{ij}T\left(1-4\frac{\Delta H_{ij}}{RT}\right)^{1/2}\Big/R\right]\frac{\partial H_{ij}}{\partial x_i} \tag{7.206}$$

其中，A_{ij} 和 B_{ij} 的取值如式(7.175)和(7.176)。

又因为二元系过剩自由焓为

$$^{E}G_{ij} = x_i\,^{E}G_i + x_j\,^{E}G_j$$

由此可得到另一组元的活度系数

$$\ln\gamma_j = ({}^{E}G_{ij} - x_iRT\ln\gamma_i)/(x_jRT) \tag{7.207}$$

利用式(7.206)和(7.207)可得两组元的活度系数。

第 8 章　二元溶体热力学

8.1　混合物的自由能

二元单相合金的自由能可以通过第 7 章介绍的溶体热力学模型来求得。但是，在处理实际合金时经常遇到二元双相合金，其自由能的求解可以通过以下方法。

设混合物总量 n mol，其中 α 相占 n^{α} mol，β 相占 n^{β} mol，则 $n^{\alpha} + n^{\beta} = n$。而混合物中 A 原子摩尔数 n_{A}，B 原子摩尔数 n_{B}，则 $n_{A} + n_{B} = n$。因此混合物的自由能为

$$G^{alloy} = G^{\alpha} + G^{\beta}$$

混合物的摩尔自由能为

$$G_{m}^{alloy} = \frac{G^{alloy}}{n} = \frac{G^{\alpha} + G^{\beta}}{n^{\alpha} + n^{\beta}} \tag{8.1}$$

其中 $G^{\alpha} = n^{\alpha} G_{m}^{\alpha}$，$G^{\beta} = n^{\beta} G_{m}^{\beta}$。因此有

$$G_{m}^{alloy} = \frac{n^{\alpha} G_{m}^{\alpha} + n^{\beta} G_{m}^{\beta}}{n^{\alpha} + n^{\beta}} \tag{8.2}$$

而在由两相组成的混合物中有

$$x_{B}^{alloy} = \frac{n_{B}}{n} = \frac{n_{B}^{\alpha} + n_{B}^{\beta}}{n^{\alpha} + n^{\beta}}, \quad x_{B}^{\alpha} = \frac{n_{B}^{\alpha}}{n^{\alpha}}, \quad x_{B}^{\beta} = \frac{n_{B}^{\beta}}{n^{\beta}}$$

所以

$$x_{B}^{alloy} = \frac{x_{B}^{\alpha} n^{\alpha} + x_{B}^{\beta} n^{\beta}}{n^{\alpha} + n^{\beta}}$$

有

$$\frac{G_{m}^{\beta} - G_{m}^{alloy}}{G_{m}^{alloy} - G_{m}^{\alpha}} = \frac{n^{\alpha}}{n^{\beta}}, \quad \frac{x_{B}^{\beta} - x_{B}^{alloy}}{x_{B}^{alloy} - x_{B}^{\alpha}} = \frac{n^{\alpha}}{n^{\beta}}$$

故

$$\frac{G_{m}^{\beta} - G_{m}^{alloy}}{G_{m}^{alloy} - G_{m}^{\alpha}} = \frac{x_{B}^{\beta} - x_{B}^{alloy}}{x_{B}^{alloy} - x_{B}^{\alpha}} \tag{8.3}$$

此式称为比例原理（图 8.1），形式上与杠杆定律相似。其中当两相达到平衡时，x_{B}^{α} 与 x_{B}^{β} 可通过相图来求解。而 G_{m}^{α} 与 G_{m}^{β} 可按规则溶体模型处理，即

$$G_m^{\alpha} = x_A^{\alpha 0}G_A^{\alpha} + x_B^{\alpha 0}G_B^{\alpha} + x_A^{\alpha}x_B^{\alpha}I_{AB}^{\alpha} + RT(x_A^{\alpha}\ln x_A^{\alpha} + x_B^{\alpha}\ln x_B^{\alpha})$$

$$G_m^{\beta} = x_A^{\beta 0}G_A^{\beta} + x_B^{\beta 0}G_B^{\beta} + x_A^{\beta}x_B^{\beta}I_{AB}^{\beta} + RT(x_A^{\beta}\ln x_A^{\beta} + x_B^{\beta}\ln x_B^{\beta})$$

所以在一定温度下,只要给出合金的成分(x_B^{alloy})和相图以及相应的热力学参数包括${}^0G_A^{\alpha}$、${}^0G_B^{\alpha}$、${}^0G_A^{\beta}$、${}^0G_B^{\beta}$、I_{AB}^{α}和I_{AB}^{β},就可以求出合金的自由能G_m^{alloy}以及其它热力学参数。

【例】 用规则溶体近似计算 A－B 二元系的 Spinodal 分解曲线(图 8.2)。

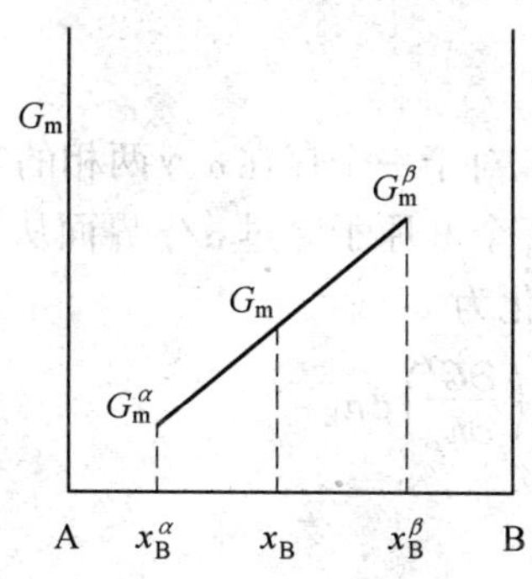

图 8.1　混合物的自由能

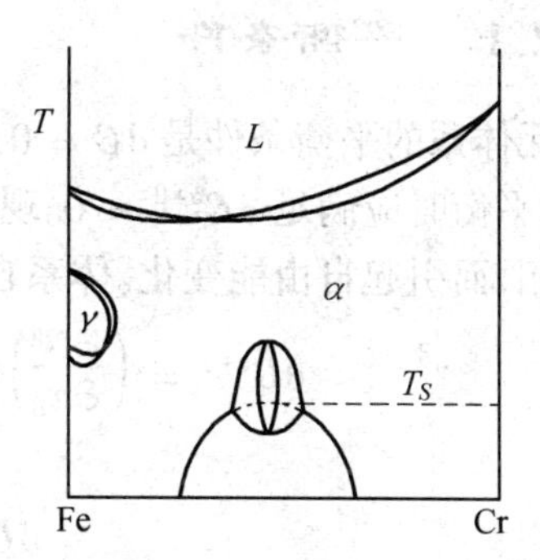

图 8.2　Fe－Cr 合金相图

因为

$$G_m^{\alpha} = x_A^{\alpha 0}G_A^{\alpha} + x_B^{\alpha 0}G_B^{\alpha} + x_A^{\alpha}x_B^{\alpha}I_{AB}^{\alpha} + RT(x_A^{\alpha}\ln x_A^{\alpha} + x_B^{\alpha}\ln x_B^{\alpha})$$

所以

$$\Delta G_m = x_A^{\alpha}x_B^{\alpha}I_{AB}^{\alpha} + RT(x_A^{\alpha}\ln x_A^{\alpha} + x_B^{\alpha}\ln x_B^{\alpha})$$

平衡时,有

$$d(\Delta G_m)/dx_B^{\alpha} = 0$$

因此

$$(1 - 2x_B^{\alpha})I_{AB}^{\alpha} + RT[\ln x_B^{\alpha} - \ln(1 - x_B^{\alpha})] = 0$$

由此可解得$(x_B)_1$和$(x_B)_2$。

表 8.1　Fe－M 二元系中原子之间相互作用系数

合金系	I^{α}/Cal·mol^{-1}	合金系	I^{α}/Cal·mol^{-1}
Fe－Cr	3 000	Fe－Co	－4 000
Fe－Mo	4 000	合金系	I^{γ}/Cal·mol^{-1}
Fe－W	7 000	Fe－Cu	7 000
Fe－Si	－6 000	Fe－*Au*	6 000
Fe－*Al*	－3 000	Fe－Ni	－1 800

依

$$\frac{d(\Delta G_m)}{dx_B^2} = 0$$

得 $$T_S = I_{AB}^{\alpha}/2R$$

故 $$I_{AB}^{\alpha} = 2RT_S \tag{8.3}$$

8.2 二元系两相平衡

8.2.1 平衡条件

二元体系的平衡条件是 $dG = 0$ 或 $G = \min$。对于一个存在 α、γ 两相的二元系体系，平衡时应满足 $dG^{\alpha+\beta} = 0$。现在设有 dn_B 个 B 原子穿过 α/γ 界面从 α 相进入 γ 相，而引起自由能变化。体系自由能的变化为

$$dG^{\alpha+\gamma} = \left(\frac{\partial G^{\alpha}}{\partial n_B}\right)(-dn_B) + \left(\frac{\partial G^{\gamma}}{\partial n_B}\right)dn_B$$

平衡时

$$dG^{\alpha+\gamma} = 0$$

因为 $$dn_B \neq 0$$

有 $$\frac{\partial G^{\alpha}}{\partial n_B} = \frac{\partial G^{\gamma}}{\partial n_B}$$

所以 $$G_B^{\alpha} = G_B^{\gamma}$$

如图 8.3 所示，两相平衡的条件为

$$G_A^{\alpha} = G_A^{\gamma}, \quad G_B^{\alpha} = G_B^{\gamma} \tag{8.4}$$

或者

$$\mu_A^{\alpha} = \mu_A^{\gamma}, \quad \mu_B^{\alpha} = \mu_B^{\gamma} \tag{8.5}$$

式(8.5)说明，当两项达到平衡时，任意组元在各相中的化学位分别相等。推广到多元系，有

$$\left.\begin{aligned} \mu_1^1 &= \mu_1^2 = \cdots = \mu_1^{\phi} \\ \mu_2^1 &= \mu_2^2 = \cdots = \mu_2^{\phi} \\ &\vdots \\ \mu_k^1 &= \mu_k^2 = \cdots = \mu_k^{\phi} \end{aligned}\right\} \tag{8.6}$$

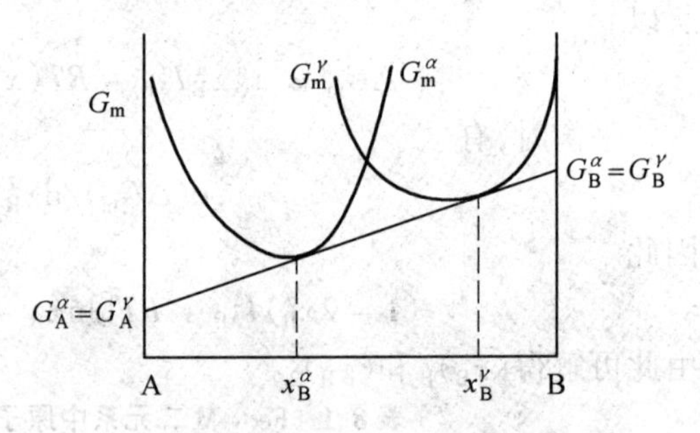

图 8.3 两相平衡时的公切线法则

8.2.2 液－固相平衡

采用正规溶体模型来分析由 A、B 二组元组成的 α、l 两相平衡时自由能的变化。由正规溶体模型（式(7.80)或(7.83)）得知

$$G_A^\alpha = {}^0G_A^\alpha + RT\ln x_A^\alpha + (1 - x_A^\alpha)^2 I_{AB}^\alpha \tag{8.7}$$

$$G_B^\alpha = {}^0G_B^\alpha + RT\ln x_B^\alpha + (1 - x_B^\alpha)^2 I_{AB}^\alpha \tag{8.8}$$

$$G_A^l = {}^0G_A^l + RT\ln x_A^l + (1 - x_A^L)^2 I_{AB}^l \tag{8.9}$$

$$G_B^l = {}^0G_B^l + RT\ln x_B^l + (1 - x_B^L)^2 I_{AB}^l \tag{8.10}$$

两相平衡时

$$G_A^\alpha = G_A^l, \quad G_B^\alpha = G_B^l, \quad x_B = 1 - x_A \tag{8.11}$$

因此有

$${}^0G_A^\alpha + RT\ln(1 - x_B^\alpha) + (x_B^\alpha)^2 I_{AB}^\alpha = {}^0G_A^l + RT\ln(1 - x_B^l) + (x_B^l)^2 I_{AB}^l$$

令

$$\Delta^0 G_A^{\alpha\to l} = {}^0G_A^l - {}^0G_A^\alpha$$

同时有

$$\Delta^0 G_A^{\alpha\to l} = \Delta^0 H_A^{\alpha\to l} - T\Delta^0 S_A^{\alpha\to l}$$

在过冷度 $T - T_A$（T_A 为熔点）不很大时

因为
$$\Delta^0 S_A^{\alpha\to l} = \frac{\Delta^0 H_A^{\alpha\to l}}{T_A}$$

所以
$$\Delta^0 G_A^{\alpha\to l} = \Delta^0 H_A^{\alpha\to l} \cdot \frac{T_A - T}{T_A} \tag{8.12}$$

由此得到

$$RT\ln\frac{1 - x_B^\alpha}{1 - x_B^l} = (x_B^l)^2 I_{AB}^l - (x_B^\alpha)^2 I_{AB}^\alpha + \Delta^0 H_A^{\alpha\to l}\frac{T_A - T}{T_A} \tag{8.13}$$

同理有

$$RT\ln\frac{x_B^\alpha}{x_B^l} = (1 - x_B^l)^2 I_{AB}^l - (1 - x_B^\alpha)^2 I_{AB}^\alpha + \Delta^0 H_B^{\alpha\to l}\frac{T_B - T}{T_B} \tag{8.14}$$

上式中，可令 $K_{A/B}^{\alpha/l} = x_A^\alpha / x_A^l$ 和 $K_{B/A}^{\alpha/l} = x_B^\alpha / x_B^l$ 称之为分配系数。

当已知组元间相互作用时，利用式(8.13)和(8.14)，通过计算很容易得到溶体的液相线；或者已知液固转变温度、组元的分配系数以及热效应，来计算得到组元间的相互作用系数。

【例】 已知 $I_{Fe-Ni}^\gamma = -7\ 524\ J \cdot mol^{-1}$，$I_{Fe-Ni}^l = -9\ 196\ J \cdot mol^{-1}$，$T_{Fe}^\gamma = 1\ 800\ K$，$T_{Ni}^\gamma = 1\ 445\ K$，$\Delta^0 H_{Fe}^{\gamma\to l} = 13.75\ J \cdot mol^{-1}$，$\Delta^0 H_{Ni}^\gamma = 17.14\ J \cdot mol^{-1}$。求出 Fe－Ni 合金的固液相线。

【解】 式(8.13)和(8.14)还可以写成

$$\frac{x_{Ni}^\gamma}{x_{Ni}^l} = \exp\left\{\frac{1}{RT}\left[(1 - x_{Ni}^l)^2 I_{FeNi}^l - (1 - x_{Ni}^\gamma)^2 I_{FeNi}^\gamma + \Delta^0 H_{Ni}^{\gamma\to l}\frac{T_{Ni}^\gamma - T}{T_{Ni}^\gamma}\right]\right\} \tag{1}$$

$$\frac{1 - x_{Ni}^\gamma}{1 - x_{Ni}^l} = \exp\left\{\frac{1}{RT}\left[(x_{Ni}^l)^2 I_{FeNi}^l - (x_{Ni}^\gamma)^2 I_{FeNi}^\gamma + \Delta^0 H_{Fe}^{\gamma\to l}\frac{T_{Fe}^\gamma - T}{T_{Fe}^\gamma}\right]\right\} \tag{2}$$

通过一定的解法求解以上两式即可得到不同温度下的 x_B^l 和 x_B^α，也就是合金的液相线和固相线。

8.2.3 固－固相平衡

1.固溶体的溶解度

通常，如果两个固相均为固溶体时，按照规则溶体模型处理，其结果是很复杂的。但是，在实际研究中经常会遇到如图 8.4 所示的情况，即 α 为固溶体（$x_B^\alpha \neq 0$），而 A 原子在 β 相的溶解度为 0，如 Fe－C 合金，Fe－Si 合金等，这样有

$$G_B^\alpha = G_B^\beta, \quad G_B^\beta = {}^0G_B^\beta$$

$$G_B^\alpha = {}^0G_B^\alpha + RT\ln x_B^\alpha + (1 - x_B^\alpha)^2 I_{AB}^\alpha = {}^0G_B^\beta$$

$$RT\ln x_B^\alpha = -\left[\Delta^0 G_B^{\beta\to\alpha} + (1 - x_B^\alpha) I_{AB}^\alpha\right]$$

$$x_B^\alpha = \exp\left\{\frac{-1}{RT}\left[\Delta^0 H_B^{\beta\to\alpha} - T\Delta^0 S_B^{\beta\to\alpha} + (1 - x_B^\alpha)^2 I_{AB}^\alpha\right]\right\} =$$

$$\exp\left(\frac{\Delta^0 S_B^{\beta\to\alpha}}{R}\right)\exp\left\{\frac{-1}{RT}\left[\Delta^0 H_B^{\beta\to\alpha} + (1 - x_B^\alpha)^2 I_{AB}^\alpha\right]\right\}$$

令 $K = \exp\frac{\Delta^0 S_B^{\beta\to\alpha}}{R}$，又因 $x_B^\alpha \ll 1$，也就是$(1 - x_B^\alpha)^2 \approx 1$，因此

$$\ln x_B^\alpha = \ln K - \frac{1}{RT}(\Delta^0 H_B^{\beta\to\alpha} + I_{AB}^\alpha) \tag{8.15}$$

若 β 相是满足化学计量比的化合物，即 $\beta:\theta - A_aB_c$，这样有

$$x_A^\theta = \frac{a}{a + c}, \quad x_B^\theta = \frac{c}{a + c}$$

如

$$x_C^{Fe_3C} = \frac{1}{3 + 1} = 0.25, x_{Fe}^{Fe_3C} = \frac{3}{3 + 1} = 0.75$$

根据相平衡条件

$$G_A^\alpha = G_A^\theta, \quad G_B^\alpha = G_B^\theta$$

得

$$G_m^\beta = x_B^\theta G_B^\theta + x_A^\theta G_A^\theta = x_B^\theta G_B^\alpha + x_A^\theta G_A^\alpha$$

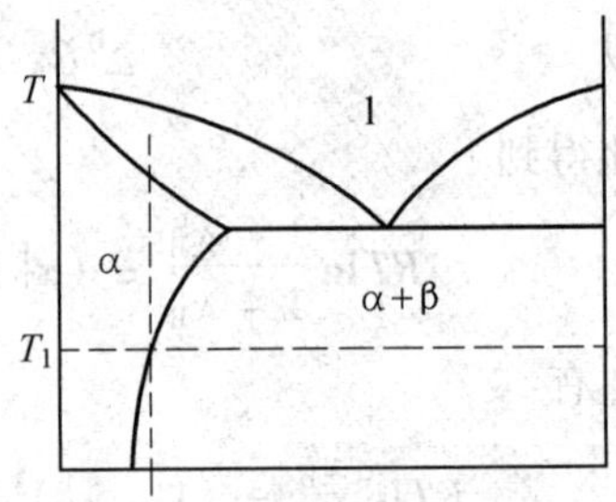

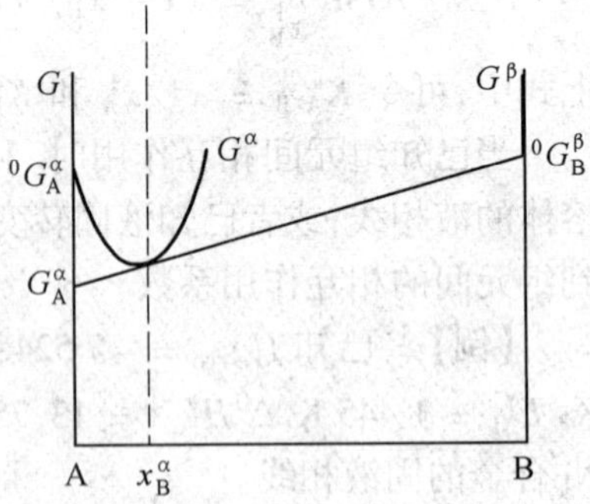

图 8.4 固溶体的自由能

将 x_B^θ 和 x_A^θ 与 M 和 N 的关系代入，得

$$(a + c)G_m^\theta = aG_A^\alpha + cG_B^\alpha = a\left[{}^0G_A^\alpha + RT\ln(1 - x_B^\alpha) + (x_B^\alpha)^2 I_{AB}^\alpha\right] + c\left[{}^0G_B^\alpha + RT\ln x_B^\alpha + (1 - x_B^\alpha)^2 I_{AB}^\alpha\right]$$

因

$$x_B^\alpha \ll 1, \quad (1 - x_B^\alpha) \approx 1, \quad a(x_B^\alpha)^2 + c \approx c \quad (ax_B^\alpha \ll 1)$$

有

$$(a + c)G_m^\theta = a[{}^0G_A^\alpha + (x_B^\alpha)^2 I_{AB}^\alpha] + c[{}^0G_B^\alpha + RT\ln x_B^\alpha + I_{AB}^\alpha]$$

故

$$x_B^\alpha = \exp\left\{\frac{[(a + c)G_m^\theta - a^0 G_A{}^\alpha - c^0 G_B{}^\alpha] - cI_{AB}^\alpha}{cRT}\right\} \tag{8.16}$$

其中，$(a + c)G_m^\theta - a^0G_A^\alpha - c^0G_B^\alpha = c\Delta G_B^{\alpha\to\theta}$ 为θ相形成自由能(如图8.5所示)。

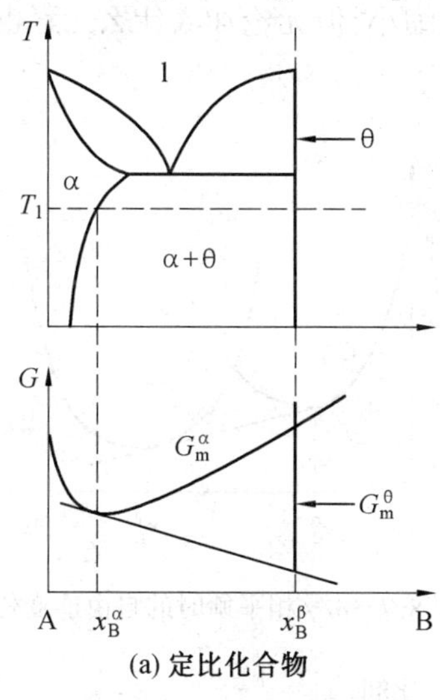

(a) 定比化合物

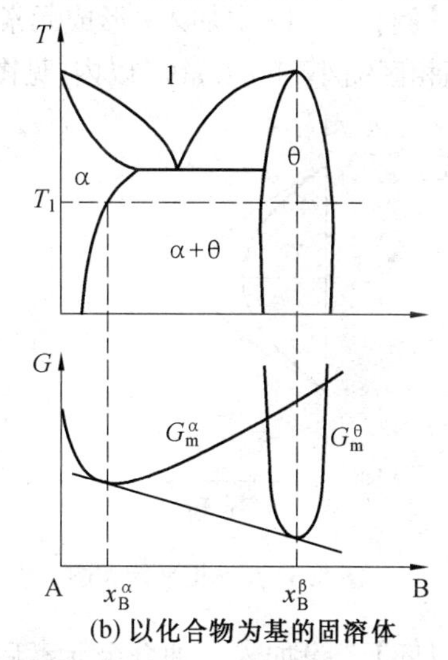

(b) 以化合物为基的固溶体

图 8.5　固溶体与化合物平衡时的自由能

2. Fe－M 合金中 α/γ 相平衡

若 M 是强烈稳定α相区的合金元素，如Cr、Mo、W、V、Si、Ti、Sn、Zn、Sb、P等，则形成封闭的γ相区，称之为γ－相圈(见图8.6)。

α与γ两固溶体平衡(自由能如图8.5所示)时，因

$$\left.\begin{aligned} G_A^\alpha &= {}^0G_A^\alpha + RT\ln x_A^\alpha + (1 - x_A^\alpha)^2 I_{AB}^\alpha \\ G_A^\gamma &= {}^0G_A^\gamma + RT\ln x_A^\gamma + (1 - x_A^\gamma)^2 I_{AB}^\gamma \end{aligned}\right\} \tag{8.17}$$

得到

$$RT\ln\frac{1 - x_B^\alpha}{1 - x_B^\gamma} = ({}^0G_A^\gamma - {}^0G_A^\alpha) + (x_B^\gamma)^2 I_{AB}^\gamma - (x_B^\alpha)^2 I_{AB}^\alpha \tag{8.18}$$

又因

$$\left.\begin{aligned} G_B^\alpha &= {}^0G_B^\alpha + RT\ln x_B^\alpha + (1 - x_B^\alpha)^2 I_{AB}^\alpha \\ G_B^\gamma &= {}^0G_B^\gamma + RT\ln x_B^\gamma + (1 - x_B^\gamma)^2 I_{AB}^\gamma \end{aligned}\right\} \tag{8.19}$$

得到

$$RT\ln\frac{x_B^\alpha}{x_B^\gamma} = ({}^0G_B^\gamma - {}^0G_B^\alpha) + (1 - x_B^\gamma)^2 I_{AB}^\gamma - (1 - x_B^\alpha)^2 I_{AB}^\alpha \tag{8.20}$$

当 $x_B^\alpha, x_B^\gamma \ll 1$ 时,以上(8.18)式可以简化为

$$x_B^\gamma - x_B^\alpha \approx \frac{1}{RT}\Delta^0 G_A^{\alpha\to\gamma} = \frac{1}{RT}\Delta^0 G_{Fe}^{\alpha\to\gamma} \tag{8.21}$$

因此得到如下结论:两相区的宽度,在某一温度下与合金元素的性质无关,只与基体元素性质有关,前提是合金元素含量远小于1。

【例】 向Fe中加入α形成元素会使γ区缩小,但无论加入什么元素也不能使两相区缩小到0.6 at%以内(见图8.6)。

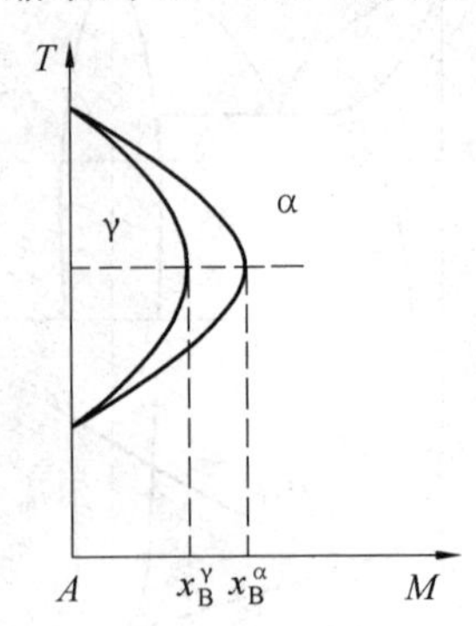

图8.6 α/γ相平衡相图

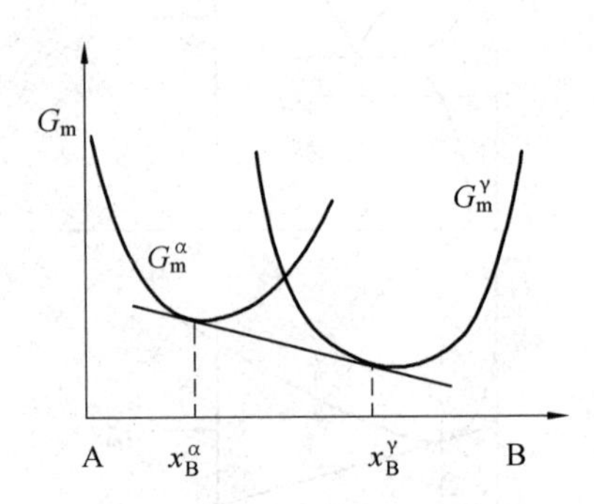

图8.7 α/γ相平衡时的自由能变化

【解】 设加入一种合金元素后,$x_B^\gamma \approx 0$,此时

$$-x_B^\alpha = \frac{\Delta^0 G_{Fe}^{\alpha\to\gamma}}{RT}$$

在1 400 K($x_B{}^\gamma$最大值点,见表8.2)时,$\Delta^0 G_{Fe}^{\alpha\to\gamma}$有极小值,此时

$$x_B{}^\alpha \approx 0.6\ \text{at}\%$$

表8.2 不同温度下 $\Delta^0 G_{Fe}^{\alpha\to\gamma}$ 的值

温度/K	$\Delta^0 G_{Fe}^{\alpha\to\gamma}$/J·mol^{-1}	温度/K	$\Delta^0 G_{Fe}^{\alpha\to\gamma}$/J·mol^{-1}	温度/K	$\Delta^0 G_{Fe}^{\alpha\to\gamma}$/J·mol^{-1}
1 050	+180	1 300	−58.6	1 600	−25.0
1 100	+83.7	1 350	−66.9	1 650	−4.18
1 150	+25.1	1 400	−71.7	1 650	0
1 183	0	1 450	−66.9	1 700	+16.7
1 200	−12.6	1 500	−62.8	1 750	+54.4
1 250	−14.8	1 550	−46.0	1 800	+104.6

3. γ 相稳定化参数

在 Fe 基合金中欲求 $x_B^{\alpha}, x_B^{\gamma}$，需先知道 ①$\Delta^0 G_{Fe}^{\alpha\to\gamma}$，② 分配参数 $x_B^{\alpha}/x_B^{\gamma} = K_B^{\alpha/\gamma}$。当 $x_B^{\alpha}, x_B^{\gamma} \ll 1$ 时，由 ② 可得

$$RT\ln(x_B^{\alpha}/x_B^{\gamma}) = \Delta^0 G_B^{\alpha\to\gamma} + \Delta I_B^{\alpha\to\gamma} = \Delta^* G_B^{\alpha\to\gamma} \tag{8.22}$$

其中

$$\Delta^0 G_B^{\alpha\to\gamma} = \Delta^0 G_B^{\gamma} - \Delta^0 G_B^{\alpha}, \quad \Delta I_{AB}^{\alpha\to\gamma} = I_{AB}^{\gamma} - I_{AB}^{\alpha}$$

若定义 $\Delta^* G_B^{\alpha\to\gamma}$ 为 γ 相稳定化参数（常见合金元素的数值见表 8.3），则当 $\Delta^* G_B^{\alpha\to\gamma} < 0$ 时 $K_B^{\alpha\to\gamma} < 1$，当 $\Delta^* G_B^{\alpha\to\gamma} > 0$ 时 $K_B^{\alpha\to\gamma} > 1$。因此把 $\Delta^* G_B^{\alpha\to\gamma} < 0$ 的合金元素称为 γ 形成元素，把 $\Delta^* G_B^{\alpha\to\gamma} > 0$ 的合金元素称为 α 形成元素。通常，当 B 元素具有 fcc 结构时，$\Delta^* G_B^{\alpha\to\gamma} < 0$；当 B 元素具有 bcc 结构时，$\Delta^* G_B^{\alpha\to\gamma} > 0$。其中 Al 元素不符合上述规则，是个例外，主要原因是 $\Delta I_{AB}^{\alpha\to\gamma}$ 在起作用。铁基合金中几类合金元素对相图的影响如图 8.8。

表 8.3　Fe – M 合金中 $\Delta^* G_B^{\alpha\to\gamma}$(J · mol^{-1}) 值

(bcc), α – former				(fcc), γ – former			
P	+ 9 196	Mo	+ 4 180	Re	– 627	Mn	– 5 016
Ti	+ 6 270	Si	+ 2 466	Cr	– 627	Os	– 7 106
W	+ 4 598	Zn	+ 1 254	Au	– 836	N	– 7 000
Al	– 4 598	Co	+ 209	Cu	– 1 672	C	– 7 000
V	+ 4 180			Ni	– 4 180		

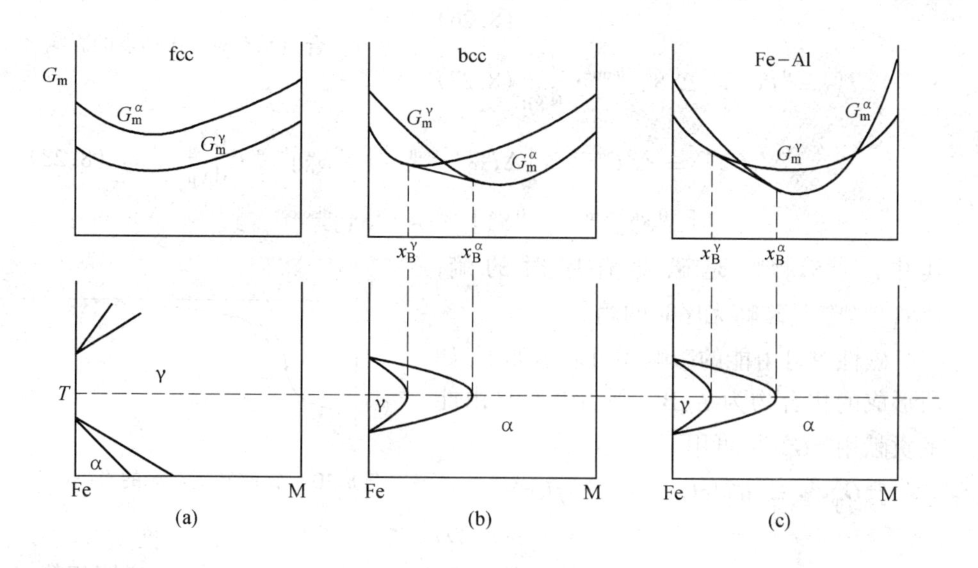

图 8.8　几种典型 Fe – M 相图

4. 无扩散相变

在 G_m^α 与 G_m^γ 曲线交点左侧成分的合金中，可存在无扩散相变。其中 $\Delta G_m^{\alpha\to\gamma}=G_m^\gamma-G_m^\alpha$ 为相变驱动力，具体计算可采用规则溶体模型。

因为是无扩散相变，有 $x_A{}^\alpha=x_A{}^\gamma=x_A,x_B{}^\alpha=x_B{}^\gamma=x_B$，因此

$$\Delta G_m^{\alpha\to\gamma}=G_m^\alpha-G_m^\gamma=x_A({}^0G_A^\alpha-{}^0G_A^\gamma)+x_B({}^0G_B^\alpha-{}^0G_B^\gamma)+x_Ax_B(I_{AB}^\alpha-I_{AB}^\gamma)=$$
$${}^0G_A^\alpha-{}^0G_A^\gamma+x_B[({}^0G_B^\alpha-{}^0G_B^\gamma)-({}^0G_A^\alpha-{}^0G_A^\gamma)+I_{AB}^\alpha-I_{AB}^\gamma]-x_B^2(I_{AB}^\alpha-I_{AB}^\gamma) \tag{8.23}$$

因 $x_B\ll1$，可略去第三项和最后一项，得

$$\Delta G_m^{\gamma\to\alpha}=\Delta^0G_A^{\gamma\to\alpha}+x_B(\Delta^0G_B^{\gamma\to\alpha}+\Delta I_{AB}^{\gamma\to\alpha})=$$
$$\Delta^0G_A^{\gamma\to\alpha}-x_B\Delta^*G_B^{\alpha\to\gamma} \tag{8.24}$$

T_0 曲线为无扩散相变开始温度，即 $\Delta G_m^{\gamma\to\alpha}=0$ 的曲线。此时

$$x_B=\Delta^0G_A^{\gamma\to\alpha}/\Delta^*G_B^{\alpha\to\gamma} \tag{8.25}$$

无扩散相变的例子是铁基合金马氏体相变。对于铁基合金马氏体点讨论（讨论铁磁性的影响）如下

$$\Delta^*G_B^{\alpha\to\gamma}=\Delta^0G_B^{\alpha\to\gamma}+\Delta I_{AB}^{\alpha\to\gamma}=$$
$$\Delta^0G_B^{\alpha\to\gamma}+(I_{AB}^\gamma-I_{AB}^\alpha) \tag{8.26}$$

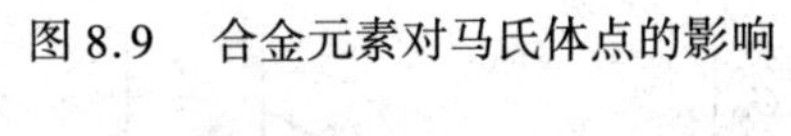

图 8.9　合金元素对马氏体点的影响

$$I_{AB}^\alpha={}^0I_{AB}^\alpha+[\Delta^0S_A^\alpha]^{\text{ferro}}\cdot\frac{\mathrm{d}T_c}{\mathrm{d}x_B} \tag{8.27}$$

$$\Delta^*G_B^{\alpha\to\gamma}=\Delta^0G_a^{\alpha\to\gamma}+[\Delta I_{AB}^{\alpha\to\gamma}]^{\text{para}}-[\Delta^0S_A^\alpha]^{\text{ferro}}\cdot\frac{\mathrm{d}T_c}{\mathrm{d}x_B} \tag{8.28}$$

$$[\Delta^0S_A^\alpha]^{\text{ferro}}=[{}^0S_A^\alpha]^{\text{order}}-[{}^0S_A^\alpha]^{\text{disorder}}$$

其中，$[{}^0S_A^\alpha]^{\text{order}}$ 是磁畴有序时的熵，$[{}^0S_A^\alpha]^{\text{disorder}}$ 是磁畴无序时的熵。

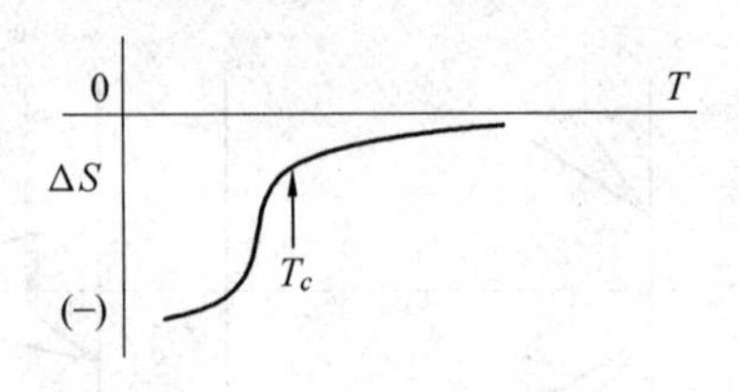

图 8.10　铁磁转变对熵的影响

磁性对自由能的影响还可表示如下。如所形成的化合物为 A_mB_n，则磁性对自由能的贡献用 ${}^{mg}G_m^{A_mB_m}$ 可用下式表示：

$${}^{mg}G_m^{A_mB_m}=RT\ln(\beta^{A_mB_m}+1)f(\tau^{A_mB_m}) \tag{8.29}$$

其中，$\beta^{A_mB_m}$ 为与总磁熵有关的数，多数情况下与每摩尔 A_mB_n 中 Bohr 磁矩相等；$\tau^{A_mB_m}$ 定义为 $T/T^{A_mB_m}$，而 $T^{A_mB_m}$ 为磁有序的临界温度，也就是，铁磁有序的

Curie(T_c)和反铁磁有序的 Neel 温度(T_N)。$f(\tau)$表示基于铁的磁比热的多项式,对于 $\tau < 1$ 有

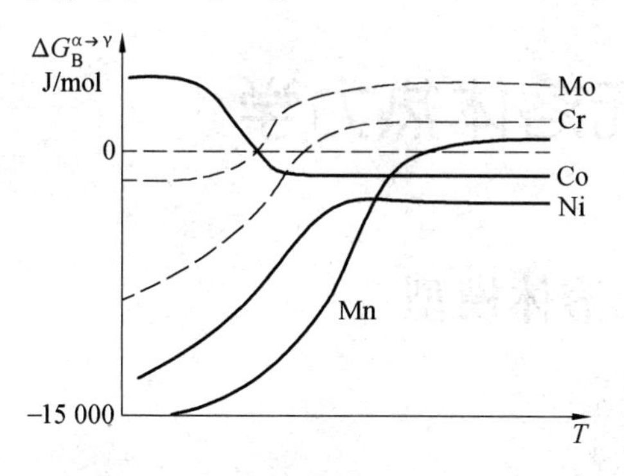

图 8.11 合金元素对 $\Delta^* G_B^{\alpha\to\gamma}$ 的影响

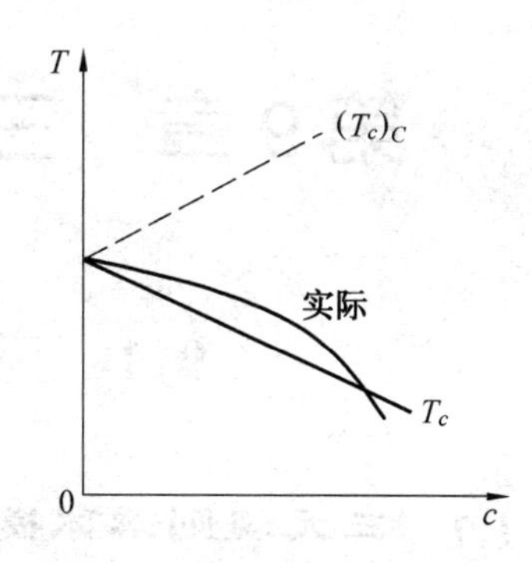

图 8.12 合金元素对 T_c 的影响

$$f(\tau) = 1 - [79\tau^{-1}/(140p) + 474/(1/p - 1) \times (\tau^3/6 + \tau^9/135 + \tau^{15}/600)]/A \tag{8.30}$$

对于 $\tau > 1$ 有

$$f(\tau) = -(\tau^{-5}/10 + \tau^{15}/6 + \tau^{-25}/1\,500)/A \tag{8.31}$$

其中,$A = 519/1\,125 + 11\,692/15\,975(1/p - 1)$;而 p 与结构有关,对于 bcc 结构 $p = 0.4$,其它结构 $p = 0.28$。

第 9 章　三元溶体热力学

9.1　三元溶体模型

9.1.1　三元规则溶体模型

由二元规则溶体模型可以推测出多元规则溶体模型,三元溶体的自由能与二元溶体自由能的关系如图 9.1 和图 9.2 所示。三元合金成分的确定方法可参照图 9.3。

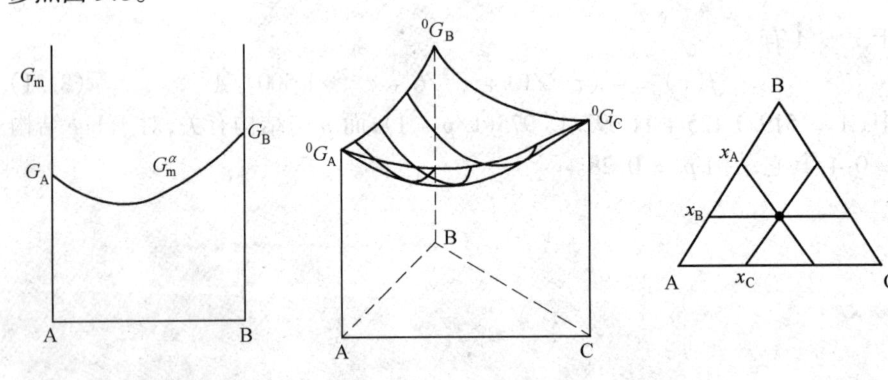

图 9.1　二元合金自由能　　图 9.2　三元合金自由能　　图 9.3　三元系成分的确定

对于二元系正规溶体,其自由能可表示如下:

$$^{二}G = {}^0G_Ax_A + {}^0G_Bx_B + x_Ax_BI_{AB} + RT(x_A\ln x_A + x_B\ln x_B) \tag{9.1}$$

其中,x_A、x_B 分别为二元系 α 相中二组元 A、B 的摩尔分数。将上式推广到三元系正规溶体中,可得:

$$^{三}G = {}^0G_Ax_A + {}^0G_Bx_B + {}^0G_Cx_C + x_Ax_BI_{AB} + x_Bx_CI_{BC} + x_Ax_CI_{AC} + RT(x_A\ln x_A + x_B\ln x_B + x_C\ln x_C) \tag{9.2}$$

此式只限于**置换式固溶体**及**液态溶体**。

对固溶体的稳定性可作如下考虑:二元系某一相稳定性判据为 $d^2G/dx_B^2 > 0$,三元系某一相稳定性判据为 $d^2G/du^2 > 0$,其中,u 是三元系中任意一组元的成分。

对三元系中任意一组元，若存在

$$\frac{d^2G}{du^2} < 0$$

此时将发生 Spinodal 分解。

若有

$$I_{AB} < 0, \quad I_{AC} < 0, \quad I_{BC} > 0$$

令

$$\frac{dx_C}{dx_B} = C \quad (\text{Const})$$

x_C 和 x_B 为两个独立成分参量，此时有

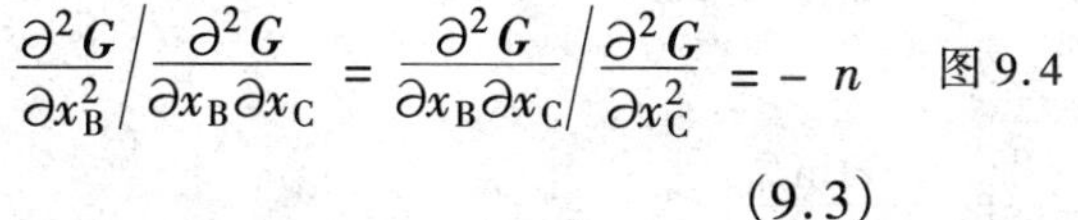

$$\frac{\partial^2 G}{\partial x_B^2}\bigg/\frac{\partial^2 G}{\partial x_B \partial x_C} = \frac{\partial^2 G}{\partial x_B \partial x_C}\bigg/\frac{\partial^2 G}{\partial x_C^2} = -n \tag{9.3}$$

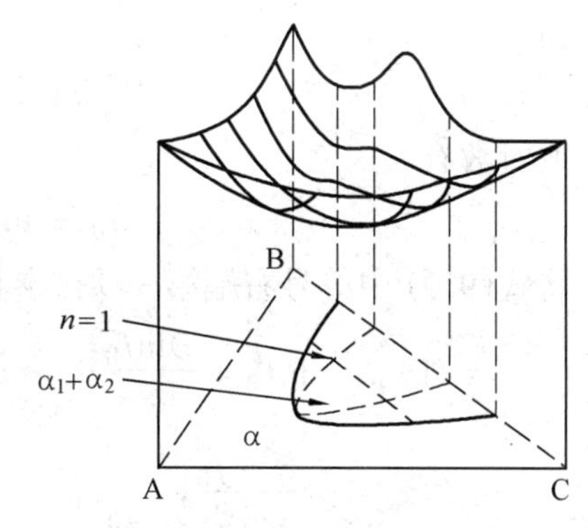

图 9.4　具有亚稳分解的三元合金自由能

$\boldsymbol{n}$ 代表方向 dx_C/dx_B，在此方向上二阶导数为零。满足以上条件的曲线（如图 9.4 中的虚线）称为拐点线。

对于三元系，溶体的摩尔自由能可以表示为

$$G_m = x_A{}^0G_A + x_B{}^0G_B + x_C{}^0G_C + RT(x_A\ln x_A + x_B\ln x_B + x_C\ln x_C) + x_Ax_BI_{AB} + x_Bx_CI_{BC} + x_Ax_CI_{AC} \tag{9.4}$$

参考二元系化学位的表示方法，三元系化学位可表示为

$$G_i = G_m + \frac{\partial G_m}{\partial x_i} - \sum x_j \frac{\partial G_m}{\partial x_j} \tag{9.5}$$

如果三元系的三组元分别为 A、B 和 C，则 A 组元的化学位可表示为

$$G_A = G_m + \frac{\partial G_m}{\partial x_A} - \left(x_A \frac{\partial G_m}{\partial x_A} + x_B \frac{\partial G_m}{\partial x_B} + x_C \frac{\partial G_m}{\partial x_C} \right) \tag{9.6}$$

注意：式(9.6)与式(7.15)两种化学位的表示式的区别在于，后者将 x_j 看成是 $x_i(i \neq j)$ 的函数，即 $\partial x_j/\partial x_i = -1$，而前者认为 x_i 与 x_j 是独立的。但是两者表示的结果是相同的。

在规则溶体中，三组元的化学位分别为

$$\left.\begin{aligned} G_A &= {}^0G_A + RT\ln x_A + x_B(x_B + x_C)I_{AB} + x_C(x_C + x_B)I_{AC} - x_Bx_CI_{BC} \\ G_B &= {}^0G_B + RT\ln x_B + x_C(x_C + x_A)I_{BC} + x_A(x_A + x_C)I_{BA} - x_Ax_CI_{AC} \\ G_C &= {}^0G_C + RT\ln x_C + x_A(x_A + x_B)I_{CA} + x_B(x_B + x_A)I_{CB} - x_Ax_BI_{AB} \end{aligned}\right\} \tag{9.7}$$

下面考虑三元系中合金元素各组元活度的计算问题。

依据活度定义，在三元系溶体中有

$$\mu_B = G_B = {}^0G_B + RT\ln a_B \tag{9.8}$$

而

$$a_B = f_B x_B$$

取对数有

$$\ln a_B = \ln f_B + \ln x_B \tag{9.9}$$

将式(9.9)中等号右端第一项按泰勒级数展开，有

$$\ln f_B = \ln f_B^0 + \left.\frac{\partial \ln f_B}{\partial x_B}\right|_{x_B=0} x_B + \left.\frac{\partial \ln f_B}{\partial x_C}\right|_{x_C=0} x_C + \left.\frac{\partial^2 \ln f_B}{\partial x_B^2}\right|_{x_B=0} x_B^2 + \left.\frac{\partial^2 \ln f_B}{\partial x_C^2}\right|_{x_C=0} x_C^2 + \cdots \tag{9.10}$$

令

$$\left.\frac{\partial \ln f_B}{\partial x_B}\right|_{x_B=0} = \varepsilon_B^B, \quad \left.\frac{\partial \ln f_B}{\partial x_C}\right|_{x_C=0} = \varepsilon_B^C$$

称 ε_B^B 和 ε_B^C 为**活度相互作用系数**。式(9.10)中略去高次项，可变为

$$\ln f_B = \ln f_B^0 + \varepsilon_B^B \cdot x_B + \varepsilon_B^C \cdot x_C \tag{9.11}$$

将式(9.11)代入式(9.8)，得

$$G_B = {}^0G_B + RT(\ln f_B^0 + \varepsilon_B^B x_B + \varepsilon_B^C x_C) + RT\ln x_B \tag{9.12}$$

若令

$${}^0G_B/RT + \ln f_B^0 = \ln f_B^*$$

则式(9.12)可变为

$$G_B/RT = \ln f_B^* + \ln x_B + \varepsilon_B^B x_B + \varepsilon_B^C x_C \tag{9.13}$$

同理

$$G_C/RT = \ln f_C^* + \ln x_C + \varepsilon_C^B x_B + \varepsilon_C^C x_C \tag{9.14}$$

在稀溶体中活度相互作用系数 ε_B^B，ε_B^C，ε_C^B 以及 ε_C^C 可通过实验直接测得。

在稀溶体中（x_B、$x_C \ll 1$），规则溶体模型中，式(9.7)可近似为

$$G_B = {}^0G_B + RT\ln x_B + I_{AB} - I_{AB}x_B + (I_{BC} - I_{CA} - I_{AB})x_C \tag{9.15}$$

等号两端同除以 RT，有

$$\frac{G_B}{RT} = \frac{{}^0G_B + I_{AB}}{RT} + \ln x_B - \frac{I_{AB}}{RT}x_B + \frac{I_{BC} - I_{CA} - I_{AB}}{RT}x_C \tag{9.16}$$

比较式(9.13)与式(9.16)可得

$$\ln f_B^* = \frac{{}^0G_B + I_{AB}}{RT}, \quad \varepsilon_B^B = -\frac{I_{AB}}{RT}, \quad \varepsilon_B^C = \frac{I_{BC} - I_{AB} - I_{AC}}{RT} \tag{9.17}$$

同理可得

$$\ln f_C^* = \frac{{}^0G_B + I_{AC}}{RT}, \quad \varepsilon_C^C = -\frac{I_{AC}}{RT}, \quad \varepsilon_C^B = \frac{I_{BC} - I_{AB} - I_{AC}}{RT} \tag{9.18}$$

这样可以通过溶液测定的二元溶体中的组元相互作用系数 I_{ij} 得到三元溶体中的活度相互作用系数ε_i^j及其它计算需要的参数，从而推测出三元溶体中某组元的化学位。

在三元溶体中，希拉特(Hillert)认为原子之间的相互作用系数与成分有关时，应该考虑其随三元溶体中所有组元浓度而发生的变化，等同于补入 $x_A x_B x_C I_{ABC}$ 这种类型的高级相互作用系数。这个高级相互作用系数对多元体系的偏摩尔自由焓的贡献为

$$\left.\begin{aligned} {}^EG_A &= x_B x_C(1 - 2x_A)I_{ABC} \\ {}^EG_B &= x_A x_C(1 - 2x_B)I_{ABC} \\ {}^EG_C &= x_A x_B(1 - 2x_C)I_{ABC} \end{aligned}\right\} \tag{9.19}$$

或

$${}^EG_j = -2x_A x_B x_C I_{ABC} \tag{9.20}$$

9.1.2 具有化合物相的三元系

在铁基合金中，化合物可分成两类，一类称之为线性化合物，如

$$Fe_3C, \quad (Fe,Mn)_3C, \quad (Fe,Cr)_3C \tag{9.21}$$

另一类称之为互易化合物，如

$$(Fe,Mn)_3(C,N) \tag{9.22}$$

对于互易化合物，可看成 $Fe_3C - Mn_3N$ 或 $Fe_3N - Mn_3C$ 的溶体，满足第一种表示的条件是

$$y_{Fe}/y_{Mn} = y_C/y_N \tag{9.23}$$

若不满足此条件，称之为互易相或互易固溶体。

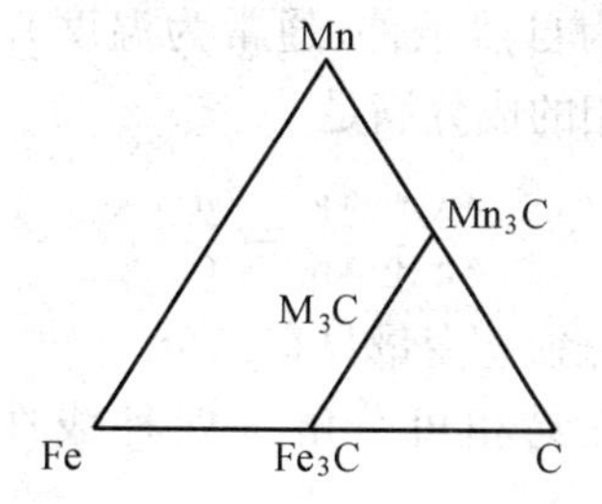

图 9.5　具有化合物的三元系相图等温截面

1. 线性化合物

如图 9.5，线性化合物表示成通式的形式为

$$(A,B)_a C_c \text{ 或}(A,B)C_{c/a} \tag{9.24}$$

其亚点阵形式为 M_aC_c，也可以看成是 $AC_{c/a}$ 和 $BC_{c/a}$ 两组元的固溶体。

若此化合物中 A 组元的成分为 x_A，B 组元的成分为 x_B，则 $AC_{c/a}$ 组元含量也就是 M 亚点阵中 A 组元含量(摩尔分数)，为

$$y_A = \frac{x_A}{x_A + x_B} \tag{9.25}$$

$BC_{c/a}$ 组元含量也就是 M 亚点阵中 B 组元含量,为

$$y_B = \frac{x_B}{x_A + x_B} \tag{9.26}$$

对于 1 mol 的(A,B)$C_{c/a}$ 分子,按正规溶体模型,自由能可表示为

$$G_m = y_A{}^0G_{AC_{c/a}} + y_B{}^0G_{BC_{c/a}} + RT(y_A\ln y_A + y_B\ln y_B) + y_Ay_BI_{AB} \tag{9.27}$$

而

$${}^0G_{A_aC_c} = a{}^0G_{AC_{c/a}}, \quad {}^0G_{B_aC_c} = a{}^0G_{BC_{c/a}}$$

因此对于 1 mol 的(A,B)$_a$C$_c$ 分子,其自由能可表示为

$$G_m = y_A{}^0G_{A_aC_c} + y_B{}^0G_{B_aC_c} + aRT(y_A\ln y_A + y_B\ln y_B) + ay_Ay_BI_{AB} \tag{9.28}$$

同时两组元 A_aC_c 和 B_aC_c 的化学位则可表示为

$$G_{A_aC_c} = {}^0G_{A_aC_c} + a(RT\ln y_A + y_B^2I_{AB}) \tag{9.29}$$

$$G_{B_aC_c} = {}^0G_{B_aC_c} + a(RT\ln y_B + y_A^2I_{AB}) \tag{9.30}$$

2.互易相

互易相通常包括互易化合物和互易固溶体,其通式可表示为(A,B)$_a$(C,D)$_c$。此为四元系,因受 $x_A + x_B + x_C + x_D = 1$ 的限制,成分独立变量为三个,另一个独立变量为自然条件(通常为温度)。又因为互易相的成分满足

$$\frac{x_A + x_B}{x_C + x_D} = \frac{a}{c}$$

因此成分独立变量只有二个。

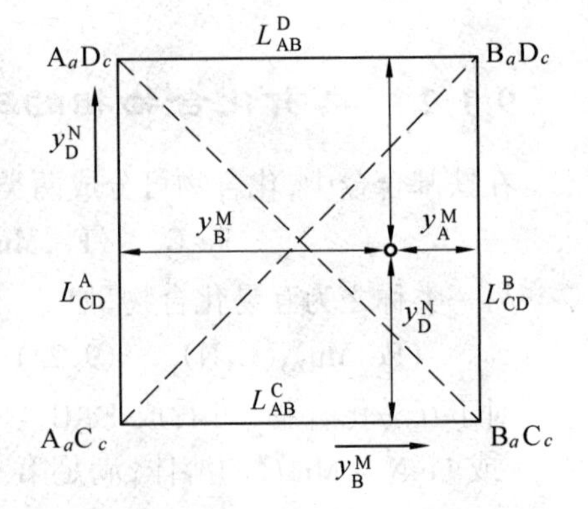

图 9.6 互易固溶体的成分

此互易相可分解为四种线性化合物,即

$$A_aC_c, B_aC_c, A_aD_c, B_aD_c$$

如图 9.6,在对角线上叫互易化合物,满足

$$y_A/y_B = y_C/y_D$$

在对角线以外的成分的溶体为互易固溶体。两个独立的成分变量分别用 $y_B{}^M$ 和 $y_D{}^N$ 表示,其中 $y_B{}^M$ 的含义是在 M 亚点阵中 B 组元含量,$y_D{}^N$ 的含义是在 N 亚点阵中 D 组元含量。

下面讨论 1 mol 的(A,B)$_a$(C,D)$_c$ 互易相的自由能。

将(A,B)$_a$(C,D)$_c$ 互易相看成由 A_aN_c 和 B_aN_c 混合而成的固溶体,其中以 N 代表 C 和 D 组元,按正规溶体模型有

$$G_m = y_A{}^0G_{A_aN_c} + y_B{}^0G_{B_aN_c} + aRT(y_A\ln y_A + y_B\ln y_B) + cRT(y_C\ln y_C + y_D\ln y_D) + {}^EG_m \quad (9.31)$$

其中，${}^EG$ 为过剩自由能。

由于纯组元中无过剩自由能，所以

$${}^0G_{A_aN_c} = y_C{}^0G_{A_aC_c} + y_D{}^0G_{A_aD_c}, \quad {}^0G_{B_aN_c} = y_C{}^0G_{B_aC_c} + y_D{}^0G_{B_aD_c}$$

代入上式得

$$G_m = y_Ay_C{}^0G_{A_aC_c} + y_Ay_D{}^0G_{A_aD_c} + y_By_C{}^0G_{B_aC_c} + y_By_D{}^0G_{B_aD_c} + aRT(y_A\ln y_A + y_B\ln y_B) + cRT(y_C\ln y_C + y_D\ln y_D) + {}^EG_m \quad (9.32)$$

其中

$${}^EG_m = y_Ay_By_CL_{AB}^C + y_Ay_By_DL_{AB}^D + y_Cy_Dy_AL_{CD}^A + y_Cy_Dy_BL_{CD}^B \quad (9.33)$$

在 $A_aC_c - B_aC_c$ 二元系中因为 $y_D = 0$、$y_C = 1$，所以相互作用系数为 L_{AB}^C。此时

$${}^EG_m = y_Ay_BL_{AB}^C \quad (9.34)$$

因为 1 mol 的 $(A,B)_aC_c$ 分子中含有有 a mol 原子的(A,B)溶体，所以

$$L_{AB}^C = aI_{AB} \quad (9.35)$$

其中，L_{AB}^C 表示 M 亚点阵中 A_aC_c 与 B_aC_c 结合能。与前面的含有相互作用参数 I 的方程进行比较，可以发现参数 L 比 I 大 a 倍或者 c 倍，因为现在讨论的是一个分子式单位 M_aN_c，而在前面那个方程中，讨论的是 $M_{a/c}N_1$ 或 $M_1N_{c/a}$。

用标准方法可以计算二元化合物的化学位，其形式如下：

$$G_{A_aC_c} = G_m + \frac{\partial G_m}{\partial y_A} + \frac{\partial G_m}{\partial y_C} - \left(y_A\frac{\partial G_m}{\partial y_A} + y_B\frac{\partial G_m}{\partial y_B} + y_C\frac{\partial G_m}{\partial y_C} + y_D\frac{\partial G_m}{\partial y_D}\right) \quad (9.36)$$

结果得到

$$G_{A_aC_c} = {}^0G_{A_aC_c} + y_By_D\Delta G + aRT\ln y_A + cRT\ln y_C + {}^EG_{A_aC_c}$$

同理

$$G_{A_aD_c} = {}^0G_{A_aD_c} - y_By_C\Delta G + aRT\ln y_A + cRT\ln y_D + {}^EG_{A_aD_c} \quad (9.37)$$

这里

$${}^EG_{A_aC_c} = y_B(y_Ay_D + y_By_C)L_{AB}^C + y_D(y_Ay_D + y_By_C)L_{CD}^C + y_By_D(y_D - y_C)L_{CD}^B + y_By_D(y_B - y_A)L_{AB}^D \quad (9.38)$$

$${}^EG_{A_aD_c} = y_B(y_Ay_C + y_By_D)L_{AB}^D + y_C(y_Ay_C + y_By_D)L_{CD}^A + y_By_C(y_C - y_D)L_{CD}^B + y_By_C(y_B - y_A)L_{AB}^C \quad (9.39)$$

$$\Delta G = ({}^0G_{A_aD_c} - {}^0G_{A_aC_c}) - ({}^0G_{B_aD_c} - {}^0G_{B_aC_c}) \quad (9.40)$$

应该指出，根据纯化合物的有关数据可将 ΔG 计算出来，并且此项对四元

系统内的合金性质有重要影响。可以这样说,ΔG 代表最近邻之间不同类型的键能的差异,即位于不同亚点阵上的原子之间的键能差异。而包含在过剩吉氏能中的 L,代表同一亚点阵中的原子之间的键能,即次近邻之间的键能。

在浓度四边形侧边代表的系统中,如果其 L 值不是常数,可令其随成分改变,如

$$L_{AB}^{C} = {}^{0}L_{AB}^{C} + (y_A - y_B)^{1}L_{AB}^{C}$$

在这种情况下,将其外推到四元系统中不会引起复杂情况,因为若将 C 换成 D,y_A 与 y_B 的值不受影响。

9.1.3 置换-间隙固溶体的自由能

此类固溶体的典型例子是合金奥氏体,如$(Fe,Mn)_a(C,v)_c$。置换 – 间隙固溶体通式为

$$(A,B)_a(C,v)_c$$

其中 A = Fe,B = Mn,C = C(碳),D = v(空位)。因为空位的化学位为零(G_D = 0),所以

$$G_{A_aD_c} = aG_A + cG_D = aG_A$$
$$G_{B_aD_c} = aG_B \tag{9.41}$$

而由

$$G_{A_aC_c} = aG_A + cG_C, \quad G_{B_aC_c} = aG_A + cG_C$$

可得

$$cG_C = G_{A_aC_c} - G_{A_aD_c}, \quad cG_C = G_{B_aC_c} - G_{B_aD_c}$$

即

$$G_C = \frac{G_{A_aC_c} - G_{A_aD_c}}{c} = \frac{G_{B_aC_c} - G_{B_aD_c}}{c} \tag{9.42}$$

而

$$\left.\begin{aligned} G_{A_aC_c} &= {}^{0}G_{A_aC_c} + y_By_D\Delta G + aRT\ln y_A + cRT\ln y_C + {}^{E}G_{A_aC_c} \\ G_{A_aD_c} &= {}^{0}G_{A_aD_c} + y_By_C\Delta G + aRT\ln y_A + cRT\ln y_D + {}^{E}G_{A_aD_c} \end{aligned}\right\} \tag{9.43}$$

其中

$$\Delta G = ({}^{0}G_{A_aD_c} - {}^{0}G_{A_aC_c}) - ({}^{0}G_{B_aD_c} - {}^{0}G_{B_aC_c})$$

所以

$$G_C = y_A({}^{0}G_{A_aC_c} - {}^{0}G_{A_aD_c})/c + y_B({}^{0}G_{B_aC_c} - G_{B_aD_c})/c + RT\ln\frac{y_C}{1 - y_C} + {}^{E}G_C \tag{9.44}$$

由式(9.42)可知

$$^{E}G_{C}=\frac{^{E}G_{A_aC_c}-{}^{E}G_{A_aD_c}}{c}$$

将式(9.38)和(9.39)代入上式,有

$$c^{E}G_{C}=y_{A}y_{B}(L_{AB}^{C}-L_{AB}^{D})+(y_{D}-y_{C})(y_{A}L_{CD}^{C}-y_{B}L_{CD}^{B}) \qquad (9.45)$$

同理有

$$G_{A}={}^{0}G_{A}+y_{B}y_{C}\Delta G/a+RT\ln y_{A}+\frac{c}{a}RT\ln(1-y_{C})+{}^{E}G_{A}$$

$$G_{B}={}^{0}G_{A}+y_{A}y_{C}\Delta G/a+RT\ln y_{B}+\frac{c}{a}RT\ln(1-y_{C})+{}^{E}G_{B}$$

其中

$$a^{E}G_{A}=y_{B}y_{C}(L_{AB}^{D}-L_{AB}^{C}-L_{CD}^{B}+L_{CD}^{A})+y_{B}^{2}L_{AB}^{D}+y_{C}^{2}L_{CD}^{A}+ 2y_{B}^{2}y_{C}(L_{AB}^{C}-L_{AB}^{D})+2y_{B}y_{C}^{2}(L_{CD}^{B}-L_{CD}^{A})$$

$$a^{E}G_{B}=y_{A}y_{C}(L_{AB}^{D}-L_{AB}^{C}+L_{CD}^{B}-L_{CD}^{A})+y_{A}^{2}L_{AB}^{D}+y_{C}^{2}L_{CD}^{B}+ 2y_{A}^{2}y_{C}(L_{AB}^{C}-L_{AB}^{D})+2y_{A}y_{C}^{2}(L_{CD}^{B}-L_{CD}^{A})$$

由于有 $y_{A}=1-y_{B}, y_{C}=1-y_{D}$,这样式(9.45)变为

$$c^{E}G_{C}=y_{B}(L_{AB}^{C}-L_{AB}^{D}+L_{CD}^{B}-L_{CD}^{A})-2y_{C}L_{CD}^{A}+ 2y_{B}y_{C}(L_{CD}^{A}-L_{CD}^{B})+y_{B}^{C}(L_{AB}^{D}-L_{AB}^{C}) \qquad (9.46)$$

在 Fe - C 合金中 B 代表合金元素,C 代表碳,D 代表空位;这样有 $y_{B}\ll 1$,$y_{C}\ll 1$,这样略去成分分数的高次项,可得

$$G_{C}=({}^{0}G_{A_aC_c}-{}^{0}G_{A_aD_c}+L_{CD}^{A})/c+y_{B}\Delta G_{c}/c+RT\frac{y_{C}}{1-y_{C}}+ y_{B}(L_{AB}^{C}-L_{AB}^{D}+L_{CD}^{B}-L_{CD}^{A})/c-2y_{C}L_{CD}^{A}/c \qquad (9.47)$$

在 $(\mathrm{Fe},\mathrm{M})_{a}(\mathrm{C},v)_{c}$ 奥氏体中 $a=1$、$c=1$(面心立方晶格中质点数与八面体间隙数相等),所以

$$G_{C}^{\gamma}={}^{0}G_{FeC}^{\gamma}-{}^{0}G_{Fe}^{\gamma}+I_{Cv}^{\gamma}+y_{M}^{\gamma}\Delta G+RT\ln\frac{y_{C}^{\gamma}}{1-y_{C}^{\gamma}}+ y_{M}^{\gamma}(L_{FeM}^{C}-L_{FeM}^{v}+I_{Cv}^{M}+I_{Cv}^{\gamma})-2y_{C}^{\gamma}I_{Cv}^{\gamma} \qquad (9.48)$$

引入 $J_{m}^{\gamma}=\Delta G+L_{FeM}^{C}-L_{FeM}^{v}+I_{Cv}^{M}-I_{Cv}^{\gamma}$($J_{m}^{\gamma}$ 可以通过实验测得)后,在 Fe - M - C 三元系(奥氏体)中,有

$$G_{C}^{\gamma}=({}^{0}G_{FeC}^{\gamma}-{}^{0}G_{Fe}+I_{Cv}^{\gamma})+RT\ln\frac{y_{C}^{\gamma}}{1-y_{C}^{\gamma}}-2y_{C}^{\gamma}I_{Cv}^{\gamma}+J_{M}^{\gamma}y_{M}^{\gamma} \qquad (9.49)$$

对比 Fe - C 二元系

$$G_{C}^{\gamma}=({}^{0}G_{FeC}^{\gamma}-{}^{0}G_{Fe}+I_{Cv}^{\gamma})+RT\ln\frac{y_{C}^{\gamma}}{1-y_{C}^{\gamma}}-2y_{C}^{\gamma}I_{Cv}^{\gamma} \qquad (9.50)$$

推广到多元系,有

$$G_{C}^{\gamma} = ({}^{0}G_{FeC}^{\gamma} - {}^{0}G_{Fe} + I_{Cv}^{\gamma}) + RT\ln\frac{y_{C}^{\gamma}}{1 - y_{C}^{\gamma}} - 2y_{C}^{\gamma}I_{Cv}^{\gamma} + \sum J_{m}^{\gamma}y_{m}^{\gamma} \quad (9.51)$$

表 9.1 为铁基合金中部分合金元素的 J_{m}^{γ} 值。

表 9.1　铁基合金中主要合金元素的 J_{m}^{γ}　单位:J·mol^{-1}

合金元素	J_{m}^{γ}	合金元素	J_{m}^{γ}
Si	100 000	Ni	46 000
V	– 180 000	Ca	– 46 000 + 55T
Cr	– 251 160 + 118T	Mo	– 100 000
Mn	– 4 100	W	– 84 000
Co	24 500		

因为

$$G_{C} = {}^{0}G_{C}^{gr} + RT\ln a_{C}, \quad a_{C} = f_{C}y_{C}/(1 - y_{C})$$

所以

$$f_{C} = \exp\left[\frac{1}{RT}({}^{0}G_{FeC}^{\gamma} - {}^{0}G_{Fe}^{\gamma} + {}^{0}G_{C}^{gr} + I_{Cv}^{\gamma} - 2y_{C}I_{Cv}^{\gamma} + \sum J_{m}^{\gamma}y_{M})\right] \quad (9.52)$$

式(9.50)说明了碳及合金元素含量对碳的活度系数的影响。

【例 1】　今有 Fe – 20Cr – 10Ni 和 Ni80 – Cr20 两种合金,设其中含碳量为 0.1 wt%,求 T = 1 273 ℃ 时碳在这两种合金中活度。

已知 Fe – 20Cr – 10Ni 合金中,$M_{Fe} = 56$,$M_{Ni} = 58.7$,$M_{Cr} = 52$,$M_{C} = 12$,$x_{C} = 0.004\,62$,$x_{Cr} = 0.212\,32$,$x_{Ni} = 0.094\,04$,$x_{Fe} = 0.068\,904$。

【解】　对于 Fe – 20Cr – 10Ni 合金,由 x_i 与 y_i 的关系可得

$$y_{C} = \frac{x_{C}}{1 - x_{C}} = 0.004\,62, y_{Cr} = 0.213\,30, y_{Ni} = 0.094\,47, y_{Fe} = 0.692\,23$$

从表 9.1 查得

$$J_{Cr}^{\gamma} = -100\,946 \text{ J/mol}, \quad J_{Ni}^{\gamma} = 46\,000 \text{ J/mol}$$

而

$$[{}^{0}G_{FeC}^{\gamma} - {}^{0}G_{Fe}^{\gamma} + {}^{0}G_{C}^{gr} + (1 - 2y_{C})I_{C}^{\gamma}] = 46\,115 - 19.178T = 21\,701 \text{ J}\cdot\text{mol}^{-1}$$

$$I_{C}^{\gamma} = -21\,079 - 11.555T = -35\,788 \text{ J}\cdot\text{mol}^{-1}$$

代入式(9.52)得

$$f_{C} = \exp\left[\frac{1}{RT}({}^{0}G_{FeC}^{\gamma} - {}^{0}G_{Fe}^{\gamma} + {}^{0}G_{C}^{gr} + I_{Cv}^{\gamma} - 2y_{C}I_{Cv}^{\gamma} + \sum J_{m}^{\gamma}y_{M})\right] = 1.58$$

因此在 Fe – 20Cr – 10Ni 合金中

$$a_{C}^{\gamma} = f_{C}x_{C} = 0.00727 = 0.727\%$$

对于 Ni80 – Cr20 合金,有

$$f_C = \exp\left[\frac{1}{RT}({}^0G_{NiC}^{\gamma} - {}^0G_{Ni}^{\gamma} + I_{Cv}^{\gamma} - {}^0G_C^{gr} - 2y_C I_{Cv}^{\gamma} + J_{Cr}^{\gamma} y_{Cr})\right]$$

$$a_C^{\gamma-Ni} = 0.465\%$$

由此例题可以看出合金元素对碳活度的影响,即在不同成分的合金中,同样的碳含量,其活度有很大差别。

【例 2】 在渗碳炉中,放置一已知成分的铁丝,在碳势一定时,测量铁丝的电阻值,以控制零件渗碳。含 1.4 wt%Cr,3.0 wt%Ni 的钢在 900 ℃ 时进行气体渗碳,欲使工作表面层的碳含量达 0.7 wt%。铁丝的成分为 0.8 wt%Mn,0.3 wt%Si,问控制铁丝中的碳含量在多少时才能满足上述渗碳要求。

【解】 以括号内的 w 表示铁丝的热力学参数,s 表示欲渗钢件的热力学参数。达到平衡时有

$$G_C{}^{\gamma}(w) = G_C{}^{\gamma}(\text{渗碳气氛}) = G_C{}^{\gamma}(s)$$

而

$$G_C^{\gamma}(w) = ({}^0G_{FeC}^{\gamma} - {}^0G_{Fe}^{\gamma} + I_{Cv}^{\gamma}) - 2y_C^{\gamma}(w)I_{Cv}^{\gamma} + RT\ln\frac{y_C^{\gamma}(w)}{1 - y_C^{\gamma}(w)} + \sum J_M^{\gamma} y_M^{\gamma}(w)$$

$$G_C^{\gamma}(s) = ({}^0G_{FeC}^{\gamma} - {}^0G_{Fe}^{\gamma} + I_{Cv}^{\gamma}) - 2y_C^{\gamma}(s)I_{Cv}^{\gamma} + RT\ln\frac{y_C^{\gamma}(s)}{1 - y_C^{\gamma}(s)} + \sum J_M^{\gamma} y_M^{\gamma}(s)$$

从表 9.1 中可查得:

$$I_{Cv}^{\gamma} = -21\,079 - 11.55T = -34\,633\ \text{J}\cdot\text{mol}^{-1},$$

$$J_{Cr}^{\gamma} = -251\,160 + 118T = -112\,746\ \text{J}\cdot\text{mol}^{-1},$$

$$J_{Ni}^{\gamma} = 46\,000\ \text{J}\cdot\text{mol}^{-1}, J_{Mn}^{\gamma} = -41\,000\ \text{J}\cdot\text{mol}^{-1}, J_{Si}^{\gamma} = 100\,000\ \text{J}\cdot\text{mol}^{-1}$$

将重量分数换算成摩尔分数,在工件中有 $x_C = 0.031\,9, x_{Cr} = 0.014\,7, x_{Ni} = 0.027\,9, x_{Fe} = 0.925\,5, y_C = 0.033\,0, y_{Cr} = 0.015\,2, y_{Ni} = 0.028\,8, y_{Fe} = 0.956\,0, \sum J_M{}^{\gamma} y_M = -389$。而在铁丝中有 $y_{Mn} = 0.008\,1, y_{Si} = 0.006\,0, y_{Fe} = 0.985\,9, \sum J_M{}^{\gamma} y_M = 268$。代入前式得

$$y_C^{\gamma}(w) + 0.140\,8\ln\frac{y_C^{\gamma}(w)}{1 - y_C^{\gamma}(w)} + 0.448\,2 = 0$$

解得

$$y_C^{\gamma}(w) = 0.032\,0, \quad x_C^{\gamma}(w) = 0.031\,0$$

将铁丝中的以摩尔分数表示的碳含量转换为质量百分数,应为 C = 0.006 6 = 0.66 wt% 。

9.2 三元合金系的相平衡

在三元系,两相 α - β 平衡的条件为

$$G_A^\alpha = G_A^\beta,\quad G_B^\alpha = G_B^\beta,\quad G_C^\alpha = G_C^\beta$$

首先分析三元系合金在某一温度下的平衡。对于三元系合金两相平衡时自由度为 1,即其中一个相的成分可自由确定,另一相成分由其共轭线确定。

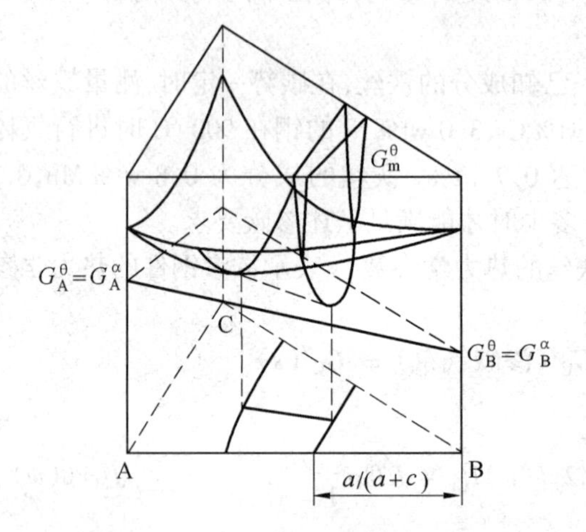

图 9.7　三元系中 α 与 θ 平衡时的自由能

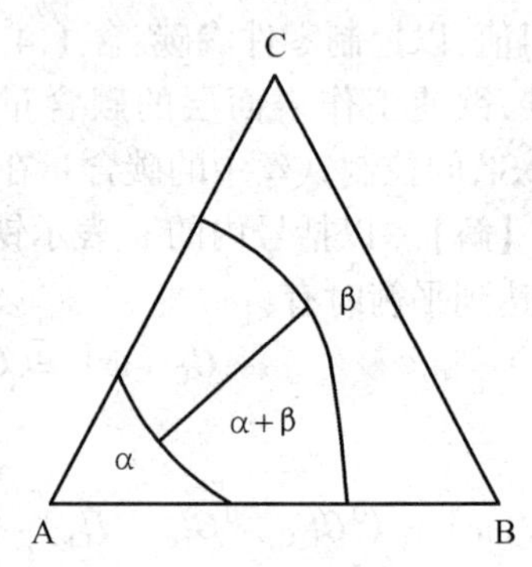

图 9.8　三元系中两固溶体平衡

9.2.1　固溶体与线性化合物的平衡

若固溶体相为 α,线性化合物为 $\theta-(A,B)_aC_c$ 在 $G-x$ 图(图 9.9)上 G_m^α 为一曲面,G_m^θ 为另一曲面,两曲面共切点成分即为平衡成分

$$\frac{G_{A_aC_c}^\theta - G_C^\alpha}{G_A^\alpha - G_C^\alpha} = \frac{\dfrac{a}{a+c}}{1}$$

即

$$G_{A_aC_c}^\theta = aG_A^\theta + cG_C^\theta = aG_A^\alpha + cG_C^\alpha \tag{9.53}$$

同理

$$G_{B_aC_c}^\theta = aG_B^\alpha + cG_C^\alpha \tag{9.54}$$

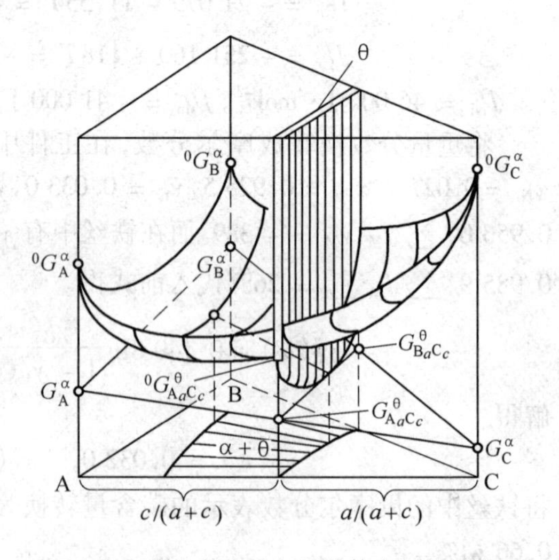

图 9.9　线性化合物与固溶体之间的平衡

两式相减得

$$(G_{A_aC_c}^\theta - G_{B_aC_c}^\theta)/a = G_A^\alpha - G_B^\alpha \tag{9.55}$$

设定固溶体成分,由此可求出线性化合物的成分,反之则不能。

利用正规溶体模型,可得

$$G^{\theta}_{A_aC_c} = {}^0G^{\theta}_{A_aC_c} + a(RT\ln y_A + I^{\theta}_{AB} y_B^2) \tag{9.56}$$

$$G^{\theta}_{A_aC_c} = {}^0G^{\theta}_{A_aC_c} + a(RT\ln y_A + I^{\theta}_{AB} y_A^2) \tag{9.57}$$

$$G^{\alpha}_A = {}^0G^{\alpha}_A + RT\ln x^{\alpha}_A + I^{\alpha}_{AB} x^{\alpha}_B (x^{\alpha}_B + x^{\alpha}_C) + I^{\alpha}_{AC} x^{\alpha}_C (x^{\alpha}_C + x^{\alpha}_B) - I^{\alpha}_{BC} x^{\alpha}_B x^{\alpha}_C \tag{9.58}$$

$$G^{\alpha}_B = {}^0G^{\alpha}_B + RT\ln x^{\alpha}_B + I^{\alpha}_{BC} x^{\alpha}_C (x^{\alpha}_B + x^{\alpha}_C) + I^{\alpha}_{BA} x^{\alpha}_C (x^{\alpha}_A + x^{\alpha}_C) - I^{\alpha}_{AC} x^{\alpha}_A x^{\alpha}_C \tag{9.59}$$

因此得

$$\frac{1}{a}({}^0G^{\theta}_{A_aC_c} - a\,{}^0G^{\alpha}_A - c\,{}^0G^{\alpha}_C) - \frac{1}{a}({}^0G^{\theta}_{B_aC_c} - a\,{}^0G^{\alpha}_B - c\,{}^0G^{\alpha}_C) + RT\ln\frac{y_A}{y_B} - RT\ln\frac{x^{\alpha}_A}{x^{\alpha}_B} + I^{\alpha}_{AB}(y_A - y_B) - I^{\alpha}_{AB}(x^{\alpha}_B - x^{\alpha}_A) - I^{\alpha}_{AC}x^{\alpha}_C + I^{\alpha}_{BC}x^{\alpha}_C = 0 \tag{9.60}$$

其中,${}^0G^{\theta}_{A_aC_c} - a\,{}^0G^{\alpha}_A - c\,{}^0G^{\alpha}_C$ 和 ${}^0G^{\theta}_{B_aC_c} - a\,{}^0G^{\alpha}_B - c\,{}^0G^{\alpha}_C$ 分别为 A_aC_c 和 B_aC_c 的形成自由能。要求解等式(9.60),需知道原子相互作用系数 I_{AB},I_{BC},I_{AC} 及 A_aC_c 和 B_aC_c 的形成自由能。

9.2.2 两个线性化合物的平衡

设两个线性化合物(平行的线性化合物,如图 9.10 所示)分别为

$$\theta - (A,B)_aC_c,\quad \phi - (A,B)_bD_d \tag{9.61}$$

平行关系为

$$a/c = b/d$$

平衡条件为

$$G^{\theta}_i = G^{\phi}_i \tag{9.62}$$

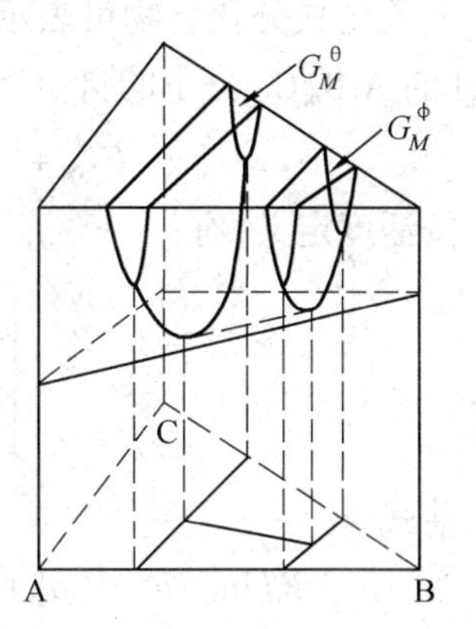

图 9.10 平行线性化合物之间的平衡

因为

$$G^{\theta}_{A_aC_c} = aG_A + cG_C \tag{9.63}$$

$$G^{\phi}_{A_bC_d} = bG_A + dG_C \tag{9.64}$$

$$G^{\theta}_{B_aC_c} = aG_B + cG_C \tag{9.65}$$

$$G^{\phi}_{B_bC_d} = bG_B + dG_C \tag{9.66}$$

而

$$\frac{G^{\theta}_{A_aC_c} - G^{\theta}_{B_aC_c}}{a} = G_A - G_B \tag{9.67}$$

$$\frac{G^{\phi}_{A_bC_d} - G^{\phi}_{B_bC_d}}{b} = G_A - G_B \tag{9.68}$$

$$\frac{G^{\theta}_{A_aC_c} - G^{\theta}_{B_aC_c}}{a} = \frac{G^{\phi}_{A_bC_d} - G^{\phi}_{B_bC_d}}{b} \tag{9.69}$$

将式(9.63) ~ (9.66)代入式(9.69),并考虑到

$$G_A = {}^0G_A + RT\ln y_A + y_B^2 I_{AB}, \quad G_B = {}^0G_B + RT\ln y_B + y_A^2 I_{AB}$$

得

$$\frac{1}{a}({}^0G^{\theta}_{A_aC_c} - {}^0G^{\theta}_{B_aC_c}) + RT\ln\frac{y^{\theta}_A}{y^{\theta}_B} + (y^{\theta}_B - y^{\theta}_A)I_{AB} =$$

$$\frac{1}{b}({}^0G^{\phi}_{A_bC_d} - {}^0G^{\phi}_{B_bC_d}) + RT\ln\frac{y^{\phi}_A}{y^{\phi}_B} + (y^{\phi}_B - y^{\phi}_A)I_{AB} \tag{9.70}$$

9.2.3 固溶体与定成分化合物的平衡

定成分化合物如TiC,Ti不能被其它元素取代,也不像$(Fe,Mn)_3C$那样可溶解其它组元,此为二元定成分化合物。

三元定成分化合物可表示为$\phi - A_lB_mC_n$。若ϕ与α相平衡,1 mol分子ϕ相即1 mol的$A_lB_mC_n$分子的自由能可表示如下

$$G^{\phi}_m = lG^{\phi}_A + mG^{\phi}_b + nG^{\phi}_C = lG^{\alpha}_A + mG^{\alpha}_B + nG^{\alpha}_C \tag{9.71}$$

按活度定义,有

$$\begin{cases} G^{\alpha}_A = {}^0G^{\alpha}_A + RT\ln a^{\alpha}_A \\ G^{\alpha}_B = {}^0G^{\alpha}_B + RT\ln a^{\alpha}_B \\ G^{\alpha}_C = {}^0G^{\alpha}_C + RT\ln a^{\alpha}_C \end{cases} \tag{9.72}$$

代入前式,得

$$RT\ln[(a^{\alpha}_A)^l(a^{\alpha}_B)^m(a^{\alpha}_C)^n] = G^{\phi}_m - lG^{\alpha}_A - mG^{\alpha}_B - nG^{\alpha}_C \tag{9.73}$$

而$\Delta^0G^{\phi}_m = G^{\phi}_m - lG^{\alpha}_A - mG^{\alpha}_B - nG^{\alpha}_C$为化合物形成自由能。因此有

$$\prod(a^{\alpha}_i)^k = \exp\frac{\Delta^0G^{\phi}_m}{RT} \tag{9.74}$$

对于稀溶体,有如下特点:

① 溶质的活度系数为常数,即满足亨利定律

$$a_i = f_ix_i, \quad f_i \approx \text{const}$$

② 溶剂的活度近似等于1,即满足拉沃尔定律

$$a_A \approx 1$$

因此,上式可改写成

$$\exp \frac{\Delta^0 G_m^\phi}{RT} = (a_B^\alpha)^m (a_C^\alpha)^n = f_B^m f_C^n (x_B^\alpha)^m (x_C^\alpha)^n \tag{9.75}$$

令 $K_0 = \frac{1}{f_B^m f_C^n}$,则

$$(x_B^\alpha)^m (x_C^\alpha)^n = K_0 \exp \frac{\Delta^0 G_m^\phi}{RT} \tag{9.76}$$

或

$$m \ln x_B^\alpha + n \ln x_C^\alpha = \frac{\Delta^0 G_m^\phi}{RT} + \ln K_0 \tag{9.77}$$

又因

$$\Delta^0 G_m^\phi = \Delta^0 H_m^\phi - T\Delta^0 S_m^\phi$$

说明在一定温度下,$\Delta^0 G_m^\phi / RT$ 是一常数,所以在一定温度下

$$m \ln x_B^\alpha + n \ln x_C^\alpha = \frac{\Delta^0 G_m^\phi}{RT} + \ln K_0$$

是一条直线。

在 Fe－W－C 三元系中常见的定比化合物有 Fe_3C,$Fe_{3.5}W_{3.5}C_3$ 和 $Fe_8W_{15}C_6$,见图 9.11。

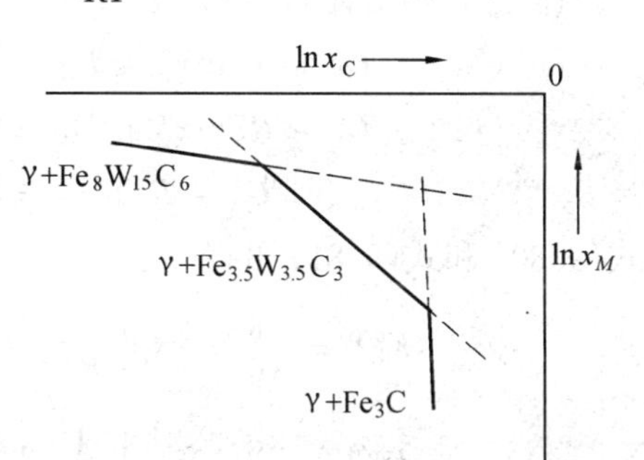

图 9.11　Fe－W－C 合金成分与 K_0 的关系

【例】　求 TiC 型碳化物在钢的 γ 相中的溶解度积 $x_{Ti}x_C$。

【解】　按正规溶体近似,TiC 型碳化物可表示成 MC。在 Fe－M－C 三元系中,活度系数满足

$$f_M^\gamma = \exp \frac{I_{FeM}^\gamma}{RT}, \quad f_C^\gamma = \exp \frac{{}^0G_C^\gamma + I_{FeM}^\gamma - {}^0G_C^{gr}}{RT}$$

MC 与 γ 平衡时,有

$$\begin{cases} {}^0G_{MC} = G_M^\gamma + G_C^\gamma \\ G_M^\gamma = {}^0G_M^\gamma + RT\ln f_M x_M \\ G_C^\gamma = {}^0G_C^{gr} + RT\ln f_C x_C \end{cases}$$

所以

$$RT\ln x_M x_C = {}^0G_{MC} - {}^0G_M^\gamma - {}^0G_C^{gr} - RT\ln f_M - RT\ln f_C$$

$$\ln x_M x_C = \frac{\Delta^0 G_m^{MC} - I_{FeM}^\gamma - I_{FeC}^\gamma - {}^0G_C^\gamma - {}^0G_C^{gr}}{RT}$$

$$x_M x_C = \exp\left[\frac{\Delta^0 G_m^{MC} - ({}^0G_C^\gamma - {}^0G_C^{gr} + I_{FeM}^\gamma + I_{FeC}^\gamma)}{RT}\right]$$

其中

$$\Delta^0 G_m^{MC} = {}^0G_{MC} - {}^0G_C^{\gamma} - {}^0G_C^{gr}$$

9.2.4 固溶体之间的相平衡

如果固溶体 α、β 均按规则溶体处理，两相平衡时有

$$G_A^{\alpha} = G_A^{\beta}, \quad G_B^{\alpha} = G_B^{\beta}, \quad G_C^{\alpha} = G_C^{\beta} \tag{9.78}$$

对于稀溶体有

$$\ln x_A = \ln(1 - \sum x_i) \approx - \sum x_i \tag{9.79}$$

若 $x_B, x_C \ll 1$(稀溶体)，有则

$$ {}^0G_B^{\alpha} + RT\ln x_B^{\alpha} + I_{AB}^{\alpha} = {}^0G_B^{\beta} + RT\ln x_B^{\beta} + I_{AB}^{\beta} \tag{9.80}$$

$$ {}^0G_C^{\alpha} + RT\ln x_C^{\alpha} + I_{AC}^{\alpha} = {}^0G_C^{\beta} + RT\ln x_C^{\beta} + I_{AC}^{\beta} \tag{9.81}$$

$$ {}^0G_A^{\alpha} + RT\ln x_A^{\alpha} = {}^0G_A^{\beta} + RT\ln x_A^{\beta} \tag{9.82}$$

由式(9.80) 和式(9.81) 可得

$$K_B^{\alpha/\beta} = \frac{x_B^{\alpha}}{x_B^{\beta}} = \exp\left[\frac{1}{RT}({}^0G_B^{\beta} - {}^0G_B^{\alpha} + I_{AB}^{\beta} - I_{AB}^{\alpha})\right] \tag{9.83}$$

$$K_C^{\alpha/\beta} = \frac{x_C^{\alpha}}{x_C^{\beta}} = \exp\left[\frac{1}{RT}({}^0G_C^{\beta} - {}^0G_C^{\alpha} + I_{AC}^{\beta} - I_{AC}^{\alpha})\right] \tag{9.84}$$

由式(9.82) 可得

$$\sum x_j^{\beta} - \sum x_j^{\alpha} = \frac{{}^0G_A^{\beta} - {}^0G_A^{\alpha}}{RT} \tag{9.85}$$

温度一定时，上式右边为常数。因此当温度一定时，由式(9.85) 可知

$$x_B^{\beta}(1 - K_B^{\alpha/\beta}) + x_C^{\beta}(1 - K_C^{\alpha/\beta}) = \text{const} \tag{9.86}$$

所以，当稀溶体达到平衡时，两相边界线是直线。

9.2.5 固溶体平衡成分的计算

在多元系统中，人们往往想知道某一特定组元在两相中的分配。例如，定义一个分配系数，用此系数可表示实验数据，进行相边界的计算，也可进行化学位变化的计算。在简单情况下，可用一常数来近似这个分配系数。

现在讨论 ABC 三元系中两个固溶体之间的平衡。在 A – C 二元系中也存在此两相的平衡，在 AC 中加入第三组元 B 时，此组元将以某种规律分配于两相之中，这种分配规律可由两个固溶体 α、β 平衡条件 $G^{\alpha} = G^{\beta}$ 得出来

$$ {}^0G_B^{\alpha} + RT\ln x_B^{\alpha} + {}^EG_B^{\alpha} = {}^0G_B^{\beta} + RT\ln x_B^{\beta} + {}^EG_B^{\beta} \tag{9.87}$$

根据规则溶体近似，将分配系数定义为

$$K_A^{\alpha/\beta} = \frac{x_A^{\alpha}}{x_A^{\beta}} = \exp\left[\frac{1}{RT}({}^0G_A^{\beta} - {}^0G_A^{\alpha} + {}^EG_A^{\beta} - {}^EG_A^{\alpha}\right] \tag{9.88}$$

$$K_{B}^{\alpha/\beta} = \frac{x_{B}^{\alpha}}{x_{B}^{\beta}} = \exp\left[\frac{1}{RT}({}^{0}G_{B}^{\beta} - {}^{0}G_{B}^{\alpha} + {}^{E}G_{B}^{\beta} - {}^{E}G_{B}^{\alpha}\right] \tag{9.89}$$

$$K_{C}^{\alpha/\beta} = \frac{x_{C}^{\alpha}}{x_{C}^{\beta}} = \exp\left[\frac{1}{RT}({}^{0}G_{C}^{\beta} - {}^{0}G_{C}^{\alpha} + {}^{E}G_{C}^{\beta} - {}^{E}G_{C}^{\alpha}\right] \tag{9.90}$$

描述α、β都要用两相成分 $x_{B}^{\alpha}, x_{C}^{\alpha}, x_{B}^{\beta}, x_{C}^{\beta}$,这四个变量中只有一个是独立的。相区边界形状的数学计算,常常是非常复杂的,必须采用数值法。求解其平衡成分所使用的方法为 Newton - Raphson 法,具体求法如下。

要确定三元系两固溶体中某一个成分,如 x_{B}^{α},先在设定温度 T 下,估算出其它三个值 $x_{C}^{\alpha}, x_{B}^{\beta}, x_{C}^{\beta}$ 的初值,同时计算出分配系数 $K_{A}^{\alpha/\beta}, K_{B}^{\alpha/\beta}, K_{C}^{\alpha/\beta}$ 的值。再利用 $K_{A}^{\alpha/\beta}$ 值求出 x_{B}^{β} 值,即 $x_{B}^{\beta} = x_{B}^{\alpha}/K_{B}^{\alpha/\beta}$。接下去判断 $K_{C}^{\alpha/\beta}$ 是否大于1。如果 $K_{C}^{\alpha/\beta} < 1$,可利用公式 $x_{C}^{\alpha} = x_{C}^{\beta} \cdot K_{C}^{\alpha/\beta}$ 和 $x_{C}^{\beta} = 1 - x_{B}^{\beta} - (1 - x_{B}^{\alpha} - x_{C}^{\alpha})K_{A}^{\alpha/\beta}$ 求出 x_{C}^{α} 与 x_{C}^{β} 的值;如果 $K_{C}^{\alpha/\beta} > 1$,则利用公式 $x_{C}^{\alpha} = 1 - x_{B}^{\alpha} - (1 - x_{B}^{\alpha} - x_{C}^{\alpha})/K_{A}^{\alpha/\beta}$ 和 $x_{C}^{\beta} = 1 = x_{C}^{\alpha}/K_{C}^{\alpha/\beta}$ 求出 x_{C}^{α} 与 x_{C}^{β} 的值。

这样经过两次计算所得 x_{C}^{α} 之差若小于给定值 ε,则计算结束,否则重新计算 $K_{A}^{\alpha/\beta}, K_{B}^{\alpha/\beta}, K_{C}^{\alpha/\beta}$ 的值。

9.3 合金元素对相平衡的影响

当合金为三元系时,两相平衡可用吉布斯 - 杜亥姆(Gibbs - Duhem)方程组描述,即

$$x_{A}^{\alpha}dG_{A}^{\alpha} + x_{B}^{\alpha}dG_{B}^{\alpha} + x_{C}^{\alpha}dG_{C}^{\alpha} = 0 \tag{9.91}$$

$$x_{A}^{\beta}dG_{A}^{\beta} + x_{B}^{\beta}dG_{B}^{\beta} + x_{C}^{\beta}dG_{C}^{\beta} = 0 \tag{9.92}$$

$$dG_{i}^{\alpha} = dG_{i}^{\beta} \tag{9.93}$$

由第二方程式(9.92)可得

$$dG_{A} = \frac{x_{B}^{\beta}dG_{B} - x_{C}^{\beta}dG_{C}}{x_{A}^{\beta}} \tag{9.94}$$

代入第一方程式(9.91),得到

$$dG_{C} = \frac{x_{B}^{\alpha}x_{A}^{\beta} - x_{B}^{\beta}x_{A}^{\alpha}}{x_{C}^{\beta}x_{A}^{\alpha} - x_{C}^{\alpha}x_{A}^{\beta}}dG_{B} = x_{B}^{\alpha}x_{A}^{\beta}\frac{1 - \frac{x_{B}^{\beta}x_{A}^{\alpha}}{x_{B}^{\alpha}x_{A}^{\beta}}}{x_{C}^{\beta}x_{A}^{\alpha} - x_{C}^{\alpha}x_{A}^{\beta}}dG_{B} \tag{9.95}$$

令 $K_{B-A}^{\beta/\alpha} = \frac{x_{B}^{\beta}x_{A}^{\alpha}}{x_{B}^{\alpha}x_{A}^{\beta}}$,这样在对于稀溶体中($x_{A}^{\alpha} \approx 1, x_{A}^{\beta} \approx 1$),上式中分母可简化为 $x_{C}^{\beta} - x_{C}^{\alpha}$,因此有

$$dG_C = x_B^\alpha x_A^\beta \frac{1 - K_{B-A}^{\beta/\alpha}}{x_C^\beta - x_C^\alpha} dG_B \tag{9.96}$$

又因为某一组元 B 的化学位可表示为

$$G_B = {}^0G_B + RT\ln x_B^\alpha + RT\ln f_B^\alpha \tag{9.97}$$

微分后可以得到

$$dG_B = \frac{RT}{x_B^\alpha} dx_B^\alpha \tag{9.98}$$

代入稀溶体关系式(9.96)中,有

$$dG_C = x_A^\beta \frac{1 - K_{B-A}^{\beta/\alpha}}{x_C^\beta - x_C^\alpha} RT dx_B^\alpha \tag{9.99}$$

对上式积分,得

$$\int_{^{二}G_C}^{^{三}G_C} dG_C = \int_0^{x_B^\alpha} x_A^\beta \frac{1 - K_{B-A}^{\beta/\alpha}}{x_C^\beta - x_C^\alpha} RT dx_B^\alpha \tag{9.100}$$

$${}^{三}G_C - {}^{二}G_C = RTx_A^\beta \frac{1 - K_{B-A}^{\beta/\alpha}}{x_C^\beta - x_C^\alpha} x_B^\alpha \tag{9.101}$$

其中,${}^{二}G_C$ 表示 A - C 二元系 C 组元的化学位。对比三元系与二元系的化学位

$${}^{三}G_C = {}^0G_C + RT\ln {}^{三}a_C, \quad {}^{二}G_C = {}^0G_C + RT\ln {}^{二}a_C \tag{9.102}$$

得到

$$\ln \frac{{}^{三}a_c}{{}^{二}a_c} = x_A^\beta \frac{1 - K_{B-A}^{\beta/\alpha}}{x_C^\beta - x_C^\alpha} x_B^\alpha \tag{9.103}$$

上式表明,**若合金元素富集于含碳最多的相中,如β相,即 $K_{B-A}^{\beta/\alpha} > 1$,此时,该元素将降低(α+β)两相平衡中碳的活度。而富集于贫碳相中的合金元素将提高碳的活度。**

若 C 组元是间隙式溶质,合金的通式为$(A,B)_a(C,v)_c$,此时用 y 参数替代 x 参数会更方便些。但 y_C 的定义随 a/c 数值的不同而变化。因此定义一个普适的浓度参数 u,即

$$u = x/(1 - x_C)$$

用于全部代位元素,对于间隙元素,有

$$u = y_C \cdot a/c$$

此时分配系数变化为

$$K_{B-A}^{\beta/\alpha} = \frac{x_B^\beta x_A^\alpha}{x_B^\alpha x_A^\beta} = \frac{u_B^\beta u_A^\alpha}{u_B^\alpha u_A^\beta}$$

因此式(9.12)可表示成

$$\ln \frac{{}^{三}a_C}{{}^{二}a_C} = \frac{1 - K_{B-A}^{\beta/\alpha}}{u_C^\beta - u_C^\alpha} u_B^\alpha \tag{9.104}$$

其中

$$u_C = y_C \cdot \frac{c}{a} = \frac{x_C}{1 - x_C}, u_B = x_A^\beta x_B^\alpha$$

对于四元合金系,同样存在如下关系

$$\left.\begin{aligned} x_A^\alpha dG_A^\alpha + x_B^\alpha dG_B^\alpha + x_C^\alpha dG_A^C + x_D^\alpha dG_D^\alpha = 0 \\ x_A^\beta dG_A^\beta + x_B^\beta dG_B^\beta + x_C^\beta dG_A^C + x_D^\beta dG_D^\beta = 0 \end{aligned}\right\} \quad (9.105)$$

对于相平衡有

$$dG_i^\alpha = dG_i^\beta$$

借鉴三元系的推导过程,可以得到

$$dG_k = \sum_{j=1}^{N-2} \frac{x_i^\alpha x_j^\beta - x_i^\beta x_j^\alpha}{x_i^\alpha x_k^\beta - x_i^\beta x_k^\alpha} dG_j, \quad (i \neq j \neq k) \quad (9.106)$$

【例1】 假如白口铁中含有3.96%C及2.0%Si,计算在900 ℃时发生石墨化的驱动力,以铸铁分别处于γ+ 渗碳体两相状态与γ+ 石墨两相状态时碳的活度差来表示此驱动力。由于Si不进入Fe_3C中,所以有$K_{Si}^{Cem/\gamma}$。在Fe-C二元合金中,已知900 ℃时γ+ 渗碳体两相状态碳的活度为$\bar{a}_C^\gamma = 1.04$;当γ与石墨平衡时$a_C^\gamma = 1$。

【解】 要计算Fe-Si-C三元合金中石墨化驱动力,首先要求出三元合金中$x_C^\gamma, u_C^\gamma, x_{Si}^\gamma$和$u_{Si}^\gamma$四个参数。

$$u_C^{alloy} = \frac{x_C}{1 - x_C} = \frac{x_C}{x_{Fe} + x_{Si}} = \frac{3.96/12.011}{94.04/55.85 + 2.0/28.09} = 0.188$$

$$u_{Si}^{alloy} = \frac{x_{Si}}{1 - x_C} = \frac{x_{Si}}{x_{Fe} + x_{Si}} = \frac{2.0/28.09}{94.04/55.85 + 2.0/28.09} = 0.0406$$

假定γ中的碳含量与二元系中相同,根据Fe-C相图,900 ℃与渗碳体相平衡时奥氏体碳含量为1.23%。因此有

$$u_C^\gamma = \frac{1.23/12.011}{98.77/55.85} = 0.0579$$

渗碳体的分子式为Fe_3C,因此$x_C^{Cem} = 0.25$或$u_C^{Cem} = 0.3333$,利用杠杆定律计算γ项的摩尔分数

$$f^\gamma = \frac{0.3333 - 0.188}{0.3333 - 0.0579} = 0.528, f^{Cem} = 0.472$$

$K_{Si}^{Cem/\gamma}$,由硅的质量平衡可得

$$u_{Si}^\gamma f^\gamma + 0 \cdot f^{Cem} = u_{Si}^{alloy}$$

$$u_{Si}^\gamma = 0.0406/0.528 = 0.0769$$

所以,Fe-Si-C三元合金中,存在以下关系式

$$\ln \frac{{}^{三}a_{C}^{\gamma}}{{}^{二}a_{C}^{\gamma}} = \frac{1 - K_{Si}^{Cem/\gamma}}{u_{C}^{Cem} - u_{C}^{\gamma}} = 0.279 \quad {}^{三}a_{C}^{\gamma} = 1.375$$

二元合金中石墨化驱动力为

$${}^{二}a_{C}^{\gamma}(\gamma/Fe_3C) - a_{C}^{\gamma}(\gamma/Gr) = 1.04 - 1 = 0.04$$

三元合金中石墨化驱动力为

$${}^{三}a_{C}^{\gamma}(\gamma/Fe_3C) - a_{C}^{\gamma}(\gamma/Gr) = 1.375 - 1 = 0.375$$

【例 2】 假定在前例中,铸铁中也含有锰,其数量位 1 wt%,而锰在 900 ℃时的分配系数为 $K_{Mn}^{Cem/\gamma} = 2.0$,此时发生石墨化的驱动力有何变化。

【解】 锰的原子量与铁几乎相同,将 1 wt% 的铁换成 1 wt% 的锰对由重量百分数换算成 u 的计算几乎不产生影响。锰的近似计算结果为

$$u_{Mn}^{alloy} = u_{Si}^{alloy}(1/54.94)/(2/28.09) = 0.010\,4$$

由锰的质量平衡得到

$$u_{Mn}^{\gamma} \cdot f^{\gamma} + u_{Mn}^{cem} f^{cem} = u_{Mn}^{alloy} = 0.010\,4$$

$$u_{Mn}^{alloy}/u_{Mn}^{\gamma} = 2$$

$$u_{Mn}^{\gamma} = 0.0104/(0.528 + 2 \times 0.472) = 0.007\,07$$

将以上数值代入(9.13)得到锰的影响如下

$$\ln \frac{{}^{三}a_{C}}{{}^{二}a_{C}} = \frac{1 - K^{Cem/\gamma}}{u_{C}^{cem} - u_{C}^{\gamma}} u_{Mn}^{\gamma} = \frac{(1 - 2.0) \times 0.007\,07}{(0.333\,3 - 0.579)} = -0.026$$

由于硅和锰同时存在,其总的变化为

$$\ln \frac{{}^{三}a_{C}}{{}^{二}a_{C}} = 0.279 - 0.026 = 0.253$$

$${}^{三}a_{C} = 1.04 \times 1.288 = 1.339$$

则发生石墨化的驱动力为 1.339 - 1 = 0.339。

由此例题可以看出硅为促进石墨化元素,而锰为反石墨化元素。

9.4 Fe-M-C 系中合金元素在碳化物与固溶体间的分配

在 Fe-M-C 系合金中,固溶体有奥氏体和铁素体,而常见的碳化物为渗碳体(MC_3 型),除此之外,还有 MC 型、MC_2 型、MC_6 型、M_7C_3 型以及 $M_{23}C_6$ 型碳化物等等,其中 MC_2 型、MC_3 型、MC_6 型、M_7C_3 型以及 $M_{23}C_6$ 型碳化物可以溶解多种合金元素。

若以 θ 表示碳化物

$$\theta = (Fe,M)_a C_c \tag{9.107}$$

当 γ 与 θ 达到平衡时,有

$$G_{Fe}^{\gamma} = G_{Fe}^{\theta}, \quad G_{M}^{\gamma} = G_{M}^{\theta}, \quad G_{C}^{\gamma} = G_{C}^{\theta} \tag{9.108}$$

因为 θ 相为互易化合物,因此有如下关系:

$$G_{Fe_aC_c}^{\theta} = aG_{Fe}^{\theta} + cG_{C}^{\theta} = aG_{Fe}^{\gamma} + cG_{C}^{\gamma} \tag{9.109}$$

$$G_{M_aC_c}^{\theta} = aG_{M}^{\theta} + cG_{C}^{\theta} = aG_{M}^{\gamma} + cG_{C}^{\gamma} \tag{9.110}$$

由此可以得到

$$G_{Fe_aC_c}^{\theta} - G_{M_aC_c}^{\theta} = a(G_{Fe}^{\theta} - G_{M}^{\theta}) = a(G_{Fe}^{\gamma} - G_{M}^{\gamma}) \tag{9.111}$$

由于奥氏体中可以溶解的碳量有限,可以看成是稀溶体,即 $x_{Fe}^{\gamma} \approx 1$,因此有

$$G_{Fe}^{\gamma} = {}^{0}G_{Fe}^{\gamma} + RT\ln x_{Fe} + {}^{E}G_{Fe}^{\gamma} \approx {}^{0}G_{Fe}^{\gamma} \tag{9.112}$$

$$G_{M}^{\gamma} = {}^{0}G_{M}^{\gamma} + RT\ln x_{M} + {}^{E}G_{M}^{\gamma} \tag{9.113}$$

同时

$${}^{E}G_{M}^{\gamma} \approx I_{FeM}^{\gamma} \tag{9.114}$$

将式(9.112) ~ (9.114) 代入式(9.111) 得

$$\frac{1}{a}(G_{Fe_aC_c}^{\theta} - G_{M_aC_c}^{\theta}) = {}^{0}G_{Fe}^{\gamma} - ({}^{0}G_{M}^{\gamma} + RT\ln x_{M}^{\gamma} + I_{FeM}^{\gamma}) \tag{9.115}$$

对 θ 相采用亚点阵模型,并注意到 $y_{Fe} \approx 1, y_{M} \approx 0$,可得

$$G_{Fe_aC_c}^{\theta} = {}^{0}G_{Fe_aC_c}^{\theta} + a(RT\ln y_{Fe} + I_{FeM}^{\theta}y_{M}^{2}) \approx {}^{0}G_{Fe_aC_c}^{\theta} \tag{9.116}$$

$$G_{M_aC_c}^{\theta} = {}^{0}G_{M_aC_c}^{\theta} + a(RT\ln y_{M} + I_{FeM}^{\theta}y_{Fe}^{2}) \approx$$

$${}^{0}G_{M_aC_c}^{\theta} + a\left[RT\ln\left(\frac{a+c}{a}x_{M}^{\theta}\right) + I_{FeM}^{\theta}\right] \tag{9.117}$$

将式(9.116) 和(9.117) 代入(9.115) 得

$$\frac{1}{a}(G_{Fe_aC_c}^{\theta} - G_{M_aC_c}^{\theta}) - RT\ln\frac{a+c}{a}x_{M}^{\theta} - I_{FeM}^{\theta} \approx$$

$${}^{0}G_{Fe}^{\gamma} - {}^{0}G_{M}^{\gamma} - RT\ln x_{M}^{\gamma} - I_{FeM}^{\gamma} \tag{9.118}$$

因此有

$$RT\ln\frac{x_{M}^{\gamma}}{x_{M}^{\theta}} = RT\ln\frac{a+c}{a} + \left(\frac{1}{a}{}^{0}G_{M_aC_c}^{\theta} - {}^{0}G_{M}^{\gamma} - \frac{c}{a}{}^{0}G_{C}^{gr}\right) -$$

$$\left(\frac{1}{a}{}^{0}G_{Fe_aC_c}^{\theta} - {}^{0}G_{Fe}^{\gamma} - \frac{c}{a}{}^{0}G_{C}^{gr}\right) + I_{FeM}^{\theta} - I_{FeM}^{\gamma} \tag{9.119}$$

若令

$$\Delta G_{M_aC_c} = {}^{0}G_{M_aC_c}^{\theta} - a{}^{0}G_{M}^{\gamma} - c{}^{0}G_{C}^{gr} \tag{9.120}$$

和

$$\Delta G_{Fe_aC_c} = {}^0G^{\theta}_{Fe_aC_c} - a^0G^{\gamma}_{Fe} - c^0G^{gr}_{C} \tag{9.121}$$

分别为 Fe_aC_c 和 M_aC_c 的形成自由焓(吉布斯自由能),则有

$$RT\ln\frac{x^{\gamma}_{M}}{x^{\theta}_{M}} = RT\ln\frac{a+c}{a} + \frac{1}{a}\Delta G_{M_aC_c} - \frac{1}{a}\Delta G_{Fe_aC_c} + I^{\theta}_{FeM} - I^{\gamma}_{FeM} \tag{9.122}$$

令 $K^{\theta/\gamma}_{M} = x^{\theta}_{M}/x^{\gamma}_{M}$,称之为分配系数,即可实测得到,又可计算得到,所以

$$K^{\theta/\gamma}_{M} = \frac{a}{a+c}\exp\left\{\frac{1}{RT}\left[\frac{1}{a}(\Delta G_{Fe_aC_c} - \Delta G_{M_aC_c}) + I^{\gamma}_{FeM} - I^{\theta}_{FeM}\right]\right\}$$

其中合金元素的分配系数 $K^{\theta/\gamma}_{M}$ 即可实测得到,又可计算得到。

至于合金元素在铁素体与碳化物之间的分配,参考以上的方法同样可以得到

$$RT\ln\frac{x^{\alpha}_{M}}{x^{\theta}_{M}} = RT\ln\frac{a+c}{a} + \frac{1}{a}\Delta GM_aC_c - \frac{1}{a}\Delta G\,Fe_aC_c + I^{\theta}_{FeM} - I^{\alpha}_{FeM} \tag{9.123}$$

铁素体与渗碳体之间分配由下式计算

$$K^{Cem/\alpha}_{M} = K^{Cem/\gamma}_{M}/K^{\alpha/\gamma}_{M} \tag{9.124}$$

其中 $K^{\alpha/\gamma}_{M}$ 可表示成温度的函数。

Fe－M－C 系中常见合金元素在铁素体与渗碳体及奥氏体与渗碳体之间的分配系数见表 9.2。

表 9.2　钢中常见合金元素的分配系数(1000 ℃)

分配系数	Al	Cu	P	Si	Ni	Co	Mn	W	Mo	Cr	V	Ti	Nb	Ta
$K^{Cem/\gamma}$	0	0	0	0	0.2	0.3	2.4	2.5	3.4	5.7		较高		
$K^{Cem/\alpha}$	0	0	0	0	0.3	0.2	14	2.1	11	30				

第10章　相图热力学及其计算

10.1　相律及其推导

相律,又称吉布斯相律,是物理化学中的普遍定律之一,也是相平衡体系严格遵守的规律之一,因而是研究多元相体系的基础。

相律以一个非常简单的形式,表达了平衡体系中可以平衡共存的相的数目、独立组元的数目以及可以人为指定的独立变数的数目之间的关系。三者之间关系满足下列关系:

$$f = c - \phi + 2$$

其中,f 为独立变数的数目,即自由度数;c 为独立组元的数目;ϕ 为平衡共存的相的数目;数字“2”,表示影响体系平衡状态的外界因素中,只考虑温度和压力两个因素,忽略了电场、磁场、重力场等因素对体系平衡的影响。同理,如果忽略压力对相平衡的影响,那么就得到体系常用的相律为

$$f = c - \phi + 1$$

为了深入理解和熟练地应用相律,必须清楚以下几个概念。

1. 相与相数

所谓相,是指体系的内在性质在物理上和化学上都是均匀的部分,不同相之间由界面隔开。相可以是单质,也可以是几种物质的混合物。

一般来说,气体能以任何比例均匀混合,所以说,气体,无论是单一的一种气体,还是几种气体的混合物,总是一个相。一个均匀混合的液态溶体也是一个相。但是两种液体不能以任何比例相互溶解时则形成多相,如水和油,不能大比例相互溶解,则形成两相;又如液态铝和液态铅在一定温度下也不能无限互溶,而形成两相,即 α_{Al} 和 α_{Pb} 相。

对于固体,情况要比液体和气体复杂得多。固溶体(如 Cu - Ag 二元系连续固溶体等)、非晶态体系(如玻璃等) 是单相。同一成分的固溶体,如果晶体结构不同,则属于不同的相,如 α - Fe 具有体心立方结构,而 γ - Fe 则具有面心立方结构,两者分别属于两个相。石墨与金刚石的情况也一样,虽然它们都是由同一元素碳组成,但它们的结构和性质不同,且它们之间存在分界面,所以属于两个

相。在固体中,重要的是要严格区分相和组织。例如共析钢具有珠光体组织,但是却是由两个相组成,即 $\alpha-Fe$ 和渗碳体。

相与相之间必存在界面,但反过来并不一定正确。因为同一组成的相,可以分成许多块,它们之间虽然也存在界面,但是仍属于同一相。同一相必须是均匀的,但不一定是连续的。

相律中的相数 ϕ,是指平衡体系中共存的相的数目。如共析碳钢中,其组织为珠光体,由 $\alpha-Fe$ 和渗碳体(Fe_3C)两相组成,相数 ϕ 为2。亚共析碳钢中,组织为铁素体和珠光体,仍存在 $\alpha-Fe$ 和渗碳体两相。

2. 组元(指独立组元)

组元是构成平衡体系中各相所需要的最小的独立成分,所以组元数可以与体系中的物质(元素或化合物)的数目不等。例如 CaO 和 SiO_2 组成的体系,在炼钢的炉渣中要组成 $2CaO \cdot SiO_2$。但是不论 CaO 和 SiO_2 是以游离的形式还是以结合的形式存在,其中的氧原子数总是要符合这样的条件,即

$$\text{O 原子数} = \text{Ca 原子数} + 2 \times \text{Si 原子数}$$

因此独立组元数为 $3-1=2$。如以分子为组元,则组元可以是 $2CaO \cdot SiO_2$ 和 CaO,或 $2CaO \cdot SiO_2$ 和 SiO_2,或 CaO 和 SiO_2,无论怎样考虑,组元数总是2。

又如 Fe－O－Si 系,若其中氧化物是 FeO 和 SiO_2,则有一限制条件,即

$$\text{O 原子数} = \text{Fe 原子数} + 2 \cdot \text{Si 原子数}$$

因此独立组元数为 $3-1=2$。在实验中发现,有些 Fe－O－Si 系中,氧原子数大于这个值时,则存在高价铁的氧化物,此时的体系不受上述条件限制,组元数为3。

体系的独立组元数为1时,称为单元系;独立组元数为2时,称为二元系,依此类推。

3. 自由度

一定条件下,一个处于平衡状态的体系所具有的独立变量数目,称为自由度。所谓独立变数,就是可以在一定范围内任意地、独立地变化,而不会影响体系中共存相的数目及相的形态,即不会引起原有相的消失或新相的产生。

通常,单元单相系有两个自由度,即温度和压力。要确定一种物质的状态,必须指定其温度和压力。在指定了温度和压力之后,物质的各种性质都有了确定的值。对于处于两相平衡的单元系,其自由度为1。即当指定温度时,要保持物相不变,则压力必须有确定的值。反之,当压力一定时,温度也随之一定。所以单元二相系只有一个自由度。也就是说,温度和压力两个变数中只有一个是可以独立变化的。只要其中一个被指定以后,另一个也就随之确定了。

二元单相系中，自由度为3，即温度、压力和某一组元的含量（浓度）为独立变数。若要确定一个二元溶液的蒸汽压，除了要知道温度之外，还要知道其浓度。二元系两相平衡时，则有二个自由度，即温度、压力和浓度三者之中，有两个是独立变数。要指定其中两个变数的值，体系的状态才能确定下来。

某一物系的自由度都要满足相律。自由度为1的，称为单变体系；自由度为2的，称为双变体系，其余类推。

4. 相律的推导

相律指出，在任何平衡体系中，相数与自由度的总和，比组元数多2，即

$$f + \phi = c + 2$$

这个规律适于包含任意组元数的体系。其中对影响体系平衡状态的外界因素，只考虑了温度和压力。认为体系的平衡状态不受其它因素如电场、磁场、重力场等影响，或影响极微，可以不考虑。因此，决定体系平衡状态的条件就是体系内部的物质浓度以及温度和压力。

相律可以从热力学基本定律中推导出来。

对于一个含有 c 个组元及 ϕ 个相的平衡体系，相律就是决定其中的独立变数，即自由度。由数学知识可知，对于多元一次方程组，独立方程的个数必须与变数的数目相等，这样方程组才有定解。若独立方程的数目少于变数的数目时，其中有些自变量就可以自由选定，称之为自变数或独立变数，在热力学中称之为自由度。所以，要寻找一个体系的自由度，必须首先找出体系总变数的数目，然后找出它们之间存在的方程式的数目，以上二者之差就是体系的自由度。

不考虑电场、磁场、重力场等影响时，设体系有 c 个组元分布在 ϕ 个相中。如每个相的物质组成用浓度表示，则知道 $(c-1)$ 个浓度值就可确定物质的组成。这样，ϕ 个相中总的变数为

$$\begin{matrix} c_1^{\alpha} & c_2^{\alpha} & \cdots & c_{c-1}^{\alpha} & T & p \\ c_1^{\beta} & c_2^{\beta} & \cdots & c_{c-1}^{\beta} & T & p \\ \vdots & \vdots & \vdots & \vdots & \vdots & \vdots \\ c_1^{\phi} & c_2^{\phi} & \cdots & c_{c-1}^{\phi} & T & p \end{matrix}$$

因为平衡体系中，所有各相的温度和压力相等，即整个体系的温度和压力是一样的，所以变数的总数为

$$\phi(c-1) + 2$$

其中，$\phi(c-1)$ 代表了总的浓度变数，而2是指体系的温度和压力变数。

同时，由热力学原理可知，在平衡体系中，每一种物质在各相中的化学位必须相等，否则将产生各相之间的物质交换，因此有

$$
\begin{array}{cccc}
\mu_1^\alpha = & \mu_1^\beta = & \cdots & = \mu_1^\phi \\
\mu_2^\alpha = & \mu_2^\beta = & \cdots & = \mu_2^\phi \\
\vdots & \vdots & \vdots & \vdots \\
\mu_c^\alpha = & \mu_c^\beta = & \cdots & = \mu_c^\phi
\end{array}
$$

所以共有方程式数为 $c(\phi - 1)$。

因为化学位是浓度、温度和压力的函数,所以这些方程式就是联系各相的浓度与温度和压力的方程式。

变数的总数与联系这些变数的方程式数的差,就是独立变数,即自由度。所以

$$f = \phi(c - 1) + 2 - c(\phi - 1)$$

即

$$f = c - \phi + 2 \tag{10.1}$$

这就是相律。

对于凝聚态体系(即只有液体或固体的体系),在压力变化不大的情况下,可以忽略压力的影响,于是相律变为

$$f = c - \phi + 1 \tag{10.2}$$

这是冶金、材料研究或凝聚体系常用的相律形式。

10.2 相图的基本原理和规则

正确地建立相图以及检查相图的正确与否,除相律之外还要遵从以下基本原理或基本规则。

(1) **连续原理**。当决定体系状态的参变量(如温度、压力、浓度等)作连续改变时,体系中每个相的性质的改变也是连续的。同时,如果体系内没有新相产生或旧相消失,那么整个体系的性质的改变也是连续的。假若体系内相的数目变化了,则体系的性质也要发生跳跃式的变化。

(2) **相应原理**。在确定的相平衡体系中,每个相或由几个相组成的相组都和相图上的几何图形相对应,图上的点、线、区域都与一定的平衡体系相对应,组成和性质的变化反映在相图上是一条光滑的连续曲线。

(3) **化学变化的统一性原理**。不论什么物质构成的体系(如水盐体系、有机物体系、熔盐体系、硅酸盐体系、合金体系、高温材料体系等),只要体系中所发生的变化相似,它们所对应的几何图形(相图)就相似。所以,从理论上研究相图时,往往不是以物质分类,而是以发生什么变化来分类。

(4) **相区接触规则**。与含有 p 个相的相区接触的其它相区,只能含有 $p\pm1$ 个相。或者说,只有相数相差为1的相区才能互相接触。这是相律的必然结果,违背了这条原则的相图就是违背了相律,当然就是错误的。

(5) **溶解度规则**。相互平衡的各相之间,相互都有一定的溶解度,只是溶解度有大有小而已,绝对纯的相是不存在的。

(6) **相线交点规则**。相线在三相点相交时,相线的延长线所表示的亚稳定平衡线必须位于其它两条平衡相线之间,而不能是任意的。例如图 10.1 中 T_A^*f 线、af 线、T_B^*g 线、bg 线等在三相点 f、g 处的延长线(虚线)都位于其它两条平衡相线之间,例如 T_A^*f 线的延长线位于 af 和 bg 两线之间,所以相图 10.1 是正确的。而相图 10.2 就是错误的,因为 T_A^*f 线、af 线、T_B^*g 线、bg 线的延长线并不位于其它两平衡线之间,而是位于单相区内,所以相图 10.2 是错误的。

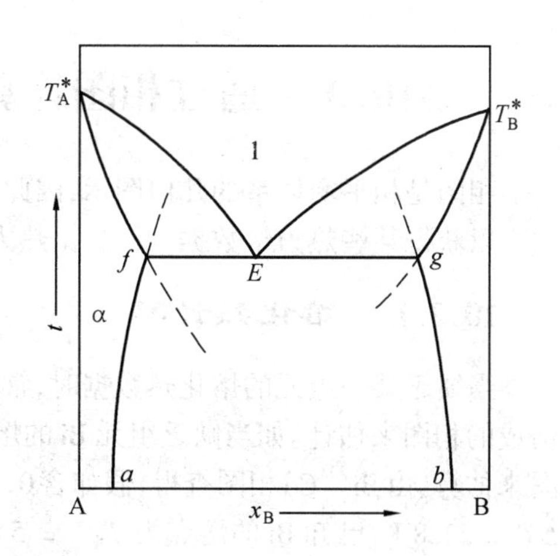

图 10.1　正确的相线交点图

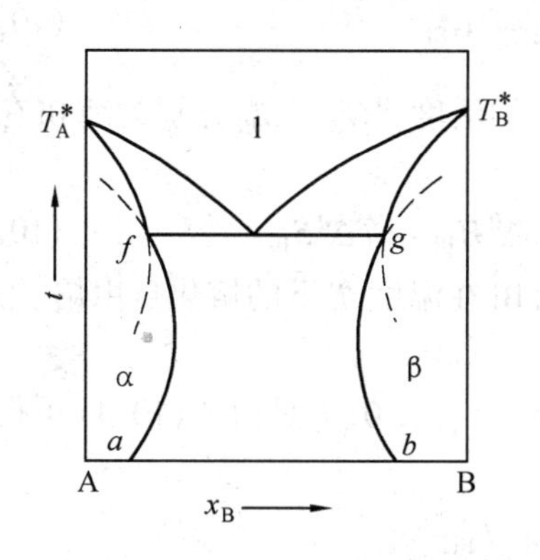

图 10.2　错误的相线交点图

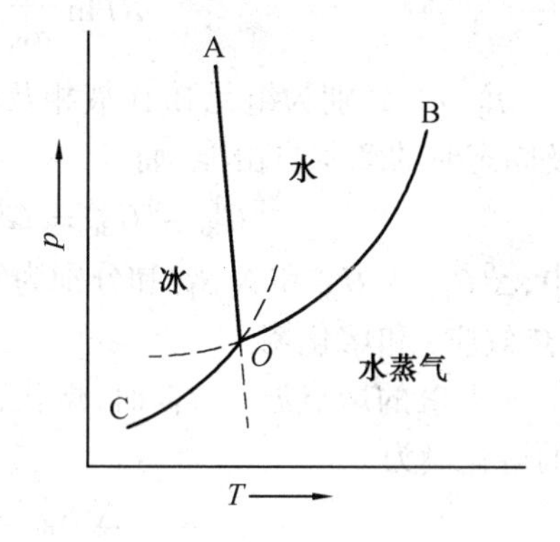

图 10.3　水的相图

以上六条,不仅适用于二组分体系,也适用于三组分、单组分等体系。例如相线交点规则也适用于单组分体系。图 10.3 是水的相图,三条相线在三相点 O 处的延长线(虚线)都位于其它两条相线之间。

10.3 通过相图计算溶体的热力学量

相图是相平衡体系的几何图示,因此,相图与热力学量是密切相关的。由相图可以获得某些热力学数据,反之,由热力学数据也可以构筑相图。

10.3.1 熔化热计算

当缺乏某一组元的熔化热数据时,常用方法之一是利用该组元与其它组元构成的相图来估计。如当缺乏组元 Bi 的熔化热 $\Delta^0 H_{Bi}$ 数据时,可利用 Bi – Cd 相图来估算。由 Bi – Cd 相图查得,假如含 0.1 mol 分数的 Cd 时,合金的熔点要降低 $\Delta T = 22.8$ K,已知 Bi 的熔点为 $T_A{}^* = 543.5$ K,于是 Bi 的熔化热 $\Delta^0 H_{Bi}$ 可由以下方法计算得到。

由于液相线上任意一点都存在固 – 液二相平衡,因此,在该温度下可以得到

$$G_{Bi}^s = G_{Bi}^l$$

$${}^0G_{Bi}^s + RT\ln a_{Bi}^s = {}^0G_{Bi}^l + RT\ln a_{Bi}^l$$

即

$$RT\ln \frac{a_{Bi}^s}{a_{Bi}^l} = {}^0G_{Bi}^l - {}^0G_{Bi}^s \qquad (10.3)$$

其中,a_{Bi}^l、a_{Bi}^s 分别为组元 Bi 在液相及固相中的活度,${}^0G_{Bi}^l$、${}^0G_{Bi}^s$ 分别为纯 Bi 在液态及固态时的摩尔自由能。而

$${}^0G_{Bi}^l - {}^0G_{Bi}^s = \Delta^0 G_{Bi} = \Delta^0 H_{Bi} - T\Delta^0 S_{Bi} \qquad (10.4)$$

其中,$\Delta^0 G_{Bi}$、$\Delta^0 H_{Bi}$ 和 $\Delta^0 S_{Bi}$ 和分别为纯组元 Bi 在温度 T 下的熔化自由焓、熔化焓(热效应)和熔化熵。

在纯 Bi 的熔点温度 T_{Bi}^* 时,熔化自由能 $\Delta^0 G_{Bi} = 0$,于是由式(10.4)可得纯 Bi 的熔化熵为

$$\Delta^0 S_{Bi} = \Delta^0 H_{Bi}/T_{Bi}^*$$

忽略 $\Delta^0 H_{Bi}$ 及 $\Delta^0 S_{Bi}$ 随温度的变化,就可得到任意温度 T 下的熔化自由能

$${}^0G_{Bi} = {}^0G_{Bi}^l - {}^0G_{Bi}^s = \Delta^0 H_{Bi} = (1 - T/T_{Bi}^*)$$

对于式(10.3),由于 Bi – Cd 为稀溶体,可近似取

$$a_{Bi}^s = x_{Bi}^s$$

$$a_{Bi}^l = x_{Bi}^l = 1 - x_{Cd}^l$$

$$\ln(1 - x_{Cd}^l) \approx - x_{Cd}^l$$

$$T \cdot T_{Bi,f} \approx (T_{Bi}^*)^2$$

于是得

$$\Delta^0 H_{Bi} = \frac{1}{\Delta T} R(T_{Bi}^*)^2 x_{Cd}^l \tag{10.5}$$

将具体数据 $\Delta T = 22.8\ K$，$T_{Bi}^* = 543.5\ K$，$R = 8.314\ J \cdot K^{-1} \cdot mol^{-1}$，$x_{Cd}^l = 0.1$ 代入式(10.5)，得

$$\Delta^0 H_{Bi} = 10\ 771\ J \cdot mol^{-1}$$

与库巴切夫斯基等人测得的 $2\ 600 \pm 50\ cal \cdot mol^{-1}(10\ 868\ J \cdot mol^{-1})$ 十分接近。

10.3.2 组元活度的计算

活度一般是由实验测定的，但在缺乏活度的实验数据时，需要由相图来计算活度。已知二元相图时，可利用下列方法求活度：(1) 熔化自由能法；(2) 熔点下降法；(3) 由斜率截距求化学位法。前两个方法本质上是一致的，只能分别求出一个组元活度；而最后一个方法可以同时求出两个组元的活度。

设已知相图如图 10.4 所示。在温度为 T_1 时，a 点组成的 α 相与 b 点组成的 l 相平衡共存，所以

$$\mu_A^\alpha = \mu_A^l$$

设 $a_A(l)$ 和 $a_A(\alpha)$ 分别表示液相 l 和固溶体 α 中组元 A 的活度，则

$${}^0\mu_A^l + RT\ln a_A^l = {}^0\mu_A^\alpha + RT\ln a_A^\alpha$$

$${}^0\mu_A^l - {}^0\mu_A^\alpha = RT\ln \frac{a_A^\alpha}{a_A^l} \tag{10.6}$$

若选取纯物质 A 为活度标准态，则式中 ${}^0\mu_A^l - {}^0\mu_A^\alpha$ 就是 A 组分的摩尔熔化吉布斯自由能 $\Delta^0 G_A^*$，故上式可变为

$$\ln \frac{a_A^\alpha}{a_A^l} = \frac{\Delta^0 G_A^*}{RT} \tag{10.7}$$

若已知 $\Delta^0 G_A^*$ 和 a_A^α，即可计算出该温度下的 a_A^l。当固溶体 α 中 A 组元浓度 x_A^α 接近 1 时，可近似假定 A 组分遵从拉乌尔定律，即用 x_A^α 代替 a_A^α，则

$$\ln a_A^l = \ln x_A^\alpha - \frac{\Delta^0 G_A^*}{RT} \tag{10.8}$$

式中，$\Delta^0 G_A^*$ 可由下式求算

$$\Delta^0 G_A^* = \Delta^0 H_A^* - T\frac{\Delta^0 H_A^*}{T_A^*} + \int_{T_A^*}^{T} \Delta C_{p,A}^* dT - T\int_{T_A^*}^{T} \frac{\Delta C_{p,A}^*}{T} dT \tag{10.9}$$

式中，$\Delta^0 H_A^*$ 为纯 A 的摩尔熔化热，$\Delta C_{p,A}^*$ 是液体 A 与固体 A 的恒压摩尔热容之差

$$\Delta C_{p,A}^* = \Delta C_{p,A}^l - \Delta C_{p,A}^s$$

一般情况下,可近似地认为 $\Delta C_{p,\mathrm{A}}^{*} \approx 0$,则式(10.8)可转写作

$$\ln a_{\mathrm{A}}^{1} = \ln x_{\mathrm{A}}^{\alpha} + \frac{\Delta^{0} H_{\mathrm{A}}^{*}\left[T - T_{\mathrm{A}}^{*}\right]}{RTT_{\mathrm{A}}^{*}} \tag{10.10}$$

若 α 相区十分狭窄,a 点与纵坐标重合,$x_{\mathrm{A}}{}' \to 1$,则上式变为

$$\ln a_{\mathrm{A}}^{1} = \frac{\Delta^{0} H_{\mathrm{A}}^{*}\left[T - T_{\mathrm{A}}^{*} T\right]}{RTT_{\mathrm{A}}^{*}} \tag{10.11}$$

这类相图如图10.5所示。利用相图读取不同温度下的 x_{A}^{α} 值,代入式(10.8)或式(10.10)即可求算液相中的活度 a_{A}^{1},式(10.9)可用来计算固态完全不互溶并具有低共熔点类型相图中液相内组分的活度。

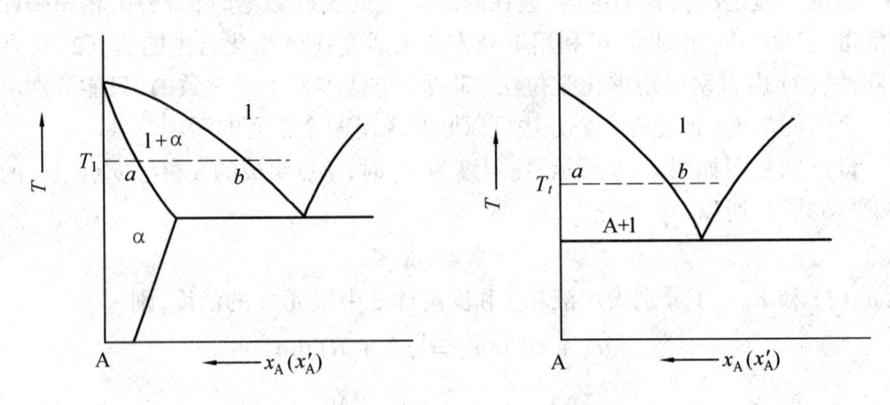

图 10.4　共晶相图示意图　　　　图 10.5　简单共晶相图

必须注意,上面各式算出的 a_{A}^{1} 是温度 T 时的液相线 b 点组成的溶液中 a_{A}^{1}。选取不同的温度,可算出沿液相线上各点的溶液中的 a_{A}^{1}。在实际应用中,往往需要的是同一温度下不同浓度的溶液中的活度 a_{A}^{1},这就需要将液相线上不同温度不同浓度下的 a_{A}^{1} 值换算为同一温度不同浓度下的活度值,此时必须利用活度与温度的关系式。

关于物质B的活度 a_{B} 与温度关系可推导如下:

$$\frac{\partial \ln a_{\mathrm{B}}}{\partial T} = \frac{1}{R}\frac{\partial}{\partial T}\left(\frac{\Delta G_{\mathrm{B}}}{T}\right) \tag{10.12}$$

根据吉布斯 - 亥姆霍茨(Helmholtz)方程

$$\mathrm{d}\left(\frac{\Delta G}{T}\right) = -\frac{\Delta H}{T^{2}}\mathrm{d}T$$

则式(10.12)可转变为

$$\frac{\partial \ln a_{\mathrm{B}}}{\partial T} = -\frac{\Delta H_{\mathrm{B}}}{RT^{2}} \tag{10.13}$$

积分后,得

$$\ln a_{\mathrm{B}} = \frac{\Delta H_{\mathrm{B}}}{RT} + C \qquad (10.14)$$

式中,C 为积分常数;ΔH_{B} 是 B 组分的偏摩尔溶解焓。利用该式可将不同温度下算出的活度换算为同一温度下的活度。若缺少 ΔH_{B} 数据,可近似假定为规则溶液,则 $\Delta H_{\mathrm{B}} = RT\ln\gamma_{\mathrm{B}}$。在某一温度 T 下算出的活度系数 γ_{B} 即可求出 ΔH_{B}。

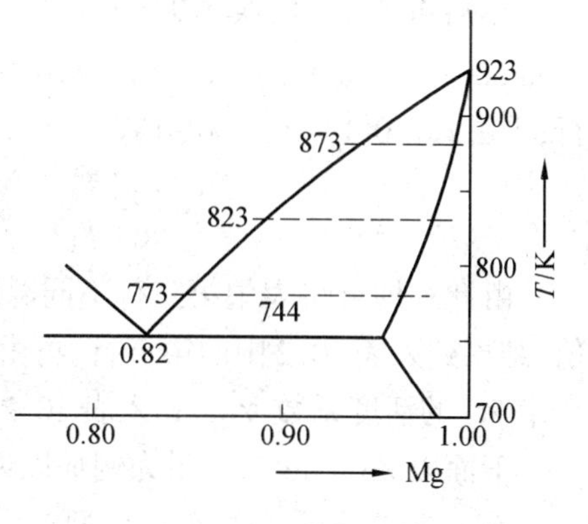

图 10.6

【例】 Mg – Ag二元系相图如图 10.6所示。试利用相图计算973 K时 Mg – Ag合金中 Mg 的活度及活度系数。已知 Mg 的熔点为 923 K,摩尔熔化热为 87 876 J · mol^{-1},液态 Mg – Ag 合金中 $\Delta H_{\mathrm{Mg}}^{\mathrm{l}} = -48\ 580(1 - x_{\mathrm{Mg}}{}^{\mathrm{l}})^2$ J · mol^{-1}。

【解】 由相图读取几个温度下的固相组成 $x_{\mathrm{Mg}}{}^{\mathrm{s}}$ 和液相组成 $x_{\mathrm{Mg}}{}^{\mathrm{l}}$ 如表 10.1 所示。

由手册中查得固态 Mg 在 800 ~ 900 K 范围内的恒压摩尔热容 $C_{p,\mathrm{Mg}}^{\mathrm{s}} = 30.4 \sim 31.5$ J · mol^{-1} · K^{-1},液态 Mg 的 $C_{p,\mathrm{Mg}}^{\mathrm{l}} = 31.8$ J · mol^{-1} · K^{-1},显然其 $\Delta C_{p,\mathrm{Mg}}^{*}$ 甚小,忽略不计。故可用式(10.11) 进行计算,即

$$\ln a_{\mathrm{Mg}}^{\mathrm{l}} = \ln x_{\mathrm{Mg}}^{\mathrm{s}} + \frac{\Delta^0 H_{\mathrm{Mg}}^{*}[T - T_{\mathrm{Mg}}^{*}]}{RTT_{\mathrm{Mg}}^{*}} = \ln x_{\mathrm{Mg}}^{\mathrm{s}} + \frac{8\ 786 \times [T - 923]}{8.314 \times T \times 923}$$

由此式可算得不同温度下的 $a_{\mathrm{Mg}}^{\mathrm{l}}$ 值,列入表 10.2 中第三行。

表 10.1　Mg – Ag 合金温度与各相成分的关系

温　度	T/K	923	837	823	773	774
组　成	$x_{\mathrm{Mg}}^{\mathrm{s}}$	1.00	0.993	0.983	0.972	0.960
	$x_{\mathrm{Mg}}^{\mathrm{l}}$	1.00	0.936	0.894	0.853	0.825

表 10.2　Mg – Ag 合金以下热力学参数

T/K	923	873	823	773	744
$x_{\mathrm{Mg}}^{\mathrm{l}}$	1.00	0.936	0.894	0.853	0.825
$a_{\mathrm{Mg}}^{\mathrm{l}}$	1.00	0.930	0.856	0.778	0.728
$\Delta H_{\mathrm{Mg}}^{\mathrm{l}}$/J · mol^{-1}	0	– 199	– 546	– 1 050	– 1 488
$a_{\mathrm{Mg}}^{\mathrm{l}}$(973 K)	1.00	0.933	0.866	0.805	0.771
$\gamma_{\mathrm{Mg}}^{\mathrm{l}}$(973 K)	1.00	0.996	0.969	0.943	0.935

然后再把 a_{Mg}^{l} 值换算 973 K 下不同浓度的活度值，即根据题中给出 $\Delta H_{Mg}^{l} = -48\,580(1-x_{Mg}^{l})^2\ J \cdot mol^{-1}$，计算出不同 x_{Mg}^{l} 下的 ΔH_{Mg}^{l} 值，列入表 10.2 中第四行；再由式(10.13) 得定积分式

$$\ln \frac{a_B(T_2)}{a_B(T_1)} = \frac{\Delta H_B}{R}\left(\frac{1}{T_2} - \frac{1}{T_1}\right)$$

由此式即可将表中第三行不同温度下的 a_{Mg}^{l} 值换算到 $T_2 = 973$ K 时的 a_{Mg}^{l} 值，结果列入表 10.2 中的第五行。再由此活度值和浓度值，即可算得 Mg – Ag 合金中 Mg 的活度系数 γ_{Mg}^{l}，列入表 10.2 中的第六行。

下面以 Zn – In 二元系为例加以说明熔化自由能法。

Zn – In 二元系是简单共熔型二元系，对于液相线上任意一点可以写出

$$Zn^s = [Zn]_{Zn-In}$$

$$G_{Zn}^{s} = G_{Zn}^{l}$$

$${}^0G_{Zn}^{s} + RT\ln a_{Zn}^{s} = {}^0G_{Zn}^{l} + RT\ln a_{Zn}^{l}$$

如果取同一标准态，如纯液态 Zn 作为标准态，那么

$${}^0G_{Zn}^{s} + RT\ln a_{Zn}^{s} = {}^0G_{Zn}^{l} + RT\ln a_{Zn}^{l}$$

$$a_{Zn}^{s} = a_{Zn}^{l} \tag{10.15}$$

即在液相线上某个温度时，溶液与析出的晶体相平衡。由于选用同一标准态，因此溶剂在溶液中的活度与在晶体中的活度相等。又由于选用纯液态为标准态，该活度均小于 1，可由下面方法计算之。

在目前情况下，固态 Zn 的自由能 G_{Zn}^{s} 是由两部分组成的，即

$$G_{Zn}^{s} = {}^0G_{Zn}^{l} + RT\ln a_{Zn}^{s}$$

$$-RT\ln a_{Zn}^{s} = {}^0G_{Zn}^{l} - G_{Zn}^{s}$$

等式右边就是 T 温度下组元 Zn 的熔化自由焓

$$\Delta G_{Zn}^{*} = {}^0G_{Zn}^{l} - {}^0G_{Zn}^{s} = \Delta H_{Zn}^{*} - T\Delta S_{Zn}^{*}$$

同样，利用 Zn 在熔点温度下的熔化热数据及 Zn 的热容资料，就可以计算出 ΔG_{Zn}^{*}。于是，得到组元 Zn 的活度

$$\lg a_{Zn}^{s} = -\frac{107}{T} + 1.178\lg T - 0.235 \times 10^{-3} T - 3.027$$

把液相线上每个温度都代入上式，就得各个温度下相应的 Zn 活度。同时，由相图读出各温度下对应的溶液成分 x_{Zn}，再利用 a_{Zn}^{s} 与温度之间关系式

$$R\mathrm{d}[\ln a_{Zn}^{s}]/\mathrm{d}(1/T) = (x_{Zn})^2 \cdot {}^0L_{Zn}$$

其中，x_{Zn} 为溶液中 Zn 的浓度；${}^0L_{Zn}$ 为组元 Zn 的相对偏摩尔热。即可计算各个温度下不同成分溶液中 Zn 的活度。图 10.7 中的点子就是 700 K 时按此式的计算结

果,图中曲线是实验值。可见直到 x_{Zn} = 0.5,计算值与实验值吻合得仍较好。

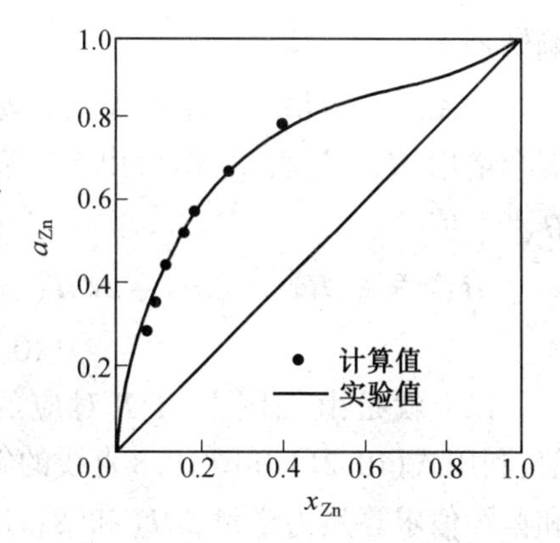

图 10.7 Zn - In 合金中的 Zn 活度

10.3.3 其它热力学量的计算

对任一个 A - B 基组分简单低共熔型相图,由于液相线上任一点所代表的固、液两相均在此点温度下达到平衡,因而有

$$\Delta G_A = G_A^{\,l} - G_A^{\,s} = 0$$

而

$$\Delta G_A = \Delta H_A - T\Delta S_A$$

所以

$$\Delta H_A = T\Delta S_A \tag{10.16}$$

组分 A 的偏摩尔焓变化 ΔH_A 应由两部分组成,即由 A 的摩尔熔化热 $\Delta^0 H_A^*$ 和偏摩尔混合焓 $H_A^{\,M}$ 组成

$$\Delta H_A = H_A - H_A^{*,s} = H_A - H_A^{*,l} + \Delta^0 H_A^* = H_A^M + \Delta^0 H_A^* \tag{10.17}$$

同样道理,组分 A 的偏摩尔熵变化 ΔS_A 也应由两部分组成,即由 A 的摩尔熔化熵 $\Delta^0 S_A{}^*$ 和偏摩尔混合熵 $S_A{}^M$ 组成

$$\Delta S_A = S_A - S_A^{*,s} = S_A - S_A^{*,l} + \Delta^0 S_A^* = S_A^M + \Delta^0 S_A^* \tag{10.18}$$

而偏摩尔混合熵 $S_A{}^M$ 又分为两部分,即 A、B 形成理想溶液的偏摩尔混合熵 ${}^{id}S_A$ 以及和实际溶液与理想溶液之间偏差有关的过剩偏摩尔混合熵 ${}^E S_A$,于是

$$\Delta S_A = S_A^M + \Delta_{fus} S_m^*(A) = {}^{id}S_A + {}^E S_A + \Delta^0 S_A^* \tag{10.19}$$

对理想溶液的偏摩尔混合熵 ${}^{id}S_A^M$ 还可由下式表示

$${}^{id}S_A = -R\ln x_A \tag{10.20}$$

将式(10.19)、(10.20)代回式(10.16),得

$$\Delta H_A = T[\Delta^0 S_A^* + {}^E S_A - R\ln x_A]$$

进而可得

$$\ln x_A = -\frac{\Delta H_A}{RT} + \frac{\Delta^0 S_A^* + {}^E S_A}{R} \tag{10.21}$$

由此可知,如果 ΔH_A,$\Delta^0 S_A^*$,${}^E S_A$ 均与温度无关,那么 $\ln x_A$ 与 $1/T$ 成直线关系,如图 10.8 所示。直线斜率为 $-\Delta H_A/R$,直线的截距为 $[\Delta^0 S_A^* + {}^E S_A]/R$。显然,由相图读取相应温度 T 下的液相组成 x_A,就可做出如图 10.8 的直线,由直线的斜率和截距值,便可分别求得 A 的偏摩尔焓变化 ΔH_A 和过剩偏摩尔混合

熵${}^{E}S_{\mathrm{A}}{}^{\mathrm{M}}$。

对无限稀溶液中，组分 A 的偏摩尔混合焓用 $H_{\mathrm{A}}{}^{M,\infty}$ 表示，即可由下式获得 $H_{\mathrm{A}}{}^{\mathrm{M},\infty}$ 值

$$H_{\mathrm{A}}{}^{\mathrm{M},\infty} = H_{\mathrm{A}}^{\mathrm{M}} = \Delta H_{\mathrm{A}} - \Delta^{0} H_{\mathrm{A}}^{*} \tag{10.22}$$

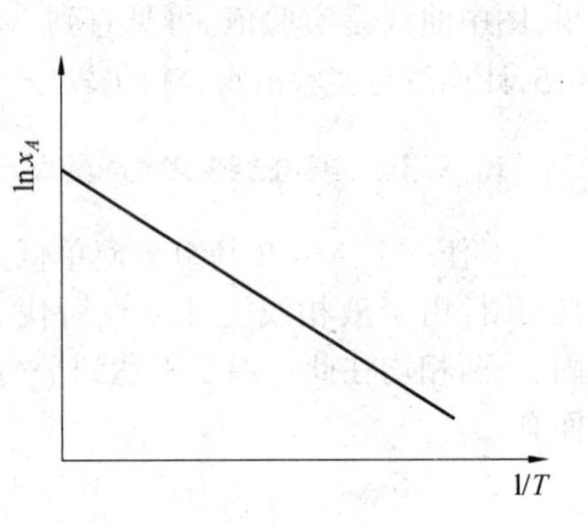

图 10.8 $\ln x_{\mathrm{A}}$ 与 $1/T$ 的关系示意图

以上就是由相图上的 T 对应的 x_{A} 值，利用式(10.21)和图 10.8 直线的斜率和截距值求算热力学量 ΔH_{A} 和${}^{E}S_{\mathrm{A}}$，进而利用式(10.22)又可求得 $H_{\mathrm{A}}{}^{\mathrm{M}}$ 值。用同样的道理和方法，也可求得 ΔH_{B} 和${}^{E}S_{\mathrm{B}}$ 以及 $H_{\mathrm{B}}{}^{\mathrm{M},\infty}$。

若溶液为规则溶液，于是对浓溶液的混合焓 H^{M} 可用下式计算

$$H^{\mathrm{M}} = H_{\mathrm{A}}{}^{\mathrm{M},\infty} x_{\mathrm{A}} x_{\mathrm{B}} \tag{10.23}$$

于是组分 A 和 B 的偏摩尔混合焓可表示为

$$H_{\mathrm{A}}{}^{\mathrm{M}} = H_{\mathrm{A}}{}^{\mathrm{M},\infty} x_{\mathrm{B}}, \quad H_{\mathrm{B}}{}^{\mathrm{M}} = H_{\mathrm{A}}{}^{\mathrm{M},\infty} x_{\mathrm{A}} \tag{10.24}$$

偏摩尔混合熵为

$$S_{\mathrm{A}}^{\mathrm{M}} = \frac{H_{\mathrm{A}}^{\mathrm{M}}}{T} - \frac{G_{\mathrm{A}}^{\mathrm{M}}}{T} = \frac{H_{\mathrm{A}}^{\mathrm{M}}}{T} - R\ln a_{\mathrm{A}} \tag{10.25}$$

10.4 二元相图的计算

合金相图的测定与绘制，最常见的方法是热分析法，其原理是对于任何成分的合金，当从高温降低到低温或从低温升到高温过程中，只要发生相转变就会有热效应产生，即发生吸热或放热现象，从而使冷却或加热曲线产生明显的转折或呈水平线。因此这些转折点或水平线对应着不同成分合金的临界点。根据这些临界点，即可绘制出合金相图。

除热分析法外，合金相图的测定与绘制方法还有很多种，诸如晶体点阵常数测定法、金相法等等。但是所有这些方法，不仅需要花费大量的人力、物力和宝贵的时间，而且相图的准确程度还要受到实验所用的金属纯度、测定仪器的精度以及测定工艺条件等的限制，所以人们会经常看到对于一种合金存在不同的相图。利用热力学原理进行相图计算，可以克服上述方法的缺点，特别是计算机技术的发展，给相图研究工作带来了极大方便。因此 20 世纪 70 年代以后，计算相图得到了充分发展，并形成相图热力学的一个重要分支，即相图计算。

10.4.1 平衡相浓度的计算原理

合金系的整体摩尔自由能 G,应为各组元摩尔自由能之和加上混合自由能 ΔG^{M},即

$$G = \sum (x_i \cdot {}^0G_i) + \Delta G^{M} \tag{10.26}$$

式(10.26)中${}^0G_i$为组元在标准态时的摩尔自由能,对于规则溶体,由于 $\Delta H^{M} = 0$,有

$$\Delta G^{M} = - T\Delta^{\mathrm{id}} S + \Delta^{E} G \tag{10.27}$$

代入式(10.26)得

$$G = \sum (x_i \cdot {}^0G_i) - T\Delta^{\mathrm{id}} S + \Delta^{E} G \tag{10.28}$$

而

$$\Delta^{\mathrm{id}} S = - R \sum x_i \ln x_i \tag{10.29}$$

对于二元系规则溶体,有

$$\Delta^{E} G = \alpha' x_{\mathrm{A}} x_{\mathrm{B}} \tag{10.30}$$

对于非规则溶体,若是富 A 时,$\Delta^{E} G$ 可表示为

$$\Delta^{E} G = x_{\mathrm{A}} x_{\mathrm{B}} (A_0 + A_1 x_{\mathrm{B}} + A_2 x_{\mathrm{B}}^2 + A_3 x_{\mathrm{B}}^3 + \cdots) \tag{10.31}$$

对于任意成分二元溶体,$\Delta^{E} G$ 由多种表示形式,如

$$\Delta^{E} G = x_{\mathrm{A}} x_{\mathrm{B}} [(A_0 + A_1(x_{\mathrm{A}} - x_{\mathrm{B}}) + A_2(x_{\mathrm{A}} - x_{\mathrm{B}})^2 + A_3(x_{\mathrm{A}} - x_{\mathrm{B}})^3 + \cdots) \tag{10.32}$$

$$\Delta^{E} G = x_{\mathrm{A}} x_{\mathrm{B}} (A_1 + A_2 x_{\mathrm{B}}) \tag{10.33}$$

$$\Delta^{E} G = x_{\mathrm{A}} x_{\mathrm{B}} (A_1 x_{\mathrm{A}}^2 + A_2 x^{A} x_{\mathrm{B}} + A_3 x_{\mathrm{B}}^2) \tag{10.34}$$

$$\Delta^{E} G = x_{\mathrm{A}} x_{\mathrm{B}} (A_1 x_{\mathrm{A}}^3 + A_2 x_{\mathrm{A}}^2 x_{\mathrm{B}} + A_3 x_{\mathrm{A}} x_{\mathrm{B}}^2 + A_4 x_{\mathrm{B}}^3) \tag{10.35}$$

以上各式中,$A_1 \sim A_4$ 均表示组元间交互作用参数。它们也是温度的函数,所以可用下式表示交互作用参数

$$A_i = a + bT + cT\ln T + dT^2 + eT^{-1} + fT^3 \tag{10.36}$$

已知两相平衡时化学位相等,即

$$G_{\mathrm{A}} = G_{\mathrm{B}} \quad 或 \quad \mu_{\mathrm{A}} = \mu_{\mathrm{B}} \tag{10.37}$$

对于二元系溶体,有

$$G_i = G_{\mathrm{m}} + (1 - x_i) \frac{\partial G_{\mathrm{m}}}{\partial x_i} \tag{10.38}$$

对于多元系溶体,则有

$$G_i = G_{\mathrm{m}} + \sum_{j=2}^{N} (\delta_{ij} - x_i) \frac{\partial G_{\mathrm{m}}}{\partial x_j} \tag{10.39}$$

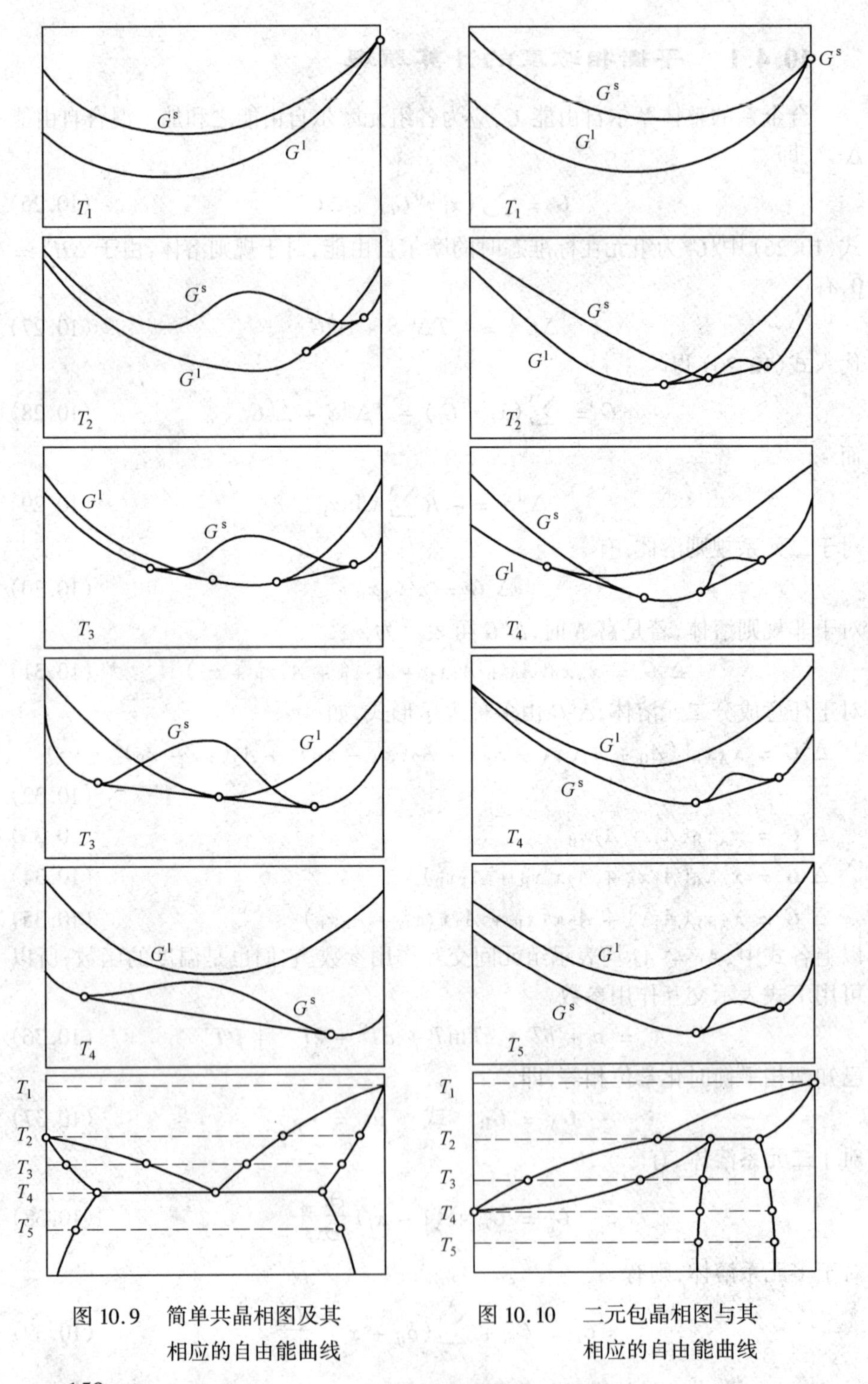

图 10.9　简单共晶相图及其相应的自由能曲线

图 10.10　二元包晶相图与其相应的自由能曲线

可求得组元 i 的化学位。由于

$$G_i = G_i^0 - TS_i + {}^E G_i \tag{10.40}$$

由式(10.29)得

$$S_i = -R\ln x_i \tag{10.41}$$

对于两相 α、β 平衡,由式(10.37)至(10.41)可得

$$K_i^{\alpha/\beta} = x_i^\alpha / x_i^\beta = \exp[({}^0G_i^\beta - {}^0G_i^\alpha + {}^EG_i^\beta - {}^EG_i^\alpha)/RT] \tag{10.42}$$

式中,$K_i^{\alpha/\beta}$ 为组元 i 在 α 和 β 相中的浓度比,称为组元 i 的分配系数。求得组元的分配系数后,在一定情况下可求得 α 和 β 相的平衡浓度。

由此可见,在相图计算中,关键问题是对组元交互作用参数的求解。图 10.9 和 10.10 给出了由自由能曲线获得相图的一般方法。对于不同转变类型的相图虽然其计算的基本原理相同,但是具体过程,或者说具体的计算模型则有所差别,下面分别介绍几种具有简单转变类型的相变的相图计算方法。

10.4.2 简单共晶相图的计算

简单共晶相图是常见的典型相图之一。简单共晶系是两个组元在液态下,能以任何比例互相溶解,在固态下,则互相不溶解的体系。常见的简单共晶系有:铋–镉(Bi–Cd),镓–锌(Ga–Zn),铌–钪(Nb–Sc),金–铊(Au–Tl)等。简单共晶系相图是由两条液相线和一条固相线组成的,如图 10.11。

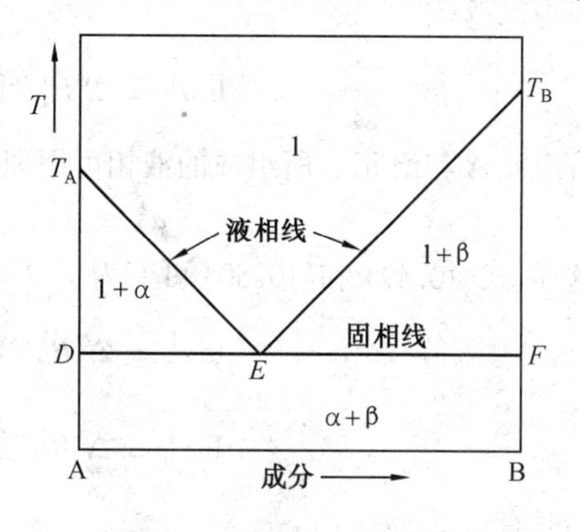

图 10.11　简单二元共晶相图

共晶相图计算的基本任务是,求出各个温度下,体系达到平衡状态时,各相的成分以及共晶成分和共晶温度。

体系在恒压、恒温情况下,液相与固相达到平衡的条件是

$$G_A^\alpha = G_A^l,\quad G_B^\beta = G_B^l \tag{10.43}$$

由于组元 B 在 α 相中的溶解度为零,也就是 α 相是由纯组元 A 组成,所以

$$G_A^\alpha = {}^0G_A^\alpha \tag{10.44}$$

而

$$G_A^l = {}^0G_A^l + RT\ln a_A^l$$

故

$${}^0G_A^\alpha = {}^0G_A^l + RT\ln a_A^l$$

移项得

$$ {}^0G_A^\alpha - {}^0G_A^l = RT\ln a_A^l \tag{10.45} $$

根据热力学原理,有

$$ {}^0G_A^\alpha - {}^0G_A^l = \Delta^0 G_A^{l\to\alpha} = \Delta^0 H_A^{l\to\alpha} - T\Delta^0 S_A^{l\to\alpha} \tag{10.46} $$

而

$$ \Delta^0 H_A^{l\to\alpha} = T_A \Delta^0 S_A^{l\to\alpha} $$

因此有

$$ \Delta^0 G_A^{l\to\alpha} = \Delta^0 H_A^{l\to\alpha} - T\frac{\Delta^0 H_A^{l\to\alpha}}{T_A} = \Delta^0 H_A^{l\to\alpha}\left(1 - \frac{T}{T_A}\right) \tag{10.47} $$

其中,$\Delta^0 H_A^{l\to\alpha}$ 为组元 A 的熔化热(熔化焓),$\Delta^0 S_A^{l\to\alpha}$ 为组元 A 的熔化熵。

由式(10.45)、(10.46) 和(10.47) 可得

$$ RT\ln a_A^l = \Delta^0 H_A^{l\to\alpha}\left(1 - \frac{T}{T_A}\right) \tag{10.48} $$

或

$$ \ln a_A^l = \Delta^0 H_A^{l\to\alpha}\left(1 - \frac{T}{T_A}\right)/RT \tag{10.49} $$

同理可得

$$ \ln a_B^l = \Delta^0 H_B^{l\to\alpha}\left(1 - \frac{T}{T_B}\right)/RT \tag{10.50} $$

若组元 A 与组元 B 所组成的液相可用理想溶体近似,则

$$ a_A^l = x_A^l, \quad a_B^l = x_B^l $$

这样,式(10.49) 和(10.50) 可变为

$$ \ln x_A^l = \Delta^0 H_A^{l\to\alpha}\left(1 - \frac{T}{T_A}\right)/RT \tag{10.51} $$

$$ \ln x_B^l = \Delta^0 H_B^{l\to\alpha}\left(1 - \frac{T}{T_B}\right)/RT \tag{10.52} $$

同时有

$$ x_B^l = 1 - x_A^l \tag{10.53} $$

分别解方程式(10.49) 和(10.50),可得两条液相线上温度对应成分的关系。若解联立方程式(10.51)、(10.52) 和(10.53),可得共晶点成分和温度。

若组元 A 和组元 B 所组成的液相可用正规溶体近似,则有

$$ G_A^l = {}^0G_A^l + RT\ln x_A^l + (1 - x_A^l)^2 I_{AB}^l \tag{10.54} $$

根据式(10.43) 和(10.44) 有

$$ {}^0G_A^\alpha - {}^0G_A^l = RT\ln x_A^l + (1 - x_A^l)^2 I_{AB}^\alpha \tag{10.55} $$

而

$$\Delta^0 G_A^{l\to\alpha} = \Delta^0 H_A^{l\to\alpha} - T\Delta^0 S_A^{l\to\alpha} \tag{10.56}$$

$$\Delta^0 H_A^{l\to\alpha} = T_A \Delta^0 S_A^{l\to\alpha} \tag{10.57}$$

根据理查德(Richard)规则有

$$\Delta^0 S_A^{l\to\alpha} = -R \tag{10.58}$$

其中负号表示与结晶时的熵变相反。所以有

$$\Delta^0 G_A^{l\to\alpha} = RT_A - RT \tag{10.59}$$

因此可得

$$T = \frac{T_A - (1 - x_A^l)^2 I_{AB}^l / R}{1 - \ln x_A^l} \tag{10.60}$$

同理可以得到相图右侧液相线温度与成分的关系

$$T = \frac{T_B - (1 - x_B^l)^2 I_{AB}^l / R}{1 - \ln x_B^l} \tag{10.61}$$

10.4.3 二元匀晶相图的计算

二元匀晶相图也是常见的典型相图之一。其特点是,两个组元在液态和固态下,都能以任何比例互相溶解,如图 10.12 所示。

匀晶相图计算的基本任务是,利用两相平衡原理,求出各个温度下,体系达到平衡状态时,液相线与固相线相对应的成分。

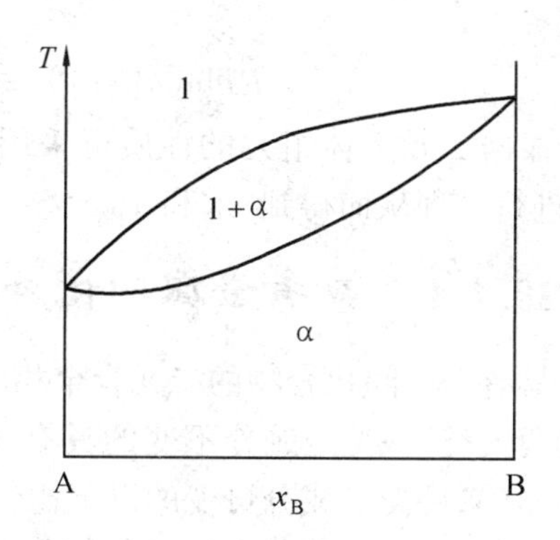

图 10.12 二元匀晶相图

设有 A 和 B 组元组成无限固溶的液相和固相溶体,在温度 T 时成分为 x_B^s 的固溶体 α 与成分为 x_B^l 的液体形成平衡求出不同温度下的 x_B^s 和 x_B^l,即可绘制这类二元相图。

平衡时有

$$G_A^s = G_A^l, \quad G_B^s = G_B^l \tag{10.62}$$

而在一定温度时

$$G_A^l = {}^0G_A^l + RT\ln a_A^l \tag{10.63}$$

$$G_A^s = {}^0G_A^s + RT\ln a_A^s \tag{10.64}$$

其中,${}^0G_A^l$ 和 ${}^0G_A^s$ 分别为纯组元 A 在液态和固态的摩尔自由能,a_A^l 和 a_A^s 分别为组元 A 在液态和固态溶体中的活度。所以有

$$^0G_A^l - {}^0G_A^s = RT\ln(a_A^s / a_A^l) \tag{10.65}$$

上式中左边等于纯组元A在温度T时的熔化自由能。当T K时纯A的固相与纯A的液相平衡,则

$$\Delta G_{mA} = \Delta H_{mA} - T\Delta S_{mA} \tag{10.66}$$

其中,ΔG_{mA}、ΔH_{mA}及ΔS_{mA}分别表示温度T K时纯A组元的熔化自由能、熔化焓及熔化熵。在纯A的熔点T_A时,熔化自由能等于零,由式(10.66)可得

$$\Delta S_{mA} = \Delta H_{mA}/T_A \tag{10.67}$$

设$C_{p(l)}$和$C_{p(s)}$(分别为液相与因相的定压热容)很小,对ΔH_{mA}和ΔS_{mA}的影响可忽略(也就是,ΔH_{mA}和ΔS_{mA}随温度的变化可忽略,此时T略低于T_A,满足该条件),则在T K时熔化自由能可按下面的方法求得

$$\Delta G_{mA} = \Delta H_{mA}(1 - T/T_A) \tag{10.68}$$

而

$$\Delta G_{mA} = {}^0G_A^l - {}^0G_A^s \tag{10.69}$$

由此可得

$$RT\ln(a_A^s/a_A^l) = \Delta H_{mA}(1 - T/T_A) \tag{10.70}$$

同理有

$$RT\ln(a_B^s/a_B^l) = \Delta H_{mB}(1 - T/T_B) \tag{10.71}$$

根据二元溶体组元的性质可采用不同的溶体模型来对式(10.70)和(10.71)进行处理从而得到x_B^l和x_B^s。

10.4.4 具有金属间化合物的相图

具有金属间化合物的二元合金相图如图10.13所示。通常金属间化合物可分为两大类,一类是成分不变的具有化学计量比的金属间化合物(如图10.13中η和θ),一类是成分可变的以定比化合物为基的合金(如图10.13中的ε)。前者相对简单些,而后者计算起来非常复杂。目前有关含有以化合物为基的合金溶体的相图计算尚未见报道。

对于具有满足化学计量比的定比金属间化合物的合金,如Gd-Ni、Ni-Zr,Ti-Al、Cu-Zn、Ti-Ni和Fe-Al等,其相图计算的一种方法为,将定比化合物如当成一组元(缔合物)来处理。如对于Ni-Zr合金,相图计算时,将定比化合物如NiZr看成一组元a,则液相吉布斯自由能的表达式为

$$G_m^l = x_{Ni}{}^0G_{Ni}^l + x_a{}^0G^l a + x_{Zr}{}^0G_{Zr}^l + RT(x_{Ni}\ln x_{Ni} + x_a\ln x_a + x_{Zr}\ln x_{Zr}) + L_{aNi}x_a x_{Ni} + L_{aZr}x_a x_B \tag{10.72}$$

其中,x_A、x_B和x_a分别为自由Ni原子、Zr原子和缔合物a在液相中的摩尔分数;L_{aNi}和L_{aZr}分别为缔合物a与Ni原子与Zr原子之间的相互作用参数;${}^0G_{Ni}^l$和${}^0G_{Zr}^l$分别为Ni和Zr的液相晶格稳定性参数(可从一些文献中查到);${}^0G_a^l$相当

于液相中仅含缔合物时的 Gibbs 自由能。若 x 为缔合物中 Ni 的化学计量比(缔合物的分子式为 Ni_xZr_{1-x}),则${}^0G_a^l$ 可表示为

$$ {}^0G_a^l = x{}^0G_{Ni}^l + (1-x){}^0G_{Zr}^l + A + BT \tag{10.73} $$

其中 A 和 B 为不定参数,可通过计算机进行优化。

另一种方法是,采用亚规则模型法。如求解 Gd - Ni 合金相图,选取液相自由能的表达式为

$$ G_m^l = x_{Ni}{}^0G_{Ni}^l + x_{Gd}{}^0G_{Gd}^l + RT(x_{Ni}\ln x_{Ni} + x_{Gd}\ln x_{Gd}) + x_{Ni}x_{Gd}[A + B(x_{Gd} - x_{Ni}) + C(x_{Gd} - x_{Ni})^2] \tag{10.74} $$

而体系中各金属间化合物均处理为具有化学计量比的相,其自由能表示为

$$ {}^0G_{Gd_{1-x}Ni_x} = x{}^0G_{Ni}^l + (1-x)G_{Gd}^l + A + BT \tag{10.75} $$

其中,A 和 B 的意义与式(10.73)相同。

利用上述模型对钆镍(Gd - Ni)和镍锆(Ni - Zr)合金相图进行了计算,其结果与实测相图符合很好。

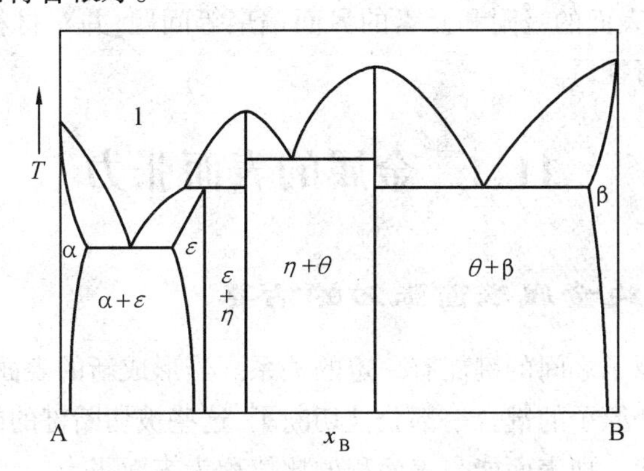

图 10.13　具有金属间化合物的二元合金相图

第11章　界面热力学

在表面化学中物质的交界面分为两大类,即和物质接触的第二相为气相时的交界面,称为表面;和物质接触的第二相为非气相时,称为界面。在不需要严格区分的情况下,常常将表面和界面统称为界面。

界面(包括表面)不是一个简单的几何面,而是具有几个原子厚度的区域。界面不仅存在于金属的外部,而且广泛存在于金属的内部,并贯穿于金属材料的整个制造过程,对金属材料的组织和性能有重要影响。

本章从热力学理论出发,着重介绍金属的表面张力、晶界能与晶体形态的关系,以及金属表面的吸附和元素的界面偏聚等问题,并对材料热加工中的一些界面问题进行探讨。

11.1　金属的表面张力

11.1.1　纯金属表面张力的估算

表面能与原子之间的键能有一定的关系。当形成新的表面时,在新表面上和靠近新表面处原子的键合一部分被切断了,这些被切断键的能量之和就构成了金属的表面能。把表面能与表面积的比值称为表面张力。

由热力学理论可知,金属的表面张力与金属单位界面内能及温度之间具有以下关系

$$\sigma = U + T\frac{\mathrm{d}\gamma}{\mathrm{d}T} \tag{11.1}$$

式中,σ 为表面张力;U 为表面内能;T 为温度。

根据实验结果,纯金属的液相表面张力与温度的关系不大,因此可以近似认为

$$\sigma = U = \sigma_0 = 常量$$

这样,对表面张力的计算就可以通过对表面内能的计算来完成。下面采用随机混合模型计算表面内能 U 的值。

设在固体金属内有 N' 个原子,其中 n' 个原子位于表面。采用“最邻近原子

相互作用模型”计算所有原子的相互作用能,可得到总内能值:

$$U_A = (N' - n')\frac{Z_0}{2}u_{AA} + \frac{n'}{2}\left[Z_S + \frac{Z_0 - Z_S}{2}\right]u_{AA} =$$

$$N'Z_0\frac{u_{AA}}{2} - \frac{n'(Z_0 - Z_S)}{4}u_{AA} \tag{11.2}$$

式中,u_{AA} 是二原子之间的相互作用势能,其值总是负的;Z_0 是原子的体积配位数;Z_S 是原子的表面配位数,通常为表面层层内最近邻原子数。

上式表明,总内能是由两项组成的,一项是体积内能,即式(11.2)中的第一项;另一项是表面内能,即式(11.2)中的第二项。

令 $Z_R = (Z_0 - Z_S)/2$ 为界面配位数,例如,对于密排结构的最密排面有 $Z_0 = 12, Z_S = 6$,则界面配位数 $Z_R = 3$。如果以 N 表示单位体积内的原子数、以 n 表示单位表面积所包含的原子数,这样,便可以从(11.2)式得到单位表面积的表面内能(即表面张力,式(11.2)中的第二项)计算式:

$$\sigma_A = \frac{n'(Z_0 - Z_S)}{4}u_{AA} = -\frac{n}{2}Z_R u_{AA} \tag{11.3}$$

由于 $u_{AA} < 0$,故 $\sigma_A > 0$。

对于液态金属,其原子配位数较固态金属大约小 10%。所以,上述讨论虽然是针对固态金属的,但是对液态金属也适用。这里剩下的关键问题是如何计算两原子的相互作用势能 u_{AA}。

如果将 u_{AA} 与物质的蒸发热 ΔH_v 联系起来,可以近似地认为

$$\Delta H_v = -\frac{N_0 Z_0}{2}u_{AA} \tag{11.4}$$

此时

$$\sigma_A = \frac{nZ_R}{N_0 Z_0}\Delta H_v \tag{11.6}$$

其中,ΔH_v 为摩尔蒸发热;N_0 为阿伏加德罗数。

11.1.2 液态与固态金属表面张力的关系

高列斯基对许多金属在液态和固态下的表面张力进行了对比分析,得出以下规律:

对于密排金属(A_1 及 A_3 型结构)

$$\sigma_{sg}/\sigma_{lg} = 1.18 \tag{11.6}$$

对于 bcc 金属(A_2 型结构)

$$\sigma_{sg}/\sigma_{lg} = 1.20 \tag{11.7}$$

在平衡熔点温度下，有

$$\sigma_{sg} = \sigma_{lg} + \sigma_{sl} \tag{11.8}$$

其中，下角标 sg、lg 及 sl 分别指固／气、液／气及固／液等界面。

上式表明，原子排列相同的纯金属的液态和固态表面张力之比是一个常数，而在平衡熔点温度下，固态的表面张力等于液态的表面张力与液固界面张力之和。以上关系得到了广泛的实验证明，在图 11.1 所示的实验结果中，几乎所有金属的 σ_{sg}/σ_{lg} 比值都接近于1.18。虽然这个实验还没有把密排金属与 bcc 金属区分开，但其结果与上述关系式吻合已相当好。在图 11.2 中，直线的斜率为 0.142，这不仅证实了上述关系式，而且给出熔点时纯金属有

$$\sigma_{sl}/\sigma_{lg} = 0.142 \tag{11.9}$$

的关系成立。

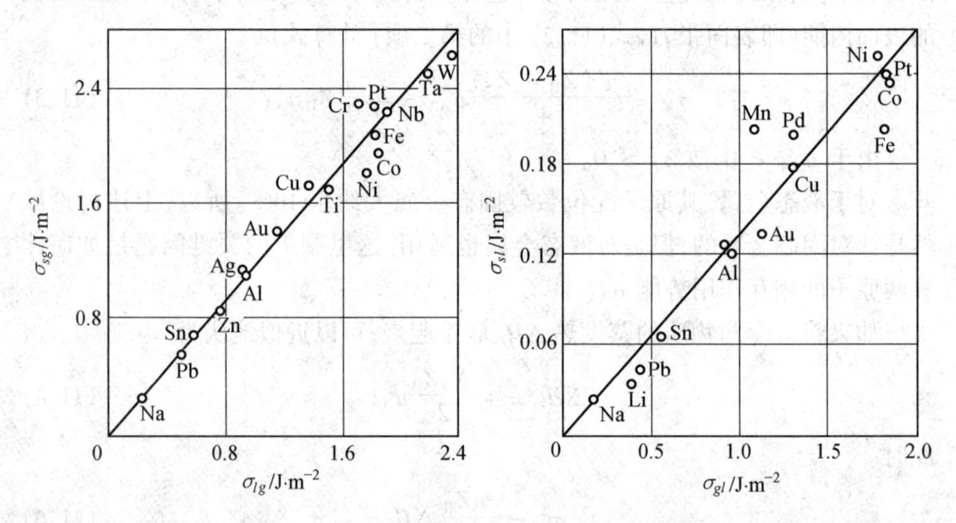

图 11.1　熔点时金属 σ_{sg} 与 σ_{lg} 的关系　　图 11.2　熔点时金属 σ_{sl} 与 σ_{lg} 的关系

11.1.3　晶体表面张力的各向异性

晶体结构不同，其表面张力不同。晶体的晶面不同，其表面张力也不同。这使晶体的表面张力表现出各向异性。

以简单立方型晶体为例。简单立方晶体的原子配位数 Z_0 是 6，在(100) 面上的原子配位数 Z_S 是 4，则其界面配位数 Z_R 等于 1。

由(11.3) 式可知，晶体某一晶面的表面张力为

$$\sigma_A = \frac{n(Z_0 - Z_S)}{4} u_{AA} = -\frac{n}{2} Z_R u_{AA}$$

由于在原子密排面上 Z_S 最大,所以 Z_R 最小,因而 σ_A 最小。

对于简单立方晶体,其(100) 面上单位面积的原子数 $n = 1/a^2, Z_R = 1$,故其(100) 面上的表面张力为

$$\sigma_{(100)} = -\frac{u_{AA}}{2a^2} \tag{11.10}$$

对于指数是(h,k,l) 的外表面,可以推得其表面张力为

$$\sigma_{(hkl)} = -\frac{u_{AA}}{2a^2}f(\alpha_1,\alpha_2) \tag{11.11}$$

式中,$f(\alpha_1,\alpha_2)$ 可以从几何关系上推得为

$$f(\alpha_1,\alpha_2) = \cos\alpha_1 + \cos\alpha_2 + \sqrt{1 - \cos^2\alpha_1 + \cos^2\alpha_2}$$

其中,α_1 和 α_2 分别是(h_1,h_2,h_3) 面与(001)、(010) 面的夹角。

显然,当 $\cos\alpha_1 = \cos\alpha_2 = (1/3)^{1/2}$ 时,σ 最大;而当 $\cos\alpha_1 = 1, \cos\alpha_2 = 0$ 时,σ 最小。

上述分析不仅证明了表面张力的各向异性,它还表明原了密度最人的面表面张力最小。

晶体的表面常常由不同的晶面所组成,这些晶面具有不同的表面张力。当晶体体积一定时,平衡条件下晶体应使其表面能最小。根据这一原则,乌尔夫(Wulff) 认为,晶体平衡时其外形应满足以下关系式

$$h_1/\sigma_1 = h_2/\sigma_2 = h_3/\sigma_3 = \lambda = 常量 \tag{11.12}$$

式中,h_i 为晶体中 O 点与 i 晶面的垂直距离;σ_i 为 i 晶面的表面张力(单位面积的表面能)。

这一关系称为**乌尔夫定理**。

11.1.4 二元合金的表面张力

在表面没有吸附的情况下,对于浓度为 x 的无序溶体,可以写出与式(11.3) 相似的公式

$$\sigma_x = -\frac{n}{2}Z_R U \tag{11.13}$$

其中,U 为合金溶液中每一原子对之间的平均内能,其值可用下式计算

$$U = 2\varepsilon_{AB}(1 - x)x + u_{AA}(1 - x) + u_{BB}x \tag{11.14}$$

式中

$$\varepsilon_{AB} = u_{AB} - \frac{1}{2}(u_{AA} + u_{BB})$$

于是,溶质原子分数为 x 的合金固溶体的表面张力应为

$$\sigma_x = (1 - x)\sigma_A + x\sigma_B - nZ_R\varepsilon_{AB}x(1 - x) \tag{11.15}$$

如果考虑吸附和温度的影响,可利用二元合金溶液体积及表面层中组元的活度值来计算表面张力,即

$$\sigma = \sigma_A + n_{0A}RT\ln\frac{b_A}{a_A} = \sigma_B + n_{0B}RT\ln\frac{b_B}{a_B} \tag{11.16}$$

其中,σ_A 与 σ_B 分别为合金中组元 A 及组元 B 的表面张力;n_{0A} 与 n_{0B} 分别为单位表面上纯组元 A 和 B 的摩尔数,即 $n_{0i} = 1/A_i$,A_i 是 i 组元的摩尔表面积;b_A 与 b_B 分别为组元 A 和 B 在合金表面的活度;a_A 与 a_B 分别为组元 A 和 B 在合金内部的活度。

合金表面及内部的活度之间有如下关系

$$\frac{b_A}{b_r^B} = \left(\frac{a_A}{a_r^B}\right)\exp\left(\frac{\sigma_B - \sigma_A}{n_{0A}RT}\right) \tag{11.17}$$

其中,$r = S_A/S_B$ 称为转移系数。S_A、S_B 分别为组元 A 及组元 B 的摩尔原子面积,它是指 1 mol 金属原子铺成单原子层所具有的面积,其单位是 $m^2 \cdot mol^{-1}$。金属的摩尔原子体积可用下式计算:

$$S = bN_0^{1/3}V^{2/3} \tag{11.18}$$

其中,b 为单层原子排列系数。对于六方密排(hcp)、体心立方(bcc)及面心立方(fcc)结构,b 分别为 1.09、1.12、1.12;N_0 为阿伏加德罗常数,$N_0 = 6.02 \times 10^{23}$ mol^{-1};V 为固态金属的摩尔体积。

下面以 Bi – Sn 二元系为例,介绍二元合金表面张力的计算方法。

已知温度为 608 K 时,Bi 的表面张力为 371 $mJ \cdot m^{-2}$,Sn 的表面张力为 560 $mJ \cdot m^{-2}$,Bi 的摩尔原子面积为 $6.95 \times 10^4\ m^2 \cdot mol^{-1}$,Sn 的摩尔原子面积为 $6.00 \times 10^4\ m^2 \cdot mol^{-1}$。

首先计算转移系数

$$r = \frac{6.95 \times 10^4}{6.00 \times 10^4} = 1.16$$

为了计算 $b_1/b_2{}^r$ 的比值,先计算式(6.17)中的 $\exp\left(\frac{\sigma_B - \sigma_A}{n_{0A}RT}\right)$。式中 $n_{Bi} = 1/A_{Bi} = 0.144 \times 10^{-8}$ mol,$\sigma_{Sn} - \sigma_{Bi} = 189\ mJ \cdot m^{-2}$,$R = 8.3143\ J \cdot K^{-1} \cdot mol^{-1}$,故

$$\exp\left(\frac{\sigma_B - \sigma_A}{n_{0A}RT}\right) = 13.40$$

查阅文献,可以作出以 $a_{Bi}/a_{Sn}{}^r$ 为纵坐标,以 a_{Bi} 为横坐标的曲线。计算时先求出在合金浓度为 x_{Bi} 时的活度 a_{Bi},然后利用上面的曲线找出 $a_{Bi}/a_{Sn}{}^r$ 值。

这样就可以利用式(6.17)计算此 $b_{Bi}/b_{Sn}{}^{r}$。再用与求 a 值同样的方法求出 b_{Bi} 值。将上述结果代入(11.16)式,就可以求出合金的表面张力 σ。

例如,当 $x_{Bi}=0.796, x_{Sn}=0.204$ 时,求得 $a_{Bi}=0.804, a_{Bi}/a_{Sn}{}^{r}=4.40$。按式(11.16),求得 $b_{Bi}/b_{Sn}{}^{r}=4.40\times13.40=58.96$,然后由图表查得 $b_{Bi}=0.98$。于是

$$\sigma = 371+\frac{8.3143\times10^{7}\times608}{6.95\times10^{8}}\ln\frac{0.98}{0.804}=386\ \mathrm{mJ\cdot m^{-2}}$$

表 11.1 给出了部分金属溶液的表面张力,供参考。

表 11.1　分金属溶液的表面张力

液体金属	温度/℃	σ/mJ·m^{-2}	液体金属	温度/℃	σ/mJ·m^{-2}
Al	660	825 ~ 915	钢	1 500	1 500
Al-(2 ~ 12)%Si	756	851	铸铁	1 200 ~ 1 300	938 ~ 1 300
Al-(1 ~ 10)%Mg	700	600 ~ 800	Fe	1 550	1 835
Al-33%Cu	660	885 ~ 890	Zn	500 ~ 600	700 ~ 800
Ni	1 470	1 015	Ti		1 550
Cu	1 150	1 180	Mg	690 ~ 720	530

11.2　金属的液固界面张力及润湿现象

11.2.1　纯金属的液-固界面张力

金属凝固过程中产生液-固界面,其界面张力对金属的形核及晶核的长大有很大的影响。特赫尔(Turnbull)从形核实验中总结出液-固界面的界面张力公式为

$$\sigma_{ls}=0.45\frac{\Delta H^{*}}{A} \tag{11.19}$$

其中,ΔH^{*} 为熔化热;A 为摩尔原子面积。应用该式便可以计算金属的液固界面张力。

例如,设铁的 $\Delta H^{*}=16.15\ \mathrm{kJ\cdot mol^{-1}}$,固态铁的密度为 $7.8\times10^{3}\ \mathrm{kg\cdot m^{-3}}$,其单层原子排列系数 b 为 1.12。计算铁的液固界面张力。

首先应用(11.18)式计算铁的摩尔原子面积 S

$$S=bN_0{}^{1/3}V^{2/3}=1.12\times(6.02(10^{23})^{1/3}(0.056/7\ 800)^{2/3}=$$
$$3.519\times10^{4}\ \mathrm{m^{3}\cdot mol^{-1}}$$

然后应用(11.19)式计算界面张力

$$\sigma_{ls} = 0.45\frac{\Delta H^*}{A} = 0.45 \times \frac{16\,150}{3.519 \times 10^4} = 0.206\,5\ \mathrm{J \cdot m^{-2}}$$

11.2.2 液体对固体的润湿性及液体在固液界面处的形状

液体对固体的润湿性通常用润湿角来表示。通过润湿角,可以预测固液界面处液体的形貌。图 11.3 是液固界面的两种情况。图 11.3(a) 所示为液体在两个固体之间的状态,此时液间界面的夹角由两个液固界面的切线组成,这种夹角称为二面角;图 11.3(b) 所示为液滴在固相上铺展的状态,此时液固界面的接触角是从液、气、固三相的平衡点所作的液 - 气表面的切线与液 - 固界面的夹角。这种夹角称为接触角。

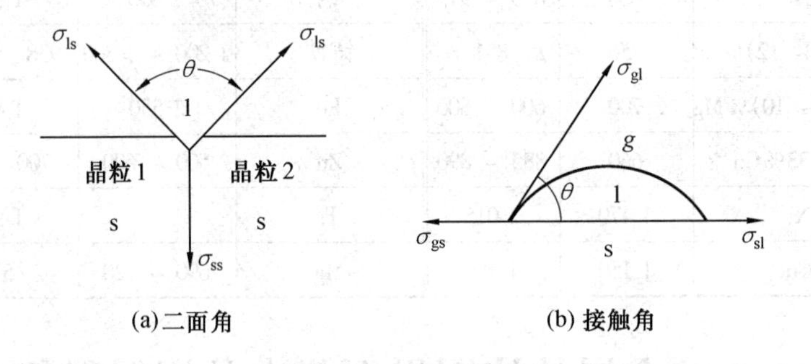

图 11.3　液固界面润湿角与界面张力的关系

1. 二面角

在图 11.3(a) 中,当界面张力处于平衡状态时,界面张力与润湿角之间具有以下关系

$$\sigma_{ss} = 2\sigma_{ls}\cos\frac{\theta}{2} \tag{11.20}$$

即

$$\frac{\sigma_{ss}}{\sigma_{ls}} = 2\cos\frac{\theta}{2} \tag{11.21}$$

其中,σ_{ss} 为固相与固相之间的界面张力,σ_{ls} 为液相和固相之间的界面张力。

从式(11.21) 可以看出,润湿性取决于界面张力,当 $\sigma_{ss} = \sigma_{ls}$ 时,$\theta = 120°$;当 $\sigma_{ss} < \sigma_{ls}$ 时,$\theta > 120°$;当 $\sigma_{ss} > \sigma_{ls}$ 时,$\theta < 120°$。

二面角的大小反映了液相所处晶界的形态。图 11.4(a) 和(b) 分别表示不同二面角时液相处于两个 α 晶粒和三个 α 晶粒中的形态。

当 $\theta = 180°$ 时,液固二相完全不润湿,液相呈球状存在;当 $\theta = 0°$ 时,液固二相完全润湿,液相在固相上完全铺开,形成连续的网膜;当 θ 在 0 ~ 180° 之间时,液固二相部分润湿,液相在固相上局部展开,其形态随 θ 角的减小,逐渐脱离球状而转向片状。

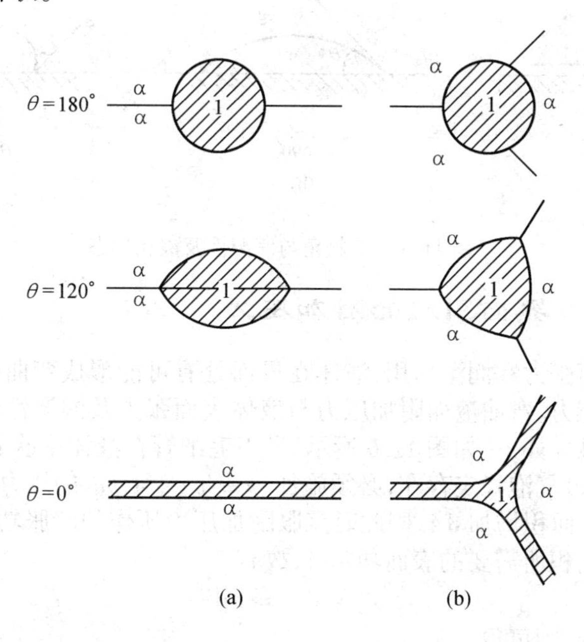

图 11.4　二面角与润湿角及液相形态

2. 接触角

在图 11.3(b) 中,当界面张力处于平衡状态时,界面张力与润湿角之间具有以下关系

$$\sigma_{gs} = \sigma_{ls} + \sigma_{gl}\cos\theta$$

即

$$\cos\theta = \frac{\sigma_{gs} - \sigma_{ls}}{\sigma_{gl}} \tag{11.22}$$

其中,σ_{gs} 为固相与气相的界面张力,σ_{gl} 为液相与气相的界面张力。式(11.22)就是著名的**杨氏(Young)方程**。

与上面讨论二面角时的情况相类似,接触角 θ 的大小反映了液相在固相表面上的润湿情况和形态,如图 11.5 所示。

当 $\theta = 0°$ 时,$\cos\theta = 1$,$\sigma_{gs} - \sigma_{ls} = \sigma_{gl}$。此时液相完全润湿固相,液相在固相表面上完全铺开;当 $0° < \theta < 90°$ 时,$1 > \cos\theta > 0$,$\sigma_{gs} - \sigma_{ls} < \sigma_{gl}$。此时液相部分润湿固相,液相在固相表面上部分铺开,呈球冠状;当 $\theta > 90°$ 时,$\cos\theta < 0$,$\sigma_{gs} < \sigma_{ls}$。此时液相不润湿固相,液相不能在固相表面上铺开,呈扁球状。

从上面的讨论可知,液相与固相的润湿性取决于界面张力,当 $\sigma_{gs} > \sigma_{ls}$ 时,液相容易润湿固相;当 $\sigma_{gs} < \sigma_{ls}$ 时,液相不润湿固相。界面张力除与材料本身结

构有关外,在实际中还受到温度、材料表面粗糙度及表面吸附状况的影响。

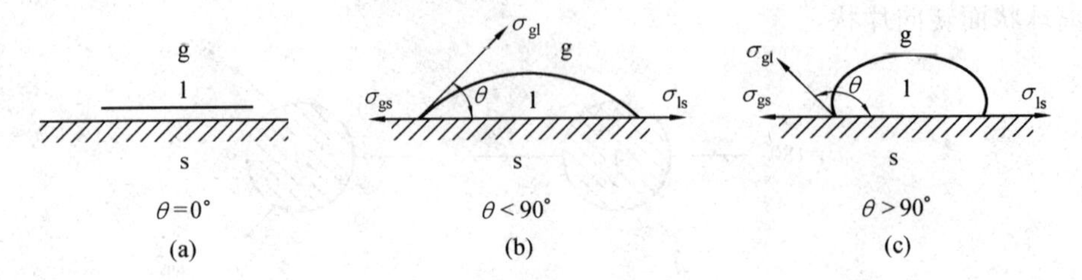

图 11.5　接触角与润湿性及液相形态

11.2.3　界面引起的附加压力

由于表面张力和润湿作用,液体在界面处有可能形成弯曲的液面,由此便产生了附加压力。弯曲液面附加压力与液体表面张力及润湿性有关,它们之间的关系可以推导如下:如图 11.6 所示,设用毛细管在液体中吹起一个半径为 r 的气泡,欲使该气泡稳定存在,必须施加 $p = p_{大气} + p_{附}$ 的压力。如果使气泡体积增加 $\mathrm{d}V$,表面积增加 $\mathrm{d}A$,则此时克服附加压力所作的膨胀功 $p_{附}\mathrm{d}V$ 应等于增大气泡表面积所需要的表面功 $\sigma\mathrm{d}A$,故有

$$p_{附}\mathrm{d}V = \sigma\mathrm{d}A \tag{11.23}$$

设气泡为球形,则可得

$$p_{附} = \frac{2\sigma}{r} \tag{11.24}$$

其中,σ 为表面张力,r 为曲率半径。

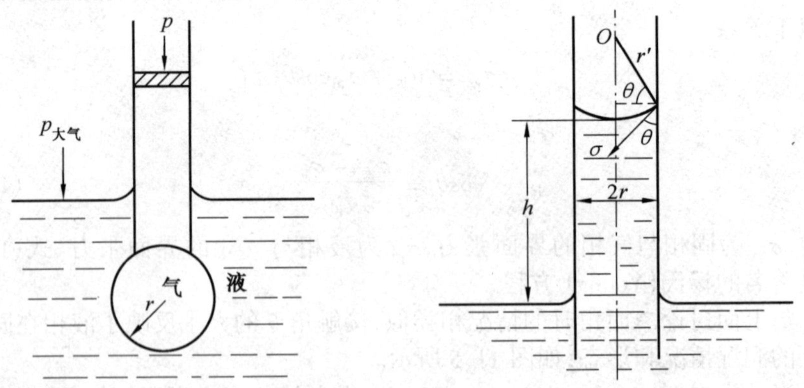

图 11.6　附加压力与气泡半径的关系　　　图 11.7　附加压力与毛细管半径的关系

如果气泡不是球形,则可以用两个曲率半径 r_1 和 r_2 来表示,此时

$$p_{附} = \sigma\left(\frac{1}{r_1} + \frac{1}{r_2}\right) \tag{11.25}$$

这个关系式称为**拉普拉斯公式**。

当液体曲面由于受到附加压力的作用而在毛细管中上升或下降时，可以把毛细管中液体的弯月面看作球面的一部分，如图 11.7 所示，则液面的曲率半径 r 为负值，附加压力可表示为

$$p = -\frac{2\sigma\cos\theta}{r'} \tag{11.26}$$

其中，r' 为毛细管半径。

11.3 金属的晶界能

固体金属中也存在着各式各样的界面。比如，晶粒之间的晶界、晶粒内部的孪晶界、不同相之间的相界等。一般的晶界可以用图 11.8 的模型说明。在这个模型中，两晶体基本处于完整的状态，只是在二者的相邻区域有不规则的原子排列。把两个晶体之间存在原子不规则排列的这个区域称为晶界区。晶界区的宽度只有零点几个纳米，它所包含的原子有的是两个晶体所共有（图 11.8 中的 D），有的（图 11.8 中的 A）则不属于任何一方。在晶界区还存在压缩区（图 11.8 中的 B）和拉伸区（图 11.8 中的 C）。麦克林（Mclean）曾根据这个模型粗略地认为，在晶界区中，压缩区、拉伸区和吻合区（图 11.8 中的 D）各占约三分之一。

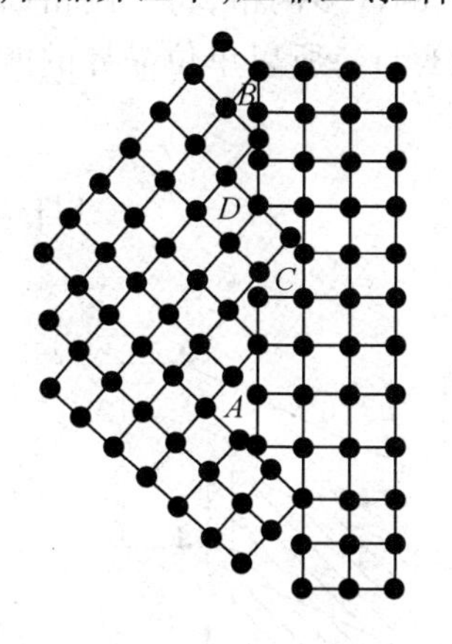

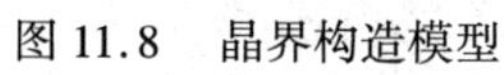
图 11.8　晶界构造模型

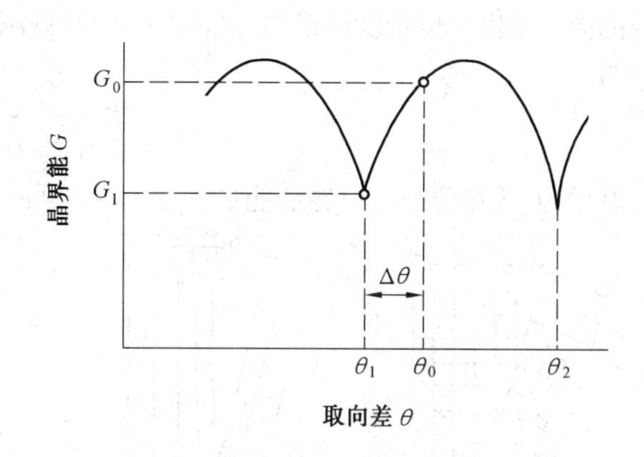

图 11.9　晶界能量与两晶体倾角的关系

对于一个具体的晶界区而言，上述三个区域的比例与两个晶体之间的倾斜角有关。吻合区的数目越多，则晶界区的失配度越小，晶界能就越低。对于具有高对称性的简单立方晶体，晶界能与倾角的关系如图 11.9 所示。由该图可见，在特定的倾角（θ_1, θ_2）下，晶界具有最低能量，此时晶界称为特定晶界。而在 θ_1 与 θ_2 之间的晶界则称为一般晶界，其能量较高。

11.3.1　小角度晶界

通常按晶界之间的倾角将晶界分成以下类型:小角度晶界 $d = 0° \sim (3° \sim 10°)$;中角度晶界 $d = 3° \sim (10° \sim 15°)$;大角度晶界 $d > 15°$。

如果二晶体之间的取向差很小,则形成小角度晶界。如图 11.10 所示,这种小角度晶界可以看作是由许多刃型位错叠砌而成的,其界面能可以通过计算求之。

如图 11.10(a) 所示,倾角 θ 与柏氏矢量 b 之间具有以下关系:

$$\sin\theta = b/a, \quad \tan\theta = b/\beta$$

其中,b 为柏氏矢量。

当 θ 很小时,由图 11.10(b) 可知

$$\theta = b/D \tag{11.27}$$

其中,D 为位错间距。

由位错理论可知,叠砌成的刃型位错墙,由于各位错应力场的相互作用,使得在以 D 为半径的圆外没有应力场存在。也就是说,由这种位错墙组成的小角度晶界是稳定的。

为了方便起见,先将晶界分割成面积为 $1 \times D$ 的许多网格,每个网格面积的能量是由单位长度位错的能量所提供的(见图 11.11)。所以单位晶界的能量为

$$\sigma_b = \frac{E}{1 \times D} = \frac{E}{D} \tag{11.28}$$

其中,E 为单位长度位错的能量。

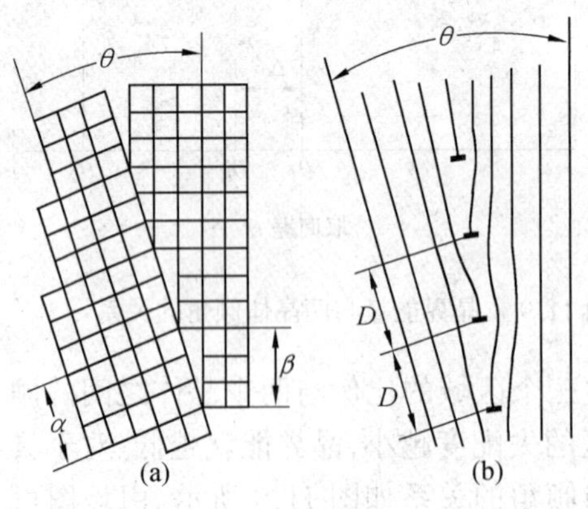

图 11.10　小角度晶界

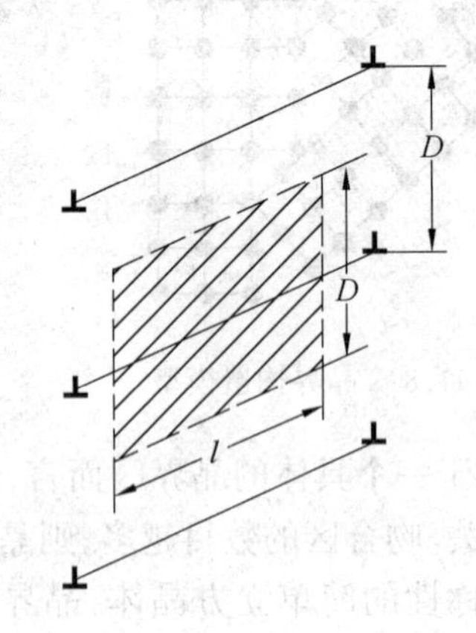

图 11.11　小角度晶界的能量计算

已知

$$E = \frac{Gb^2}{4\pi(1 - v)} \ln \frac{r}{r_0} + C \tag{11.29}$$

其中,r_0 与 r 分别为以位错为中心的一管状体的芯部半径与外半径,C 为位错芯部的能量,G 为切变弹性模量,v 为泊松比。

将式(11.27) ~ (11.29) 整理,得

$$\sigma_b = \frac{Gb\theta}{4\pi(1 - v)} \ln \frac{r}{r_0} + C \frac{\theta}{b} \tag{11.30}$$

由于在超出 D 的范围外,应力场相消,故可令 $r = D$。此外选 $r_0 = b$,则

$$\sigma_b = E_0 \theta(A - \ln\theta) \tag{11.31}$$

式中

$$E = \frac{Gb}{4\pi(1 - v)}, \quad A = \frac{4\pi C(1 - v)}{Gb^2}$$

实验证明,式(11.30)给出的晶界能与晶界倾角的关系与实测值吻合良好。这个关系式虽然是对小角度晶界推导出的,但当倾角达到30°时,其结果仍与实验结果吻合,因而对中角度晶界也适用,对大角度晶界也能给以一定的说明。

在多晶体金属中,90% 的晶界为大角度晶界。大角度晶界的能量一般保持在 500 ~ 600 mJ/m^2,且不随倾角的变化而发生明显的变化。可以粗略地把大角度晶界看作是介于两块晶体之间的单原子层的液体。一般估算时,认为大角度晶界能大约等于 $G/25$,因而晶体与其本身液体之间的界面能也大约是 $G/25$。这一结果与实验大致相符。

11.3.2 界面的类型和界面能

在两个晶体 α 和 β 之间可以出现三种不同的界面:

(1) 非共格界面。在 α、β 两晶体界面的两侧,原子的排列方式不同,这种情况相当于大角度晶界。

(2) 共格界面。界面两侧原子的排列方式、间距及取向等都配合很好。

(3) 半共格界面。界面两侧原子排列方式、间距及取向相近,但不一致。这种情况与小角度晶界相当。半共格界面可以分为良好吻合(共格) 和不良好吻合(位错) 两部分。因此,半共格界面可以看作是在共格界面上有规则地排列着一定数量的位错的界面。

晶体的界面能是指单位面积界面上的能量与无界面时该区域能量之差。由此可见,界面能是相对于完整晶体定义的。界面能可以分为两项,一项是化学能 σ_c,一项是应变能 σ_{st}。图 11.12 是原子在晶格中能量与位置的关系,图中的 S 点是晶格上的结点。在结点位置原子的能量 A 可以认为是未经变形的化学键产生的,即所谓的化学能。其大小取决于化学键的强度和数量。当原子在某种应力的

作用下偏离其结点时，就会产生应变能。应变能可以表示为单位体积的能量，其值为 $0.5\sigma\varepsilon$。

在共格界面上，原子需要一定的位移以形成共格，因此界面能主要表现为应变能，即 $\sigma \approx \sigma_{st}$；在非共格界面上，相对于完整晶格而言，化学键的数目和强度在位错线中心都受到影响，所以这一区域的界面能主要表现为化学能，即 $\sigma \approx \sigma_c$；而在半共格界面上，上述两种情况同时存在，所以界面能为应变能和化学能的叠加，即 $\sigma \approx \sigma_c + \sigma_{st}$。

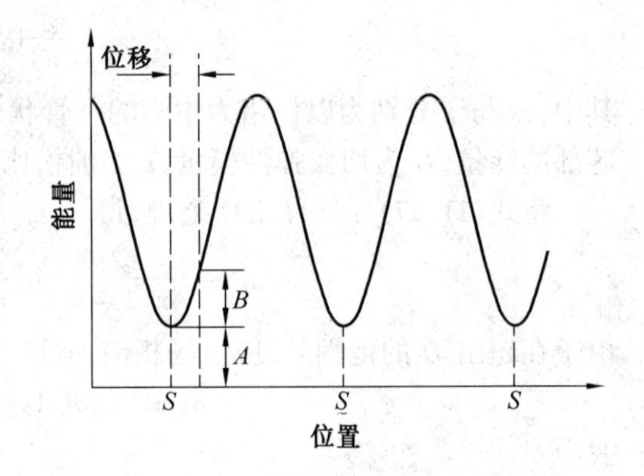

图 11.12　原子在晶格中能量与位置的关系

层错界面和孪晶共格界面是由于原子按最密排方式堆积时的堆积层错误而引起的，可以有以下几种情况：

(1) 内层错：ABC ABC | BC ABC ABC…；

(2) 外层错：ABC ABC(B)ABC ABC…；

(3) 孪晶层错：ABC ABC(A)CBA CBA…。

它们形成了(BCBC)、(CBAB)、(CAC) 薄层的 hcp 晶体。如果 fcc 是稳定结构，则其内部不稳定的 hcp 薄层就会使体系的能量升高。这就是层错能的来源。层错很薄，也是一种界面。由于这种界面的最邻近原子数不变，只是次邻近的原子的位置发生了变化，因此这种界面能是很低的。

层错能可以通过层错的宽度来计算，其关系式如下

$$\sigma_F = \frac{G(b_1 \times b_2)}{2\pi d}$$

其中，G 为切变弹性模量；b_1 与 b_2 为柏氏矢量；d 为层错的宽度。

金属的层错能的高低对金属的加工硬化率和软化(回复、再结晶) 过程有影响。层错能低，金属的加工硬化率高。层错能低的金属，其软化过程以再结晶为主；层错能高的金属，其软化过程以回复为主。

11.3.3　弯曲界面对相变的影响

在固态金属中，弯曲程度不同的界面以及曲率半径不同的相，其稳定性不同，对相变的影响也不同。表现在两个方面：

首先，弯曲界面是促使晶粒长大的一种驱动力。设纯金属晶界的曲率半径是 r，其界面张力为 σ，则在晶界两侧的压强差为

$$\Delta p = \frac{2\sigma}{r}$$

由于在恒温下，$dG = Vdp$（V 是金属的摩尔体积），所以在界面两侧的化学位的差为

$$\Delta G = G_1 - G_2 = V(p_1 - p_2) = Vdp = 2V\sigma/r \qquad (11.33)$$

其中，G_1 和 G_2 分别为界面凹侧晶粒 l 和界面凸侧晶粒 2 的摩尔自由能。

上式所表示的能量差将促使处于界面凹部的原子越过界面向凸部迁移，造成晶界向凹的方向推进。

其次，对于颗粒小的第二相而言，其曲率是使其粗化的驱动力。当固态合金中包含着大小不等的第二相（β 相）粒子时，如果合金在高温下较长时间保温，则造成小粒子在基体中不断溶解，与此同时大粒子不断长大。此时在靠近半径为 r 及无穷大的粒子的基体（α 相）中，溶质的浓度分别为 C_r 及 C_∞，界面张力与基体浓度具有以下关系

$$\ln \frac{C_r}{C_\infty} = \frac{2M\sigma}{RT\rho r}$$

其中，σ 为析出相（β 粒子）与基体（α 相）间的界面张力；ρ 为析出相的密度；M 为析出相的相对分子质量；r 为析出相的半径。

由上式可见，粒子的半径 r 越小，其邻近的基体中的溶质浓度越高。这种现象的存在，使当 α 基体中分布着大小不等的 β 相时，靠近小粒子的基体与靠近大粒子的基体之间就会出现溶质浓度差。在浓度差的驱动下，溶质由靠近小粒子的区域向靠近大粒子的区域扩散。这种溶质的流动，使小粒子不断地溶入基体，而大粒子不断长大。

第12章　相变热力学

相变热力学的基本内容为计算相变驱动力,以相变驱动力大小决定相变的倾向,还可以用于判断相变机制。在能够估算临界相变驱动力的前提下,求得相变的临界温度。

12.1　相变分类

材料的相变种类很多,为了讨论方便,可按不同的方法对其进行分类。

1. 按热力学分类

在平衡相变温度下,溶体中任意两相的自由焓以及某组元化学位均相等,即 $G^{\alpha}=G^{\beta}$,$G_i^{\alpha}=G_i^{\beta}(\mu_i^{\alpha}=\mu_i^{\beta})$。可以将相变按两相的自由焓或化学位的偏导的关系来分类。

如果相变时两相自由焓的一级偏导不等,则称此相变为一级相变,即

$$\left(\frac{\partial G^{\alpha}}{\partial p}\right)_T\neq\left(\frac{\partial G^{\beta}}{\partial p}\right)_T,\quad\left(\frac{\partial G^{\alpha}}{\partial T}\right)_p\neq\left(\frac{\partial G^{\beta}}{\partial T}\right)_p$$

因为

$$\left(\frac{\partial G}{\partial p}\right)_T=V,\quad\left(\frac{\partial G}{\partial T}\right)_p=-S$$

所以

$$V_{\alpha}\neq V_{\beta},\quad S_{\alpha}\neq S_{\beta}$$

因此发生一级相变时,有体积 V 以及熵 S 的突变。体积 V 和熵 S 的突变表明,相变时有体积的膨胀或收缩以及潜热的放出或吸收。金属中大多数相变为一级相变。

如果相变时自由焓的一级偏导相等,但是二级偏导不等,则称此相变为二级相变,即

$$\left(\frac{\partial G^{\alpha}}{\partial p}\right)_T=\left(\frac{\partial G^{\beta}}{\partial p}\right)_T,\quad\left(\frac{\partial G^{\alpha}}{\partial T}\right)_p=\left(\frac{\partial G^{\beta}}{\partial T}\right)_p$$

所以

$$V_{\alpha}=V_{\beta},\quad S_{\alpha}=S_{\beta}$$

而

$\left(\frac{\partial^2 G^{\alpha}}{\partial p^2}\right)_T\neq\left(\frac{\partial^2 G^{\beta}}{\partial p^2}\right)_T$,因为$\left(\frac{\partial^2 G^{\alpha}}{\partial p^2}\right)_T=\left(\frac{\partial V}{\partial T}\right)_T=\kappa_p\cdot V$,所以 $\kappa_p^{\alpha}\neq\kappa_p^{\beta}$

$$\left(\frac{\partial^2 G^{\alpha}}{\partial T^2}\right)_p \neq \left(\frac{\partial^2 G^{\beta}}{\partial T^2}\right)_p, \text{因为} \left(\frac{\partial^2 G^{\alpha}}{\partial T^2}\right)_p = \left(\frac{-\partial S}{\partial T}\right)_p = -\frac{C_p}{T}, \text{所以 } C_p^{\alpha} \neq C_p^{\beta}$$

$$\frac{\partial^2 G^{\alpha}}{\partial T \partial p} \neq \frac{\partial^2 G^{\beta}}{\partial T \partial p}, \text{因为} \frac{\partial^2 G^{\alpha}}{\partial T \partial p} = \left(\frac{\partial V}{\partial T}\right)_p = \alpha_T \cdot V, \text{所以 } \alpha_T^{\alpha} \neq \alpha_T^{\beta}$$

其中,κ_p 为等温压缩系数;C_p 为等压热容;α_T 为等压膨胀系数。

由此可见,二级相变时无体积效应及热效应。但是压缩系数、等压热容及膨胀系数等有突变。磁性转变、超导转变以及有序无序转变等为二级相变。

如相变时自由焓或化学位的一级偏导和二级偏导均相等,但三级偏导不等,称为三级相变。

二级以上相变称为高级相变。

2. 按原子迁移特征分类

固态相变可以按相变时原子迁移特征划分为扩散型相变、无扩散型相变和块状相变。

依靠原子(或离子)长距离扩散的相变称为扩散型相变。发生扩散型相变时,原有的原子邻居关系将被破坏,同时将产生溶体成分的变化。

溶体发生无扩散相变时,原子或离子也将发生移动,但是相邻原子的相对移动距离不会超过原子间距,也不会破坏原有的邻居关系。所以无扩散相变不会改变溶体的成分。

块状相变时,原子或离子只有近距离的扩散,因此块状相变将导致原有的邻居关系的破坏而不改变原有溶体的成分。有时也将块状相变并入无扩散型相变中。

3. 按相变方式分类

按相变方式溶体的相变可分为不连续相变和连续相变。

不连续相变又称为形核－长大型相变,即相变通过形核与长大两个阶段进行,相变时形成的新相与原有的母相之间有明显的相界面分开。

连续相变又称无核相变,相变是在整个体系内通过饱和相内或过冷相内原子较小的起伏,经连续扩展而进行,同时新相与母相之间没有明显的界面,如调幅分解等。

12.2 相变驱动力与新相的形成

12.2.1 相变驱动力

在某一温度下,某一相能否向另一相转变,主要取决于两相吉布斯自由能(自由焓)的相对大小。由第一章所介绍的经典热力学可知,对于多数溶体,其自由焓总是随着温度的升高而降低。但是不同相的自由焓随温度升高降低的幅度不同，如图 12.1 所示。对于铁基合金，在不同温度下有液相 l，δ 铁素体，奥氏体 γ 和 α 铁素体。在 T_m^γ 温度时，$G^\gamma = G^l$，即l相的自由焓与γ相的自由焓相等，此时 l 相与 γ 相平衡共存，不会发生l→γ或γ→l相变。在 T_m^α 温度时，$G^\alpha = G^\gamma$，即α相与γ相的自由焓相等，此时 α 相与 γ 相平衡共存，也不会发生 γ→α 或 α→γ 相变。

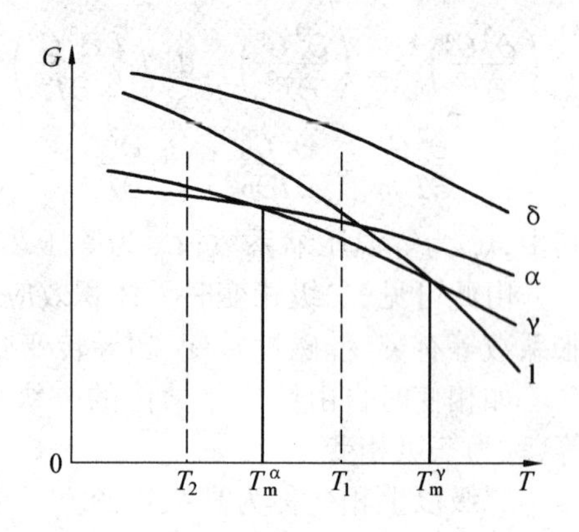

图 12.1　某成分铁基合金自由能变化示意图

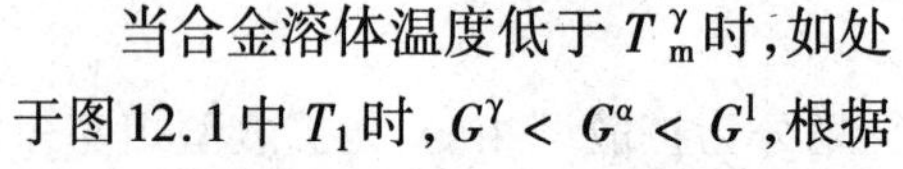

当合金溶体温度低于 T_m^γ 时，如处于图12.1中 T_1 时，$G^\gamma < G^\alpha < G^l$，根据自由能判据，自由能最低的相最稳定，因此l相和α相均处于不稳定状态，而γ相稳定。若溶体处于l相，则有l→γ 相变趋势。若溶体是从低温升高到 T_1，则存在 α→γ 相变趋势。当合金溶体从 T_m^α 与 T_m^γ 之间的某温度降低到低于 T_m^α 时，如图 12.1中 T_2 时，$G^\gamma < G^\alpha < G^l$，此时γ相处于不稳定状态，而α相稳定。溶体中将有发生 γ→α 相变的趋势。其中，T_m^γ 和 T_m^α 为l→γ 相变和 γ→α 相变的平衡相变点，即在 T_m^γ 或 T_m^α 时溶体中 l 与 γ 平衡共存或 α 相与 γ 相平衡共存。

在 T_m^α 时，由于 α 相与 γ 相平衡共存，因此有

$$\Delta G_m^{\gamma\to\alpha} = \Delta H_m^{\gamma\to\alpha} - T_m^\alpha \Delta S_m^{\gamma\to\alpha} = 0 \tag{12.1}$$

其中，$\Delta H_m^{\gamma\to\alpha}$ 为发生 γ→α 相变时的热效应，称相变潜热。所以有

$$T_m^\alpha = \Delta H_m^{\gamma\to\alpha} / \Delta S_m^{\gamma\to\alpha} \tag{12.2}$$

因此可根据相变的热效应(相变潜热)和相变熵变，可求出平衡相变温度。

当合金温度为略低于 T_m^α 的某一温度 T 时，同时 T 与 T_m^α 相差不大，有 $\Delta H^{\gamma\to\alpha} \approx \Delta H_m^{\gamma\to\alpha}$，$\Delta S^{\gamma\to\alpha} \approx \Delta S_m^{\gamma\to\alpha}$ 此时可用 $\Delta H_m^{\gamma\to\alpha}$ 代替 $\Delta H^{\gamma\to\alpha}$，用 $\Delta S_m^{\gamma\to\alpha}$ 代替 $\Delta S^{\gamma\to\alpha}$ 来求出 T 温度下的 $\Delta G^{\gamma\to\alpha}$。因此任意温度 T 时某成分合金的相变驱动力为

$$\Delta G^{\gamma\to\alpha} = \Delta H^{\gamma\to\alpha} - T\Delta S^{\gamma\to\alpha} = \Delta H_m^{\gamma\to\alpha} - T\Delta S_m^{\gamma\to\alpha} = \Delta H_m^{\gamma\to\alpha}\left(1 - \frac{T}{T_m^\alpha}\right) \tag{12.3}$$

当 $T < T_m^\alpha$ 时，因为 $\Delta H_m^{\gamma\to\alpha} < 0$，所以 $\Delta G^{\gamma\to\alpha} < 0$，此时将发生 γ→α 相变；当 $T < T_m^\alpha$ 时，$\Delta G^{\gamma\to\alpha} > 0$，即 $\Delta G^{\alpha\to\gamma} < 0$，将发生 α→γ 相变；当 $T = T_m^\alpha$ 时，$\Delta G^{\gamma\to\alpha} = 0$，将有 α 相与 γ 相平衡共存。所以 $\Delta G^{\gamma\to\alpha}$ 为相变驱动力。

12.2.2　新相的形成与形核驱动力

在一定温度下，对于一定成分的合金，当存在相变驱动力时，则合金具有的当前相（称为母相）就会变的不稳定，力图向自由能较低的相（新相）转变，以消耗相变驱动力，使整个体系自由能最低。

虽然溶体中存在相变驱动力，但是能否发生相变，首先要克服新相的形核自由能（能垒或称势垒），也就是溶体中具有的相变驱动力是否大于新相的形核驱动力是新相形成的先决条件。

在新相形核之前，母相中存在大量结构和成分与新相相同或相近的原子集团，称之为晶胚。这些晶胚由于界面能的作用，因而呈近似球形。新相晶胚形成的同时也形成了新的界面，也就产生了界面能。

如果将由于温度降低而产生的母相与新相的自由能差称之为体积自由能变化，那么体积自由能变化为相变的动力，而界面（表面）自由能则为相变的阻力，因此相变前后整个溶体自由能 ΔG 的变化应为体积自由能变化与界面自由能变化的代数和。当单位体积自由能变化记为 ΔG_V，单位面积界面自由能变化记为 ΔG_S，而半径为 r 的球体体积为 $V_S = \frac{4}{3}\pi r^3$，表面积为 $A_S = 4\pi r^2$，则有

$$\Delta G = -V_S\Delta G_V + A_S\Delta G_S = -\frac{4}{3}\pi r^3\Delta G_V + 4\pi r^3\Delta G_S \tag{12.4}$$

当溶体处于 T_m 以下某一温度 T 时，ΔG 与 ΔG_V 和 ΔG_S 的关系如图12.2所示。虽然在形成新相之前，母相中存在大量新相晶胚，但是这些晶胚能否成为新相的晶核，还要看晶胚尺寸的大小。当晶胚尺寸大于 r^* 时，晶胚的继续长大将使自由能变化值 ΔG 不断减小，而成为稳定的新相晶核。当晶胚尺寸小于 r^* 时，晶胚的继续长大将使自由能变化 ΔG 值增加（为正），晶胚变得不稳定，而存在逐渐减小直至消失的趋势。所以称 r^* 为临界晶核尺寸。

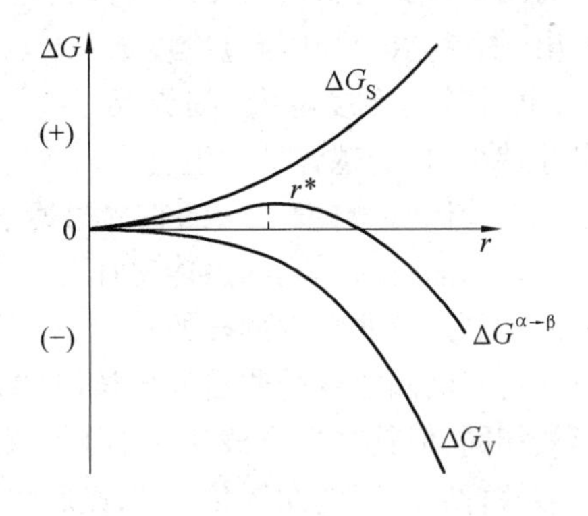

图12.2　相变形核时自由能变化

由于 r 对应着 ΔG 极大值 ΔG^* 的位置，因此有

$$(\partial\Delta G/\partial r)_{r^*} = 0$$

即

$$-4\pi r^{*2}\Delta G_V + 8\pi r^*\Delta G_S = 0 \tag{12.5}$$

所以

$$r^* = 2\Delta G_S/\Delta G_V \tag{12.6}$$

而由(12.3)可知

$$\Delta G_V = \Delta G^{\alpha\to\beta} = \Delta H_m\left(1 - \frac{T}{T_m}\right) = \Delta H_m \frac{\Delta T}{T_m} \tag{12.7}$$

其中,$\Delta T = T_m - T$ 称为过冷度。同时 $\Delta G_S = \sigma$,所以

$$r^* = \frac{2\sigma T_m}{\Delta H_m \Delta T} \tag{12.8}$$

代入式(12.4)得

$$\Delta G^* = \frac{64\pi}{3}\frac{T_m^2\sigma^3}{(\Delta H_m)^2(\Delta T)^2} = \frac{1}{3}A_S^*\sigma \tag{12.9}$$

其中,ΔG^* 称为临界形核功;A_S^* 为临界晶核的表面积。式(12.9)适于各向同性的母相(主要是液相)中自发形核的情形,也就是适于液固相变自发形核过程。

由式(12.9)和式(12.4)可知,当溶体中所存在的晶胚尺寸一定时,相变驱动力必须大于界面能的2/3,才能使以存在的晶胚称为稳定的晶核。同时由式(12.8)还可以看出,临界晶核尺寸与过冷度成反比,也就是过冷度越大,临界晶核尺寸越小,相变越容易发生。

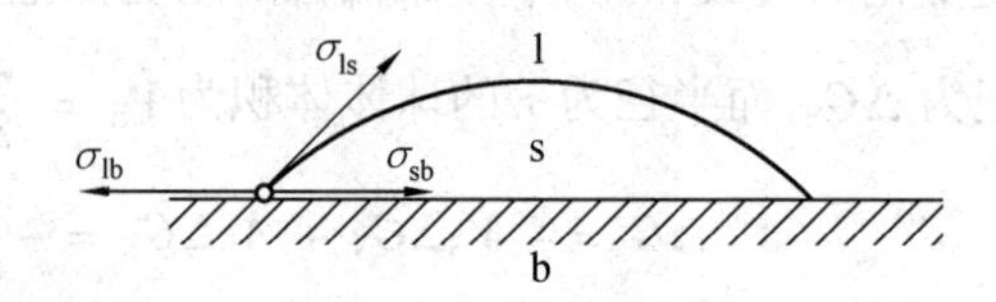

图 12.3　非均匀形核示意图

实验证明,自发形核的临界过冷度通常要大于平衡相变温度的1/3,而实际溶体结晶时所达到的过冷度往往小于自发形核的过冷度,也就是说,实际溶体的结晶是靠非自发形核的。

对于液固相变的非自发形核(见图12.3),可以证明其临界晶核尺寸与自发形核相同,但其临界形核功却小于自发形核,因此所需的过冷度也较小。若新相与形核背底之间的润湿角为 θ,则临界形核功为

$$\Delta G^* = (-V_S^*\Delta G_V + A_S^*\sigma_{ls})\left(\frac{2 - 3\cos\theta + \cos^2\theta}{4}\right) \tag{12.10}$$

其中,润湿角 θ 取决于母相与背底之间的界面能 σ_{lb},新相与背底之间的界面能 σ_{sb} 以及新相与母相之间的界面能 σ_{ls}。其具体关系为

$$\cos\theta = \frac{\sigma_{lb} - \sigma_{sb}}{\sigma_{ls}} \tag{12.11}$$

由此可见,新相与背底之间的界面能越小,θ 角越小,则临界形核功越小,

相变越容易进行。所以作为异质晶核的条件就是背底与新相之间的界面能要小。

对于固态相变,随着相变类型的不同,其临界晶核尺寸不同,参见 14.1.2。

12.3 固溶体的稳定性与脱溶分解

12.3.1 固溶体的稳定性

对于某一合金,在温度 T 下若有

$$\frac{\mathrm{d}^2 G_\mathrm{m}^\alpha}{\mathrm{d}x_\mathrm{B}^2} > 0$$

则 α 相是不稳定的,即此时 G_m^α 曲线是上凸的。在图 12.4 中亚稳相区将发生脱溶分解,脱溶分解可分生核和长大两个过程。

固溶体 α 在一定温度下脱溶分解出 β 固溶体,其自由能曲线如图 12.5 所示。原始亚稳 α 固溶体的浓度 x,相应自由焓为 G。当均匀亚稳固溶体中出现较大的浓度起伏时,这个起伏可作为新相的核胚。如在浓度为 x 的 α 中出现有 n_1 mol 组成的浓度为 x_1 的原子集团,其自由焓为 G_1;同时有由 n_2 mol 组成的、浓度为 x_2 的原子集团,其自由焓为 G_2。当不考虑相间的界面能时,出现浓度起伏而引起的体系自由能的增量应为

$$\Delta G = n_1(G_1 - G) + n_2(G_2 - G) \tag{12.12}$$

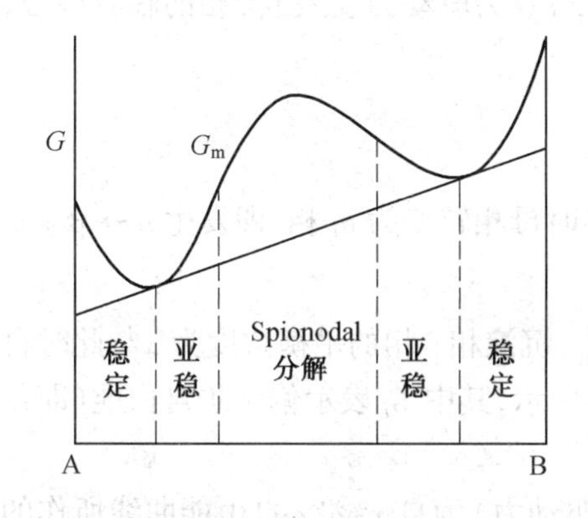

图 12.4 G_m 曲线与合金稳定性的关系

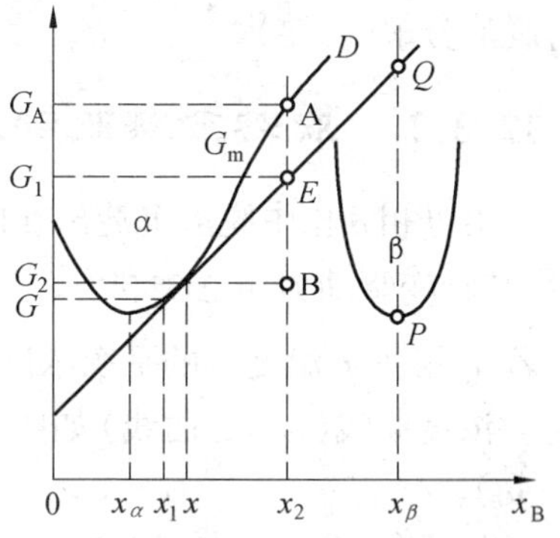

图 12.5 亚稳分解时合金成分的变化

根据质量平衡原理,由图 12.5 可知

$$n_1(x - x_1) = n_2(x_2 - x) \tag{12.13}$$

因此

$$\Delta G = n_2\left\{(G_2 - G) + \left[\frac{(G_1 - G)(x_2 - x)}{x - x_1}\right]\right\} \tag{12.14}$$

以 n_2 代表核胚中的原子摩尔数,设 x_1 很接近 x,同时核胚只占整个体系中很小的部分,即 $n_1 \gg n_2$,则有

$$\frac{G_1 - G}{x - x_1} \approx -\left(\frac{\mathrm{d}G}{\mathrm{d}x}\right)_x \tag{12.15}$$

其中$(\mathrm{d}G/\mathrm{d}x)_x$ 代表浓度为 x 处母相自由能曲线的斜率。这样将式(12.15)代入式(12.14),可得

$$\Delta G = n_2\left[(G_2 - G) - (x_2 - x)\left(\frac{\mathrm{d}G}{\mathrm{d}x}\right)_x\right] \tag{12.16}$$

由图 12.5 中的几何关系可知

$$G_2 = \overline{Ax_2} \quad G_1 = \overline{Bx_2}$$

而

$$(x_2 - x)\left(\frac{\mathrm{d}G}{\mathrm{d}x}\right)_x = \overline{BE}$$

代入式(12.16)得

$$\Delta G = n_2 \cdot \overline{AE}$$

由此可见,较小的浓度起伏(即 x_2 偏离 x 较小)时,会使局部自由能升高(本例中为$n_2 \cdot \overline{AE}$),只有成分起伏很强时,即偏离 x 很大时,才出现 ΔG 为负值。如出现浓度为 x_β 的核胚时(见图 12.5),其自由能变化为$\Delta G/n_2 = -\overline{PQ}$,当表面能不大时,以浓度为 x_β 的核胚就能以$\overline{PQ}$ 为驱动力发展成β相的临界核心,进行脱溶分解(沉淀)。

12.3.2 脱溶分解驱动力

设由母相 α 相中脱溶沉淀出 β 相,同时母相转变为 α_1 相,即发生 $\alpha \to \beta + \alpha_1$ 转变,其转变驱动力为 $\Delta G^{\alpha \to \beta + \alpha_1}$。

若 α_1 相在 T 温度时的平衡浓度为$x_B^{\alpha_1}$,沉淀相 β 相的平衡浓度为 x_B^β,此时自由能 - 浓度曲线($G - x$ 曲线)如图 12.6 所示,其中 G_i 表示偏摩尔自由能(即化学位 μ_i)。

$\alpha \to \beta + \alpha_1$ 相变的总驱动力(即相变驱动力)为自 x_B^α沿 α 自由能曲线所作的切线与 α、β 自由能曲线公切线之间的距离,如图 12.6 所示。按热力学关系 $G = \sum x_i G_i$,在成分为 x_B^α 处相变前 α 相的自由能为

$$G^\alpha(x_B^\alpha) = (1 - x_B^\alpha)G_A^\alpha + x_B^\alpha G_B^\alpha \tag{12.17}$$

同样有

$$G^{\beta+\alpha_1}(x_B^\alpha) = (1 - x_B^\alpha) G_A^{\alpha_1} + x_B^\alpha G_B^{\alpha_1} \tag{12.18}$$

式(12.18)可由图12.7中的几何关系求得。

式(12.18)减去式(12.17)即得脱溶驱动力 $\Delta G^{\alpha\to\beta+\alpha_1}$。而化学位与活度关系为 $G_i = {}^0G_i + RT\ln a_i$，其中 ${}^0G_i$ 为纯组元 i 在某相中的化学位(自由能)，a_i 为组元 i 在 $A - B$ 溶体中的活度。因此有

$$\begin{aligned}\Delta G^{\alpha\to\beta+\alpha_1} = & (1 - x_B^\alpha)(G_A^{\alpha_1} - G_A^\alpha) + x_B^\alpha(G_B^{\alpha_1} - G_B^\alpha) = \\ & (1 - x_B^\alpha)({}^0G_A^{\alpha_1} + RT\ln a_A^{\alpha_1} - {}^0G_A^\alpha - RT\ln a_A^\alpha) = \\ & x_B^\alpha({}^0G_B^{\alpha_1} + RT\ln a_B^{\alpha_1} - {}^0G_B^\alpha - RT\ln a_B^\alpha)\end{aligned} \tag{12.19}$$

由于 α_1 和 α 为不同成分的同一相，所以 ${}^0G_A^{\alpha_1} = {}^0G_A^\alpha$，${}^0G_B^{\alpha_1} = {}^0G_B^\alpha$，因此式(12.19)可表示为

$$\Delta G^{\alpha\to\beta+\alpha_1} = RT\left[(1 - x_B^\alpha)\ln\frac{a_A^{\alpha_1}}{a_A^\alpha} + x_B^\alpha\ln\frac{a_B^{\alpha_1}}{a_B^\alpha}\right] \tag{12.20}$$

其中 $a_i^{\alpha_1}$ 为 $\alpha/(\alpha+\beta)$ 相界上组元 i 在 α(浓度为 $x_B^{\alpha_1}$)中的活度，a_i^α 为组元 i 在浓度为 x_B^α 的 α 中的活度。

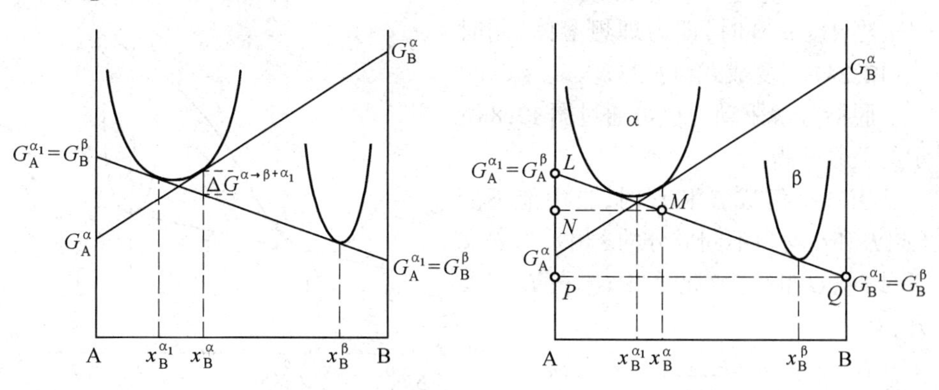

图12.6　由浓度为 x_B^α 的 α 相沉淀 β 相时的相变驱动力示意图

图12.7　图解求证脱溶驱动力示意图

式(12.18)也可以表示成A、B组元在 β 中的偏摩尔量(化学位)

$$G^{\beta+\alpha_1}(x_B^\alpha) = (1 - x_B^\alpha) G_A^\beta + x_B^\alpha G_B^\beta \tag{12.21}$$

相应地，式(12.20)也可表示成

$$\begin{aligned}\Delta G^{\alpha\to\beta+\alpha_1} = & (1 - x_B^\alpha)(G_A^\beta - G_A^\alpha) + x_B^\alpha(G_B^\beta - G_B^\alpha) = \\ & (1 - x_B^\alpha)({}^0G_A^\beta + RT\ln a_A^\beta - {}^0G_A^\alpha - RT\ln a_A^\alpha) + \\ & x_B^\alpha({}^0G_A^\beta + RT\ln a_B^\beta - {}^0G_B^\alpha - RT\ln a_B^\alpha) =\end{aligned}$$

$$(1-x_B^\alpha)\left[\Delta^0 G_A^{\alpha\to\beta}+RT\ln\frac{a_A^\beta}{a_A^\alpha}\right]+x_B^\alpha\left[\Delta^0 G_B^{\alpha\to\beta}+RT\ln\frac{a_B^\beta}{a_B^\alpha}\right] \tag{12.22}$$

其中，$\Delta^0 G_A^{\alpha\to\beta}={}^0G_A^\beta-{}^0G_A^\alpha$，$\Delta^0 G_B^{\alpha\to\beta}={}^0G_B^\beta-{}^0G_B^\alpha$。

当已知活度系数时，可按式(12.20)准确计算出脱溶驱动力 $\Delta G^{\alpha\to\beta+\alpha_1}$，否则需按不同的溶体模型进行估算。如采用理想溶体模型，则式(12.20)可表示为

$$\Delta G^{\alpha\to\beta+\alpha_1}=RT\left[(1-x_B^\alpha)\ln\frac{1-x_B^{\alpha_1}}{1-x_B^\alpha}+x_B^\alpha\ln\frac{x_B^{\alpha_1}}{x_B^\alpha}\right] \tag{12.23}$$

如果 α 相遵守规则溶体模型，则式(12.20)可表示为

$$\Delta G^{\alpha\to\beta+\alpha_1}=(1-x_B^\alpha)\left\{RT\ln\frac{1-x_B^{\alpha_1}}{1-x_B^\alpha}+[(x_B^{\alpha_1})^2-(x_B^\alpha)^2]I_{AB}^\alpha\right\}+$$

$$x_B^\alpha\left\{RT\ln\frac{x_B^{\alpha_1}}{x_B^\alpha}+[(1-x_B^{\alpha_1})^2-(1-x_B^\alpha)^2]I_{AB}^\alpha\right\}=$$

$$RT\left[(1-x_B^\alpha)\ln\frac{1-x_B^{\alpha_1}}{1-x_B^\alpha}+x_B^\alpha\ln\frac{x_B^{\alpha_1}}{x_B^\alpha}\right]+(x_B^{\alpha_1}-x_B^\alpha)^2I_{AB}^\alpha \tag{12.24}$$

当 $I_{AB}^\alpha=0$ 时，即为理想溶体，同时式(12.24)则变成式(12.23)。

脱溶分解驱动力也可通过图 12.8 所示的关系获得。

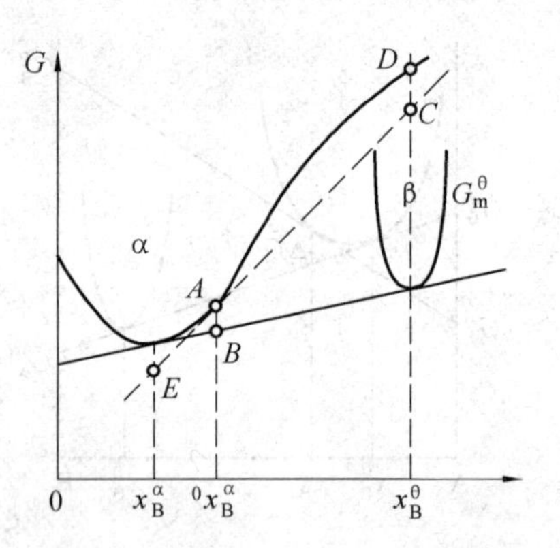

图 12.8　脱溶分解驱动力计算示意图

当 A 分解成 E 和 C 时，自由能不变（A、E 和 C 均为不同成分的 α 相），当 E 靠近 A 时，C 量很少，此时将 G_m^α 在 D 点展开，有

$$G_m^\alpha(D)=a+b(\Delta x_B)+c(\Delta x_B)^2+\cdots$$

同时有

$$G_m^\alpha(C)=a+b(\Delta x_B)$$

所以

$$\Delta G_m^\alpha=G_m^\alpha(D)-G_m^\alpha(C)=c(\Delta x_B)^2$$

$$c=\frac{1}{2}\left[\frac{\mathrm{d}^2G_m^\alpha}{\mathrm{d}(x_B^\alpha)^2}\right]_{{}^0x_B^\alpha} \tag{12.25}$$

若合金相变前只有 α 相（成分为 ${}^0x_B^\alpha$），而相变后分解为 α + θ 相，如图 12.8 所示，相变驱动力则为 A、B 之差

$$G_m^\alpha \approx \frac{1}{2}\left[\frac{d^2 G_m^\alpha}{d(x_B^\alpha)^2}\right]_{{}^0x_B^\alpha}(x_B^\alpha - {}^0x_B^\alpha)^2 \tag{12.26}$$

形成 1 mol 新相的驱动力为

$$\Delta G_m^* = G_m^\theta(x_B^\theta) - G_m^C(x_B^\theta) = G_m^\theta(x_B^\theta) - \left[G_m^\alpha(x_B^\alpha) + (x_B^\theta - x_B^\alpha)\frac{dG_m^\alpha}{dx_B}\right] =$$

$$[G_m^\theta(x_B^\theta) - G_m^\alpha(x_B^\alpha)] - (x_B^\theta - x_B^\alpha)\frac{dG_m^\alpha}{dx_B} \tag{12.27}$$

12.4 析出相的表面张力效应

通常某一相的自由能是温度和成分的函数,即 $G = f(T,p)$。当温度一定时,压力的影响可表示成

$$G(p) = G(0) + pV \tag{12.28}$$

其中,$G(0)$ 为标准状态下(10^5 Pa) 的自由能,p 为相对大气压。

当析出相为均匀形核时,其形状呈近似球形,由于表面形状的影响,使不同相中有不同压力,也就是说,相对于平界面,弯曲界面存在附加压力。附加压力可表示成

$$p = \frac{2\sigma}{r} \tag{12.29}$$

其中,σ 为界面能,r 为界面曲率半径。

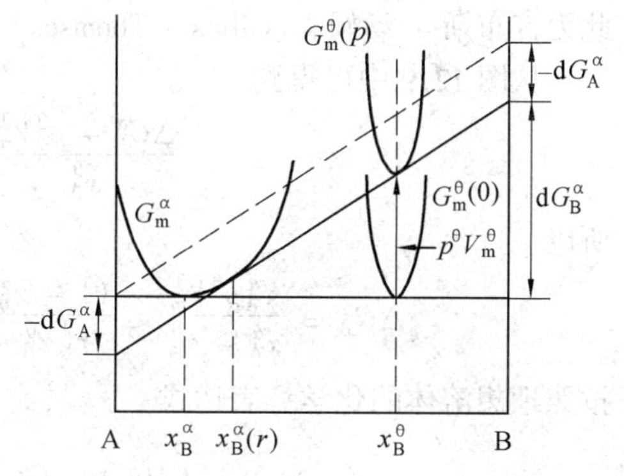

图 12.9　附加压力对相变驱动力的影响

而附加压力的影响是使 G_m^θ 曲线上移,上移的幅度可用下式表示(见图 12.9)

$$\frac{p^\theta V_m^\theta}{x_B^\theta - x_B^\alpha(r)} \approx \frac{dG_B^\alpha - dG_A^\alpha}{1} \tag{12.30}$$

因此

$$p^\theta V_m^\theta = [x_B^\theta - x_B^\alpha(r)]d(G_B^\alpha - G_A^\alpha) \tag{12.31}$$

而

$$G_m^\alpha = x_A^\alpha(r)G_A^\alpha + x_B^\alpha(r)G_B^\alpha,\quad x_A^\alpha(r) = 1 - x_B^\alpha(r)$$

由式可得

$$\frac{dG_m^\alpha}{dx_B^\alpha} = G_B^\alpha - G_A^\alpha \tag{12.32}$$

将式(12.32) 对 $x_B^\alpha(\approx x_B^\alpha(r))$ 微分,得

$$\frac{d^2 G_m^\alpha}{d(x_B^\alpha)^2} = \frac{dG_B^\alpha - dG_A^\alpha}{dx_B^\alpha} \tag{12.33}$$

代入式(12.31)得

$$dx_B^\alpha = \frac{p^\theta V_m^\theta}{(x_B^\theta - x_A^\theta)\frac{d^2 G_m^\alpha}{d(x_B^\alpha)^2}} \tag{12.34}$$

而

$$p = \frac{2\sigma}{r} \tag{12.35}$$

所以

$$dx_B^\alpha = \frac{2\sigma V_m^\theta}{r(x_B^\theta - x_B^\alpha)\frac{d^2 G_m^\alpha}{d(x_B^\alpha)^2}} \tag{12.36}$$

此为吉布斯 - 汤姆森(Gibbs - Thomson)方程。

从图 12.9 中可得到

$$\frac{\Delta G_B^\alpha - p^\theta V_m^\theta}{x_A^\theta} \approx \frac{\Delta G_B^\alpha}{x_A^\alpha} \tag{12.37}$$

所以

$$\Delta G_B^\alpha = \frac{x_A^\alpha p^\theta V_m^\theta}{x_A^\alpha - x_A^\theta} \approx \frac{(1 - x_B^\alpha)2\sigma V_m^\theta}{r(x_B^\theta - x_B^\alpha)} \quad (x_A^i = 1 - x_B^i) \tag{12.38}$$

按照理想溶体的化学势表达式

$$\Delta G_B^\alpha = G_B^\alpha(p) - G_B^\alpha(0) = RT\ln\frac{x_B^\alpha(r)}{x_B^\alpha} \tag{12.39}$$

因此有

$$x_B^\alpha(r) = x_B^\alpha \exp\left[\frac{(1 - x_B^\alpha)2\sigma V_m^\theta}{RTr(x_B^\theta - x_B^\alpha)}\right] \tag{12.40}$$

式(12.40)表示当与α相平衡的θ相的曲率半径为 r 时B组元在α相中固溶度的变化。

若组元两相均为稀溶体,由于当 $Y \ll 1$ 时,$\exp(Y) = 1 + \frac{Y}{1!} + \frac{Y^2}{2!} + \cdots \approx 1 + Y$,因此式(12.40)可变为

$$x_B^\alpha(r) = x_B^\alpha\left[1 + \frac{2\sigma V_m^\theta(1 - x_B^\alpha)}{RTr(x_B^\theta - x_B^\alpha)}\right] \tag{12.41}$$

上式适于α和θ均为稀溶体的情况。

12.5　晶界偏析

当合金中只有α和β相，且两相处于平衡时，有

$$dG = dG^{\alpha} - dG^{\beta} = 0 \tag{12.42}$$

现假设有少量A原子从α相进入β相，其数量为dn_A，这样α相减少dn_A时，则β相应增多dn_A，有

$$-G_A^{\alpha}dn_A + G_A^{\beta}dn_A = 0 \tag{12.43}$$

同时dn_A有少量B原子从α相进入β相以保持平衡，则

$$-G_B^{\alpha}dn_B + G_B^{\beta}dn_B = 0 \tag{12.44}$$

这样合金中不会产生任何偏析。

当溶体中存在晶界偏析时，晶界附近各组元浓度与平均浓度差别较大，可将这一部分当作一相来处理，但是晶界相往往与合金中的某一相的晶体结构相同。假定晶界处的晶界相(b相)与α相的晶体结构相同，并有晶界相在整个过程中总量保持不变。也就是说，晶界相中A原子加B原子的总数保持不变。这样，如果有dn_A个A原子从α相进入b相，必有dn_B个B原子从b相进入α相。这样，α相自由能变化为$dG^{\alpha} = -G_A^{\alpha}dn_A + G_B^{\alpha}dn_B$，而晶界相($b$相)自由能变化$dG^{b} = -G_B^{b}dn_b + G_A^{b}dn_A$，这样α相与晶界相$b$总的自由能变化为

$$dG = dG^{\alpha} + dG^{b} = -G_A^{\alpha}dn_A + G_B^{\alpha}dn_B - G_B^{b}dn_b + G_A^{b}dn_A = 0 \tag{12.45}$$

考虑到$dn_A = dn_B$，得

$$G_A{}^{b} - G_A{}^{\alpha} = G_B{}^{b} - G_B{}^{\alpha} \tag{12.46}$$

b相与α晶体结构相同(实际上为成分不同的同一相)，而除成分不同外，其所承受的附加压力也是不同(界面曲率半径不同)的。所以，b相的自由能曲线处在α相自由能曲线之上。

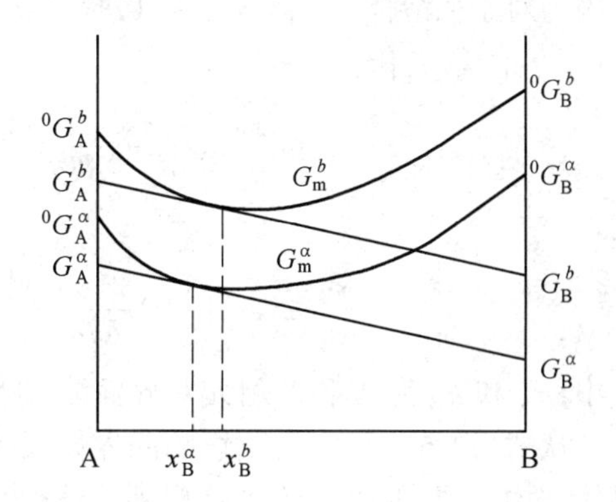

图12.10　晶界析出驱动力

利用平行线法则，可得如下关系

$$G_m^{\alpha} = G_A{}^{\alpha}x_A{}^{\alpha} + G_B{}^{\alpha}x_B{}^{\alpha}$$
$$G_m^{b} = G_A{}^{b}x_A{}^{b} + G_B{}^{b}x_B{}^{b} \tag{12.47}$$

两边对x_B求导得

$$\frac{dG_m^\alpha}{dx_B^\alpha} = G_B^\alpha - G_A^\alpha, \quad \frac{dG_m^b}{dx_B^b} = G_B^b - G_A^b \tag{12.48}$$

结合式(12.46)与式(12.48)可得

$$\frac{dG_m^\alpha}{dx_B^\alpha} = \frac{dG_m^b}{dx_B^b} \tag{12.49}$$

因此,如图12.10中所示的两条切线是平行的。

若引用正规溶体近似,由式(7.82)可得

$$\frac{dG_m^\alpha}{dx_B^\alpha} = {}^0G_B^\alpha - {}^0G_A^\alpha + (1 - 2x_B^\alpha)I_{AB}^\alpha + RT(\ln x_B^\alpha - \ln x_A^\alpha) \tag{12.50}$$

$$\frac{dG_m^b}{dx_B^b} = {}^0G_B^b - {}^0G_A^b + (1 - 2x_B^b)I_{AB}^b + RT(\ln x_B^b - \ln x_A^b) \tag{12.51}$$

所以

$$RT\ln\left(\frac{x_B^b x_A^\alpha}{x_A^b x_B^\alpha}\right) = ({}^0G_A^b - {}^0G_A^\alpha) - ({}^0G_B^b - {}^0G_B^\alpha) + (1 - 2x_B^\alpha)I_{AB}^\alpha - (1 - 2x_B^b)I_{AB}^b \tag{12.52}$$

由于${}^0G_A{}^b - {}^0G_A{}^\alpha$与${}^0G_B{}^b - {}^0G_B{}^\alpha$是附加压力造成的,若$\delta$为晶界相的尺寸,则

$$S_m^b = V_m^b/\delta$$

其中,S_m^b为摩尔晶界相与α相的界面;V_m^b为晶界相的摩尔体积。因此有

$${}^0G_A^b - {}^0G_A^\alpha = \sigma_A V_m^b/\delta, \quad {}^0G_B^b - {}^0G_B^\alpha = \sigma_B V_m^b/\delta \tag{12.53}$$

又因为对于稀溶体有$x_B{}^\alpha, x_B{}^b \ll 1$,所以$x_A{}^\alpha, x_A{}^b \approx 1, x_A{}^\alpha/x_A{}^b \approx 1, 1 - 2x_B{}^b \approx 1, 1 - 2x_B{}^\alpha \approx 1$,因此

$$\ln\frac{x_B^b}{x_B^\alpha} \approx \frac{(\sigma_A - \sigma_B)V_m^b}{RT\delta} + \frac{I_{AB}^\alpha - I_{AB}^b}{RT} \tag{12.54}$$

即

$$\frac{x_B^b}{x_B^\alpha} = \exp\left[\frac{(\sigma_A - \sigma_B)V_m^b}{RT\delta}\right]\exp\left[\frac{I_{AB}^\alpha - I_{AB}^b}{RT}\right] \tag{12.55}$$

其中,σ_A和σ_B为A和B组元对界面能的影响。

从式(12.55)可以看出影响晶界偏聚的因素。由于晶界相(b相)与α相的晶体结构相同,如果溶体满足规则溶体模型,则$I_{AB}^\alpha = I_{AB}^b$。由此可见两组元对界面能的影响差异,直接关系到晶界偏聚的程度。如果两组元的物理化学特性差别大,如原子中电子结构、原子尺寸等差别大,则容易产生晶界偏聚。例如氧、氮等容易偏聚于晶界,锰、镍等则不容易产生偏聚。

12.6 磁性转变对自由能的影响

对于无磁性转变的 A – B 二元系中某一相 α 的自由能可表示为

$$G_{\mathrm{m}}^{\alpha} = x_{\mathrm{A}}^{\alpha}{}^{0}G_{\mathrm{A}}^{\alpha} + x_{\mathrm{B}}^{\alpha}{}^{0}G_{\mathrm{B}}^{\alpha} + x_{\mathrm{A}}^{\alpha}x_{\mathrm{B}}^{\alpha}(I_{\mathrm{AB}}^{\alpha})^{R} + RT(x_{\mathrm{A}}^{\alpha}\ln x_{\mathrm{A}}^{\alpha} + x_{\mathrm{B}}^{\alpha}\ln x_{\mathrm{B}}^{\alpha}) \tag{12.56}$$

在正规溶体中组元间相互作用系数可表示为

$$(I_{\mathrm{AB}}^{\alpha})^{R} = N_0 Z\left[\varepsilon_{\mathrm{AB}} - \frac{1}{2}(\varepsilon_{\mathrm{AA}} + \varepsilon_{\mathrm{BB}})\right] \tag{12.57}$$

而对于 Fe – M 二元系(Fe 为有磁矩物质)中某一相 α 的自由能可表示为

$$G_{\mathrm{m}}^{\alpha} = x_{\mathrm{Fe}}{}^{0}G_{\mathrm{Fe}}^{\alpha}(x_{\mathrm{M}}) + x_{\mathrm{M}}{}^{0}G_{\mathrm{M}}^{\alpha}(x_{\mathrm{M}}) + x_{\mathrm{Fe}}x_{\mathrm{M}}(I_{\mathrm{FeM}}^{\alpha})^{R} + RT(x_{\mathrm{Fe}}\ln x_{\mathrm{Fe}} + x_{\mathrm{M}}\ln x_{\mathrm{M}}) \tag{12.58}$$

当 $x_{\mathrm{M}} \ll 1$ 时

$$x_{\mathrm{M}}{}^{0}G_{\mathrm{Fe}}^{\alpha}(x_{\mathrm{M}}) \approx x_{\mathrm{M}}{}^{0}G_{\mathrm{Fe}}^{\alpha} \tag{12.59}$$

$$x_{\mathrm{Fe}}{}^{0}G_{\mathrm{Fe}}^{\alpha}(x_{\mathrm{M}}) = x_{\mathrm{M}}{}^{0}G_{\mathrm{Fe}}^{\alpha} + x_{\mathrm{Fe}}[{}^{0}G_{\mathrm{Fe}}^{\alpha}(x_{\mathrm{M}}) - {}^{0}G_{\mathrm{Fe}}^{\alpha}] \tag{12.60}$$

其中,${}^{0}G_{\mathrm{Fe}}^{\alpha}$ 是自然磁性状态纯铁的自由能。

加入合金元素后,Fe – M 二元系的磁性状态将发生改变,其中可以用

$$x_{\mathrm{Fe}}[{}^{0}G_{\mathrm{Fe}}^{\alpha}(x_{\mathrm{M}}) - {}^{0}G_{\mathrm{Fe}}^{\alpha}]$$

表示自由能变化。

通常情况下,可作以下定义

$$\Delta^{*}G_{\mathrm{M}}^{\alpha} = {}^{0}G_{\mathrm{Fe}}^{\alpha}(x_{\mathrm{M}}) - {}^{0}G_{\mathrm{Fe}}^{\alpha} = {}^{0}G_{\mathrm{Fe}}^{\alpha}(x_{\mathrm{M}}) - ({}^{0}G_{\mathrm{Fe}}^{\alpha})^{\mathrm{do}} - [{}^{0}G_{\mathrm{Fe}}^{\alpha}) - ({}^{0}G_{\mathrm{Fe}}^{\alpha})^{\mathrm{do}}] \tag{12.61}$$

其中$({}^{0}G_{\mathrm{Fe}}^{\alpha})^{\mathrm{do}}$为无序态纯铁自由能。

因为

$$\frac{\partial G}{\partial T} = -S$$

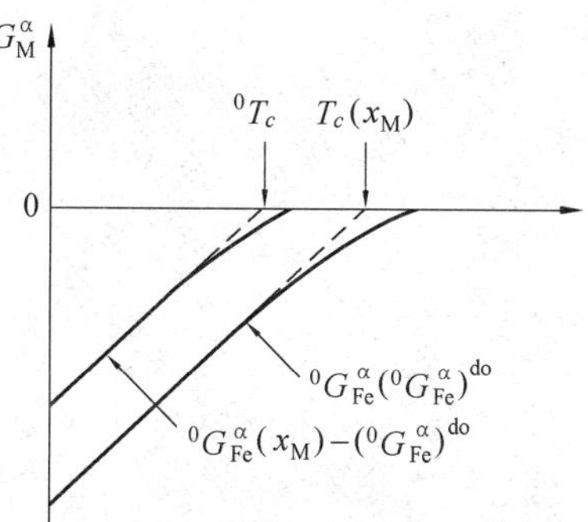

图 12.11　合金元素对铁磁合金自由能的影响

同时图 12.11 中两条曲线的斜率(近似相等)为

$$-[{}^{0}S_{\mathrm{Fe}}^{\alpha} - ({}^{0}S_{\mathrm{Fe}}^{\alpha})^{\mathrm{do}}]$$

所以

$$\Delta^{*}G_{\mathrm{M}}^{\alpha} = [{}^{0}S_{\mathrm{Fe}}^{\alpha} - ({}^{0}S_{\mathrm{Fe}}^{\alpha})^{\mathrm{do}}]\cdot\Delta T \tag{12.62}$$

$$\Delta T = T_c(x_{\mathrm{M}}) - {}^{0}T_c \tag{12.63}$$

而

$$\Delta T = \frac{\mathrm{d}T_c}{\mathrm{d}x_{\mathrm{M}}} x_{\mathrm{M}} \tag{12.64}$$

因此

$$\Delta^* G_{\mathrm{M}}^{\alpha} = x_{\mathrm{M}} [{}^0 S_{\mathrm{Fe}}^{\alpha} - ({}^0 S_{\mathrm{Fe}}^{\alpha})^{\mathrm{do}}] \frac{\mathrm{d}T_c}{\mathrm{d}x_{\mathrm{M}}} \tag{12.65}$$

$$\Delta G_{\mathrm{M}}^{\mathrm{meg}} = x_{\mathrm{M}} \Delta^* G = x_{\mathrm{Fe}} x_{\mathrm{M}} [{}^0 S_{\mathrm{Fe}}^{\alpha} - ({}^0 S_{\mathrm{Fe}}^{\alpha})^{\mathrm{do}}] \frac{\mathrm{d}T_c}{\mathrm{d}x_{\mathrm{M}}} \tag{12.66}$$

令

$$I_{\mathrm{FeM}}^{\alpha} = (I_{\mathrm{FeM}}^{\alpha})^{R} + [{}^0 S_{\mathrm{Fe}}^{\alpha} - ({}^0 S_{\mathrm{Fe}}^{\alpha})^{\mathrm{do}}] \frac{\mathrm{d}T_c}{\mathrm{d}x_{\mathrm{M}}} \tag{12.67}$$

则有

$$(G_{\mathrm{m}}^{\alpha})^{\mathrm{meg}} = x_{\mathrm{Fe}} {}^0 G_{\mathrm{Fe}}^{\alpha} + x_{\mathrm{M}} {}^0 G_{\mathrm{M}}^{\alpha} + x_{\mathrm{Fe}} x_{\mathrm{M}} I_{\mathrm{FeM}}^{\alpha} + RT(x_{\mathrm{Fe}} \ln x_{\mathrm{Fe}} + x_{\mathrm{M}} \ln x_{\mathrm{M}}) \tag{12.68}$$

第13章 化学反应动力学

在任何一个体系，热力学、动力学和物质结构三方面的问题不是彼此独立而是紧密关联的。热力学研究和解决的问题是过程的可能性，换句话说，热力学只能预言在给定条件下某一过程的方向和限度，而把可能性变为现实性还需要通过动力学来解决，即动力学是解决一个过程是如何进行的问题。例如，当某一成分的合金从液相冷却到熔点以下的某一温度时，从热力学的角度看，该合金将发生从液态到固态的相变。但是当合金很纯净时，液态合金温度比熔点低很多时仍可以保持液态而不发生液固相变，这按热力学原理是无法解释的。又如氢气和氧气在室温一个大气压(10^5Pa)下，其反应自由能为 $-287.19\ kJ \cdot mol^{-1}$。根据热力学第二定律，这一反应的可能性是非常大的，但是在实际条件下观察不到氢和氧的任何反应。再如高氯酸钾加热时将发生分解，当加入二氧化锰时其分解速度明显加快。在化学工业中有好多类似的催化作用现象，利用热力学无法解释产生这种现象的原因，而只能通过动力学来解释。所以，动力学研究的内容是过程变化速率和变化的机理，即一个过程的现实性。

对于任何一个过程，动力学和热力学都是相辅相成的。例如某一过程，热力学认为是可能的，但是其实际进行时速率过小，工业上认为无法实现。对此可以通过动力学的研究，降低其反应阻力，加快其反应速率，缩短达到平衡的时间等来解决。若热力学研究表明某一过程是不可能的，就没有必要研究如何提高过程进行速率的问题了，因为这样的过程没有驱动力，阻力再小也是不可能进行的。所以，热力学研究的目标是如何提高一个过程的驱动力，而动力学的研究目标是如何降低过程的阻力。对于一个过程，当其驱动力大而阻力小时，过程进行起来就非常容易而且比较彻底。反之，如果一个过程驱动力小而阻力大，该过程就不容易进行。

由于动力学比热力学要复杂得多，有许多领域尚未开发，所以动力学的研究十分活跃，也是进展迅速的学科之一。

13.1 化学反应平衡及平衡常数

在一个封闭体系中，当各物质的量产生变化时，体系内部发生了化学反应，简称反应。在材料科学与工程中,存在很多化学反应,如在纯铝或铝合金中加入钛进行变质处理时,钛与铝将发生化学反应,生成的 Al_3Ti 作为铝的异质晶核,可以细化铝合金的组织;金属中加入的稀土元素,首先与金属中的氧、硫以及有害微量元素等发生化学反应,消除其有害元素的作用,进而提高材料的性能;加锰消除钢铁材料中硫的有害作用,就是要使锰与硫(或硫化铁)发生反应生成硫化锰。最近研究比较活跃的无焊接热影响区钢(HAZ - free steel)和超细晶粒钢(Super - fine Steel),其制备机理就是利用氮与钢中的钛起化学反应,形成弥散分布的 TiN,阻止晶粒长大。所以,研究分析化学反应对材料科学工作者来说,也是十分必要的。

目前,多数文献将化学反应平衡简称化学平衡,归结为热力学中,这无疑是正确的。但是鉴于化学平衡与化学反应动力学紧密相联的关系,以及材料工作者对化学平衡知识所需的内容及掌握的深度要求,本书将化学平衡归结到化学动力学一章中,对便于本书的学习,也是有必要的。

设某一化学反应

$$aA + bB = cC + dD \tag{13.1}$$

在温度为 T,压力为 p 时,反应达到平衡,即反应物和生成物的量宏观上不再发生变化,此时应满足

$$cG_C + dG_D = aG_A + bG_B \tag{13.2}$$

其中,G_i 为各反应物或生成物的化学位。若 a_i 为各反应物与生成物在由反应物和生成物组成的混合物中的活度,则有

$$G_i = {}^0G_i + RT\ln a_i \tag{13.3}$$

其中,${}^0G_i$ 为纯物质 i 的化学位。这样,式(13.2)可写成

$$c({}^0G_C + RT\ln a_C) + d({}^0G_D + RT\ln a_D) = a({}^0G_A + RT\ln a_A) + b({}^0G_B + RT\ln a_B) \tag{13.4}$$

上式移项后得

$$(c{}^0G_C + d{}^0G_D) - (a{}^0G_A + b{}^0G_B) = -RT\ln\frac{a_C^c\,a_D^d}{a_A^a\,a_B^b} \tag{13.5}$$

式(13.5)的右边为反应的标准自由焓变化,记为 Δ^0G。因此有

$$\Delta^0G = (c{}^0G_C + d{}^0G_D) - (a{}^0G_A + b{}^0G_B) \tag{13.6}$$

将式(13.6)代入式(13.5)得

$$\frac{a_C^c\,a_D^d}{a_A^a\,a_B^b} = \exp(-\Delta^0G/RT) \tag{13.7}$$

由于 Δ^0G 只与温度有关,而与反应物和生成物的浓度(活度)无关,即 Δ^0G 只是温度的函数,也就是式(13.6)左边是一个与反应物和生成物的浓度(活度)无

关的常数。令该常数为 K_a，得

$$K_a = \frac{a_C^c \, a_D^d}{a_A^a \, a_B^b} \tag{13.8}$$

K_a 即为化学反应(13.1)的平衡常数。该常数是温度的函数，表征一个化学反应在一定温度下进行的程度。

13.2 范特霍夫方程式

13.2.1 等温方程式

由于化学平衡和平衡常数仅适于平衡体系。而生产实际中多为非平衡体系，其反应的方向和限度是人们最关心的问题。

对于某一个可逆反应

$$a\text{A} + b\text{B} \rightleftharpoons c\text{C} + d\text{D} \tag{13.9}$$

若某一时刻反应物和生成物的活度分别为 a'_A，a'_B，a'_C 和 a'_D，这些活度是任意的，反应未达到平衡，则体系的自由焓变化为(取纯物质态为标准态)

$$\Delta G_{p,T} = \sum \nu_i G_i = \sum \nu_i{}^0 G_i + \sum \nu_i RT\ln a'_i =$$

$$\Delta^0 G + RT\ln \frac{(a'_C)^c (a'_D)^d}{(a'_A)^a (a'_B)^b} = \Delta^0 G + RT\ln Q_a \tag{13.10}$$

其中，$\Delta^0 G$ 是反应(13.9)的标准自由焓变化，ν_i 分别表示式(13.9)中的系数。Q_a 的定义为

$$Q_a = \frac{(a'_C)^c (a'_D)^d}{(a'_A)^a (a'_B)^b} \tag{13.11}$$

Q_a 为给定体系中按反应式(13.9)给出的活度商。由于活度 a'_i 未必是平衡时的活度，所以 Q_a 并非平衡常数。将

$$\Delta^0 G = -RT\ln K_a \tag{13.12}$$

代入式(13.10)得

$$\Delta G_{p,T} = RT\ln \frac{Q_a}{K_a} \tag{13.13}$$

式(13.11)与式(13.13)称为范特霍夫(van't Hoff)等温方程式。根据最小自由焓原理，可以用这两式给出的 $\Delta G_{p,T}$ 值来判断温度为 T、各组元活度为任意值 a'_i 时体系中反应的方向和限度。

事实上，在使用式(13.13)来判断一个给定体系中反应的方向和限度时，无须算出 $\Delta G_{p,T}$ 的具体数值，而只要比较 Q_a 和 K_a 的相对大小即可。式(13.13)指

明

$$Q_a < K_a,\quad \Delta G < 0,\quad \text{反应正向自发}$$
$$Q_a > K_a,\quad \Delta G > 0,\quad \text{反应逆向自发}$$
$$Q_a = K_a,\quad \Delta G = 0,\quad \text{反应建立平衡}$$

范特霍夫等温方程式表明，K_a 给出了一个相对标准，只需要比较 Q_a 和 K_a 的相对大小就可判断给定条件下反应的方向和限度。此外，还可以利用此式计算反应在等温下自由焓的变化。

13.2.2 等压方程式

在经典热力学中，给出了吉布斯－亥姆霍兹方程式为

$$\left[\frac{\partial(\Delta G/T)}{\partial T}\right]_p = -\frac{\Delta H}{T^2}$$

如参加反应的物质均处于标准态，则有

$$\left[\frac{\partial(\Delta^0 G/T)}{\partial T}\right]_p = -\frac{\Delta^0 H}{T^2} \tag{13.14}$$

将式(13.12)代入式(13.14)，可得

$$\left[\frac{\partial \ln K_a}{\partial T}\right]_p = \frac{\Delta^0 H}{RT^2}$$

因为 K_a 只与温度有关，与压力无关，因此有

$$\frac{\mathrm{d}\ln K}{\mathrm{d}T} = \frac{\Delta^0 H}{RT^2} \tag{13.15}$$

式(13.15)为范特霍夫等压方程式，说明了在等压下，反应平衡常数随温度的变化关系。由于反应热受压力的影响极小，因此式(13.15)中的 $\Delta^0 H$ 常可忽略其表示标准态的上标，即为 ΔH。因此式(13.15)可表示为

$$\frac{\mathrm{d}\ln K}{\mathrm{d}T} = \frac{\Delta H}{RT^2} \tag{13.16}$$

式(13.16)表明温度对平衡常数的影响与反应热 ΔH 有关，即：

(1) 吸热反应，有 $\Delta H > 0$，$\frac{\mathrm{d}\ln K}{\mathrm{d}T} > 0$，也就是说，随着温度的升高，$K$ 值增大，反应向正向移动，即达到平衡时生成物的浓度加大，反应将进行得比较彻底；

(2) 对应放热反应，有，$\Delta H < 0$，$\frac{\mathrm{d}\ln K}{\mathrm{d}T} < 0$，也就是说，随着温度的升高，$K$ 值减小，反应逆向移动，即达到平衡时反应物的浓度增加，不利于反应的进行。

如果温度变化不大时，反应热随温度的变化很微小，可把 ΔH 视为常数来处理，对式(13.16)作不定积分，可得

$$\ln K = -\frac{\Delta H}{R}\frac{1}{T} + C \tag{13.17}$$

其中,C 为积分常数。或者作定积分,得

$$\ln\frac{K_2}{K_1} = -\frac{\Delta H}{R}\left(\frac{1}{T_1} - \frac{1}{T_2}\right) \tag{13.18}$$

式(13.17) 表明,$\ln K$ 随 $1/T$ 变化呈直线,其斜率就是 $-\Delta H/R$。

以上处理由于将 ΔH 视为常数来处理,所产生的误差比较大。要进行精确计算时,必须将反应热 ΔH 看成是温度 T 的函数。再代入式(13.16) 后进行积分。如果反应的任意组元(包括反应物和生成物) 的等压热容与温度的关系为

$$(C_p)_i = a_i + b_iT + c_iT^{-2}$$

则对于反应(13.9) 有

$$\Delta C_p = c(C_p)_{\rm C} + d(C_p)_{\rm D} - a(C_p)_{\rm A} - b(C_p)_{\rm B} = \Delta a + \Delta bT + \Delta cT^{-2} \tag{13.19}$$

而

$$\Delta H_T = \Delta H_0 + \int_0^T \frac{\Delta C_p}{T}{\rm d}T$$

所以有

$$\Delta H_T = \Delta H_0 + \Delta aT + \Delta bT^2 + \Delta cT^{-1} \tag{13.20}$$

代入式(13.16) 积分,可得出平衡常数或 $\Delta^0 G$ 与温度的关系式

$$\ln K = -\frac{\Delta H_0}{RT} + \frac{\Delta a}{RT}\ln T + \frac{\Delta b}{2R}T + \frac{\Delta c}{2R}T^{-2} + I \tag{13.21}$$

$$\Delta^0 G = -RT\ln K = \Delta H_0 - \Delta aT\ln T - \frac{\Delta b}{R}T^2 - \frac{\Delta c}{2}T^{-1} - IRT \tag{13.22}$$

其中 ΔH_0 和 I 为积分常数。热容常数 Δa、Δb 和 Δc 等可由各物质的热容经验式给出。而 ΔH_0 和 I 可通过将已知的反应热代入式(13.20) 和式(13.21) 或(13.22) 得出。

13.3　查特利耳 - 布朗原则

对于一个化学反应,在某一温度达到平衡,如继续升高温度,平衡将向吸热方向移动。如降低温度,反应平衡则向相反的方向移动。若非如此,升高温度时,如果平衡向放热方向移动,经链式反应将导致灾难性后果。对此查特利耳 - 布朗(LeChatelier - Braun) 曾有论述:如平衡体系的条件发生变化使平衡移动,则反应会向调节变化并减小变化的效应方向进行。下面为此原则的证明。

当化学反应达到平衡时,有下列计算式:

$$\sum_{i=1}^{r} \nu_i \mathrm{A}_i = 0 \tag{13.23}$$

上式为式(13.9) 的另一种表示形式。其中 ν_i 为平衡反应的化学计量比的系数，表示生成物时为正，表示反应物时为负。A_i 为参加反应的 i 组元。组元的增量 $\mathrm{d}n_i$ 之间存在下列关系

$$\mathrm{d}n_1/\nu_1 = \mathrm{d}n_2/\nu_2 = \cdots = \mathrm{d}n_r/\nu_r = \mathrm{d}\lambda \tag{13.24}$$

其中，λ 为指示反应进程的变量。

当平衡条件变化时，体系的自由焓变化为

$$\mathrm{d}G = -S\mathrm{d}T + V\mathrm{d}P + \sum_{i=1}^{r} G_i \mathrm{d}n_i = 0 \tag{13.25}$$

由式(13.24) 可知

$$\mathrm{d}G = -S\mathrm{d}T + V\mathrm{d}P + (\sum_{i=1}^{r} G_i\nu_i)\mathrm{d}\lambda \tag{13.26}$$

恒温恒压下，封闭体系的平衡判据为

$$(\mathrm{d}G)_{P,T} \leqslant 0 \tag{13.27}$$

即

$$(\sum_{i=1}^{r} G_i \nu_i)\mathrm{d}\lambda \leqslant 0 \tag{13.28}$$

由定义可知，反应自由焓变 ΔG 为

$$\Delta G = \sum_{i=1}^{r} G_i \nu_i \tag{13.29}$$

由式(13.29) 和(13.26) 可得

$$\Delta G = \left(\frac{\partial G}{\partial \lambda}\right)_{T,p} \tag{13.30}$$

将式(13.29) 代入式(13.28) 得

$$\Delta G \cdot \mathrm{d}\lambda \leqslant 0 \tag{13.31}$$

$\mathrm{d}\lambda$ 为平衡状态附近的一个小的变化量，可正可负，而 ΔG 不是任意变化的。因此平衡判据只可能是

$$\Delta G = \sum_{i=1}^{r} \mu_i \nu_i \tag{13.32}$$

对于不可逆的自发过程，有

$$(\mathrm{d}G)_{P,T} = \Delta G \cdot \mathrm{d}\lambda < 0 \tag{13.33}$$

对反应自由焓 ΔG 取全微分，有

$$\mathrm{d}(\Delta G) = \mathrm{d}\left(\frac{\partial G}{\partial \lambda}\right)_{T,p} = \frac{\partial}{\partial T}\left(\frac{\partial G}{\partial \lambda}\right)_{T,p}\mathrm{d}T + \frac{\partial}{\partial p}\left(\frac{\partial G}{\partial \lambda}\right)_{T,p}\mathrm{d}p + \left(\frac{\partial^2 G}{\partial \lambda^2}\right)_{T,p}\mathrm{d}\lambda \tag{13.34}$$

变换求导次序后

$$d(\Delta G) = \frac{\partial}{\partial T}\left(\frac{\partial G}{\partial \lambda}\right)_p dT + \frac{\partial}{\partial \lambda}\left(\frac{\partial G}{\partial p}\right)_T dp + \left(\frac{\partial^2 G}{\partial \lambda^2}\right)_{T,p} d\lambda \tag{13.35}$$

应用麦克斯维方程

$$d(\Delta G) = -\left(\frac{\partial S}{\partial \lambda}\right)_{T,p} dT + \left(\frac{\partial V}{\partial \lambda}\right)_{T,p} dp + \left(\frac{\partial^2 G}{\partial \lambda^2}\right)_{T,p} d\lambda \tag{13.36}$$

反应平衡时有

$$\Delta G = 0,\quad d(\Delta G) = 0 \tag{13.37}$$

将平衡条件式(13.37)用于全微分式(13.36),有

$$\left(\frac{\partial \lambda_{eq}}{\partial p}\right)_T = -\frac{(\partial V/\partial \lambda)_{T,p}}{(\partial^2 G/\partial \lambda^2)_{T,p}} \tag{13.38}$$

$$\left(\frac{\partial \lambda_{eq}}{\partial T}\right)_p = -\frac{(\partial S/\partial \lambda)_{T,p}}{(\partial^2 G/\partial \lambda^2)_{T,p}} \tag{13.39}$$

其中下标 eq 表示平衡态。由基本关系式

$$(dV)_{T,p} = \sum_{i=1}^{r} V_i dn_i = \sum_{i=1}^{r} V_i \nu_i d\lambda = \Delta V d\lambda \tag{13.40}$$

或

$$\left(\frac{\partial V}{\partial \lambda}\right)_{T,p} = \Delta V \tag{13.41}$$

以及

$$(dS)_{T,p} = \sum_{i=1}^{r} S_i dn_i = \sum_{i=1}^{r} S_i \nu_i d\lambda = \Delta S d\lambda \tag{13.42}$$

或

$$\left(\frac{\partial S}{\partial \lambda}\right)_{T,p} = \Delta S \tag{13.43}$$

得

$$\left(\frac{\partial \lambda_{eq}}{\partial p}\right)_T = -\frac{\Delta V}{(\partial^2 G/\partial \lambda^2)_{T,p}} \tag{13.44}$$

$$\left(\frac{\partial \lambda_{eq}}{\partial p}\right)_p = -\frac{\Delta S}{(\partial^2 G/\partial \lambda^2)_{T,p}} = \frac{\Delta H}{T(\partial^2 G/\partial \lambda^2)_{T,p}} \tag{13.45}$$

由于以上二式等号右端分母恒为正数,所以增加压力时,平衡将向减小体积的方向移动,温度升高时,平衡将向吸热的方向移动,若 ΔH 为正,则平衡向逆向移动,否则,平衡将向正向移动。因此证明了查特利耳 - 布朗原则。

13.4 反应机理与质量定律

化学反应动力学主要研究化学反应速度,即各种因素对速度的影响以及推测反应机理或反应历程。所谓的反应机理,是指某一个化学反应具体由那些单元步骤组成的。把其中每一个单元步骤称为一个基元反应,则基元反应是组成一个化学反应的基本步骤。

通常一个反应的反应机理是不能从反应方程式中看出来的,只能根据反应速度等多方面来推测。同时反应机理也是影响反应速度的重要因素之一。所以要了解一个反应的反应机理,必须首先了解反应速度。

13.4.1 反应速度

在讨论反应速度之前,应该先规定反应速度的表示方法。对于任意一个化学反应,随着反应的进行,总是反应物的量不断地减少和生成物的量不断地增加,如果这个量用其摩尔数 n_i 来表示,在整个反应过程中,体系的总体积 V 不发生变化,则摩尔数 n_i 与体积摩尔浓度 C_i 成正比,于是可以用浓度随时间 t 的变化律来表示反应速度

$$v(t) = \pm \frac{1}{V}\frac{\mathrm{d}n_i(t)}{\mathrm{d}t} = \pm \frac{\mathrm{d}C_i(t)}{\mathrm{d}t} \tag{13.46}$$

式(13.46) 中的正负号规定如下,若 i 是生成物,取正号;i 是反应物,取负号。在浓度 - 时间曲线上,$v(t)$ 是时刻为 t 时曲线上的斜率。

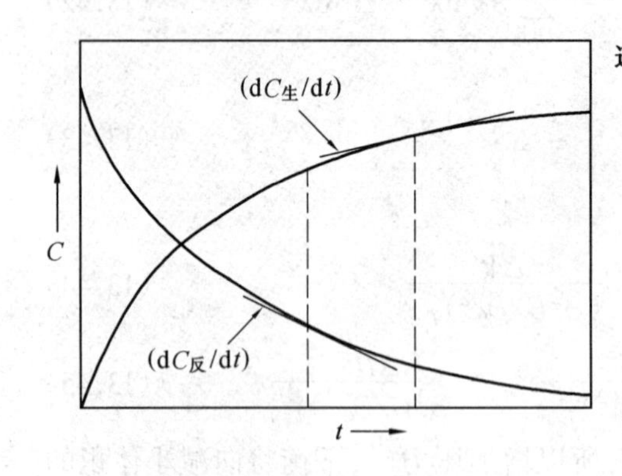

速度

时间

图 13.1 反应体系的浓度随时间变化曲线　　图 13.2 反应速度随时间变化曲线

对于式(13.9) 的反应,用各种物质的浓度表示的反应速度之间的关系为

$$\frac{1}{a}\left(-\frac{\mathrm{d}C_\mathrm{A}}{\mathrm{d}t}\right) = \frac{1}{b}\left(-\frac{\mathrm{d}C_\mathrm{B}}{\mathrm{d}t}\right) = \frac{1}{c}\left(\frac{\mathrm{d}C_C}{\mathrm{d}t}\right) + \frac{1}{r}\left(\frac{\mathrm{d}C_D}{\mathrm{d}t}\right) \tag{13.47}$$

等温下，一个反应过程的速度 v 是反应体系内各物质浓度的函数

$$v = f(C_A, C_B, \cdots) \tag{13.48}$$

其中，C_A、C_B、$\cdots$ 是各反应物、生成物的浓度。通常把这个等温式称为反应速度式，其具体形式需要根据动力学实验来确定。反应不同，反应速度式的形式有很大差别。

实验表明，大多数反应速度式具有如下的简单形式

$$v = kC_A^{n_1} C_B^{n_2} \cdots \tag{13.49}$$

其中，C_A、C_B、$\cdots$ 是各反应物的浓度，指数 $n_1, n_2, \cdots$，是简单的正负整数（包括零）或分数，其值由实验测定；k 是和浓度无关的常数，称为反应速度常数或比速度。这样把反应速度式遵守(13.49)的反应称为有级数反应，而把 $n_1 + n_2 + \cdots = n$ 成为该反应的总级数，把 $n_1, n_2, \cdots$ 分别称为反应对物质 A、B、$\cdots$ 的级数。

$n = 1$ 称一级反应，$n = 2$ 称二级反应，$n = 3$ 称三级反应。常见的是一级反应和二级反应，三级反应只有少数的几个，大于三级的反应尚未发现。

1. 一级反应

一级反应的速度式为

$$v = \frac{\mathrm{d}C}{\mathrm{d}t} = kC \tag{13.50}$$

对上式积分，给出初始条件为 $t = 0$，$C = C_0$，得到

$$C = C_0 \exp(-kt) \tag{13.51}$$

上式表明，若以 $\ln C$ 对 t 做图应得直线，如图 13.3 所示，这是一级反应的特征。

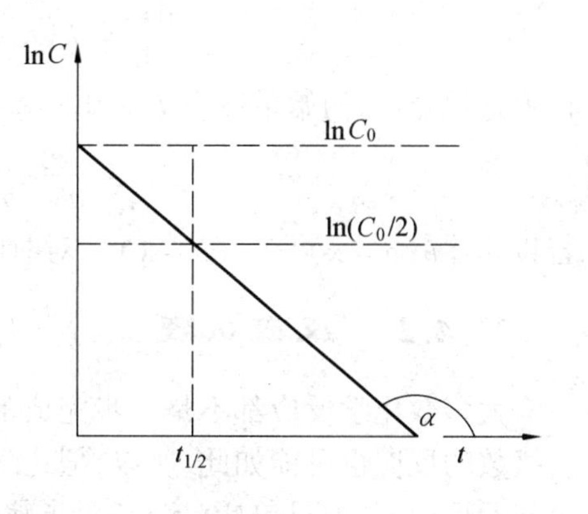

图 13.3　一级反应的浓度 - 时间图

当反应进行到一半时（$C = (1/2)C_0$）时所需的时间称为半衰期 $t_{1/2}$。从式(13.51)得

$$t_{1/2} = \ln 2/k \tag{13.52}$$

由此可见，一级反应的半衰期与其浓度无关，这是一级反应的另一特征。所有这些特征常用来判断反应是否为一级反应。

2. 二级反应

二级反应的速度式为

$$v = \frac{\mathrm{d}C_A}{\mathrm{d}t} = kC_A C_B \tag{13.53}$$

若在整个反应过程中，均有 $C_A = C_B = C$，则有

$$v = \frac{dC}{dt} = kC^2 \tag{13.54}$$

对上式积分,并给定初始条件 $t = 0, C = C_0$,则得动力学方程为

$$\frac{1}{C} = \frac{1}{C_0} + kt \tag{13.55}$$

若以 $1/C$ 对 t 作图应得一直线,其斜率为反应速度常数 k,这是二级反应的特征。

将条件 $t = t_{1/2}, C = (1/2)C_0$ 代入式(13.55)可得

$$t_{1/2} = \frac{1}{kC_0} \tag{13.56}$$

可见二级反应的半衰期不是一个常数,而是与反应的起始浓度成反比,这是二级反应的另一特征。

如果两个反应物的起始浓度不同,A 的起始浓度为 $a\ \mathrm{mol \cdot cm^{-3}}$,B 的起始浓度为 $b\ \mathrm{mol \cdot cm^{-3}}$,$t$ 秒后,有 $x\ \mathrm{mol \cdot cm^{-3}}$ 的 A 或 B(设 A、B 仍以等摩尔反应)反应后消失,则其速度式可表示成

$$\frac{dx}{dt} = k(a - x)(b - x) \tag{13.57}$$

移项并积分得(初始条件为 $t = 0, x = 0$)

$$kt = \frac{1}{a - b}\ln\frac{b(a - x)}{a(b - x)} \tag{13.58}$$

若以 $\ln\{[b(a-x)]/[a(b-x)]\}$ 对时间 t 作图,可得一直线,斜率为 $(a-b)k$。

13.4.2 反应机理

大多数化学反应都不是一步完成的,而是要经过一系列中间步骤。即使是有级数的反应也可能如此。所以,把化学反应中的每一个单(基)元步骤称为一个基元反应,并把只包括一个基元步骤的化学反应称为简单反应,把包括多个基元步骤的反应称为复杂反应。说明整个化学反应所遵循的动力学规律的一系列基元步骤称为反应机理。

为了研究反应机理,经常用到反应分子数的概念,通常把直接参与基元反应的质点数称为反应的分子数。基元反应可以根据反应分子数分为单分子、双分子和三分子反应。微观上表示这些基元反应分别是由单个分子分解或者两个或者三个分子通过碰撞发生反应。

经过碰撞而激活的单分子的分解反应,或称异构化反应为单分子反应

$$A \rightarrow B + C + \cdots$$

因为是一个个的激活分子独自进行的反应,所以这种分子在单位体积内的数目越多(浓度越大),则单位体积内,单位时间起反应的数量就越多,即反应物的消

耗速度与反应物的浓度成正比,即

$$-\mathrm{d}C_{\mathrm{A}}/\mathrm{d}t = kC_{\mathrm{A}} \tag{13.59}$$

双分子反应可分为异类分子与同类分子间的反应

$$A + B \rightarrow C \tag{1}$$

$$A + A \rightarrow C \tag{2}$$

两个分子之间要发生反应,则必须碰撞,否则彼此远离是不可能反应的,所以反应速度应与单位体积单位时间的碰撞数成正比。按分子运动论,单位体积单位时间内的碰撞数与浓度乘积成正比,因此,反应物 A 的消耗速度与浓度乘积成正比

对于反应(1)

$$-\mathrm{d}C_{\mathrm{A}}/\mathrm{d}t = kC_{\mathrm{A}}C_{\mathrm{B}} \tag{13.60}$$

对于反应(2)

$$-\mathrm{d}C_{\mathrm{A}}/\mathrm{d}t = kC_{\mathrm{A}}^{2} \tag{13.61}$$

依次类推,对于基元反应

$$a\mathrm{A} + b\mathrm{B} + \cdots \rightarrow l\mathrm{L} + m\mathrm{M}$$

其反应速度式(速率方程)为

$$v_{\mathrm{A}} = -\mathrm{d}C_{\mathrm{A}}/\mathrm{d}t = kC_{\mathrm{A}}^{\alpha}C_{\mathrm{B}}^{\beta}\cdots \tag{13.62}$$

也就是说,基元反应的速度与各反应物浓度的幂乘积成正比,其中的各浓度的方次为反应方程相应组分的化学计量比。这就是质量作用定律,它只适于基元反应,对于非基元反应,只有分解为若干各基元反应时,才能逐个运用质量作用定律。

由式(13.61)与式(13.49)比较可知,$n = \alpha + \beta + \cdots$ 为基元反应的级数,k 为反应速度常数。

下面以氢 - 溴反应说明反应机理。氢 - 溴反应的方程式为

$$H_2 + Br_2 \rightleftharpoons 2HBr$$

查明其反应机理为

$$Br_2 \rightarrow Br + Br \qquad v_1 = k_1[Br_2]$$

$$Br + H_2 \rightarrow HBr + H \qquad v_2 = k_2[Br][H_2]$$

$$H + Br_2 \rightarrow HBr + Br \qquad v_3 = k_3[H][Br_2]$$

$$H + HBr \rightarrow H_2 + Br \qquad v_4 = k_4[H][HBr]$$

$$Br + Br \rightarrow Br_2 \qquad v_5 = k_5[Br][Br]$$

就每一个基元反应而言,它的速度总是和反应物浓度的乘积成正比。但是对于整个氢 - 溴反应的速度式则是上面五个速度式的总和。因此,整个反应过程中,分子数与反应级数是不同的。

在反应过程中，反应中间体的浓度不会很大，其随时间的变化率更小，因此可以在整个反应过程中，这些中间体能够维持一个稳定浓度。在动力学中称这种现象为稳定态近似，又称稳定态原理，是动力学中处理反应机理和反应速度常用的方法之一。应用稳定态原理，可以分析多数反应的反应机理和求解反应速度式。

下面以 N_2O_5 气相分解为例，分析如何利用稳定态近似分析反应机理和反应速度式。

实验测得 N_2O_5 气相分解为一级反应，其反应机理包括如下几步

$$N_2O_5 \underset{k_{-1}}{\overset{k_1}{\rightleftharpoons}} NO_2 + NO_3 \tag{1}$$

$$NO_2 + NO_3 \xrightarrow{k_2} NO + O_2 + NO_2 \tag{2}$$

$$NO + NO_3 \xrightarrow{k_3} 2NO_2 \tag{3}$$

综合以上三式即可得到总反应

$$2N_2O_5 = 4NO_2 + O_2$$

其中 NO 和 NO_3 为反应中间体，式(1)的正反应为生成 NO_3，其逆反应及式(2)、式(3)反应均消耗 NO_3，所以总的 NO_3 的浓度随时间的变化关系可按质量作用定律得出

$$\frac{d[NO_3]}{dt} = k_1[N_2O_5] - (k_{-1} + k_2)[NO_2][NO_3] - k_3[NO][NO_3] \tag{13.62}$$

同理，NO 的生成速度为

$$\frac{d[NO]}{dt} = k_2[NO_2][NO_3] - k_3[NO][NO_3] \tag{13.63}$$

应用稳定态近似，有

$$\frac{d[NO_3]}{dt} = 0, \quad \frac{d[NO]}{dt} = 0$$

由式(13.63)得

$$[NO] = \frac{k_2}{k_3}[NO_2] \tag{13.64}$$

由式(13.62)和(13.64)得

$$[NO_3] = \frac{k_1[N_2O_5]}{(k_{-1} + 2k_2)[NO_2]} \tag{13.65}$$

N_2O_5 的分解速度按第一步是

$$-\frac{d[N_2O_5]}{dt} = k_1[N_2O_5] - k_{-1}[NO_2][NO_3] \tag{13.66}$$

将式(13.65)代入式(13.66)得到速度式为

$$-\frac{d[N_2O_5]}{dt}=\frac{2k_1k_2}{k_{-1}+2k_2}[N_2O_5] \tag{13.67}$$

因此这个反应是一级的,与实验测定一致。

13.5 阿累尼乌斯公式——反应常数 k 与温度 T 的关系

温度对化学反应速度的影响是十分显著的,无论是吸热的反应还是放热的反应,几乎所有的化学反应速度都随着温度的升高而加大。在反应速度式中,温度对反应速度的影响具体表现为对反应速度常数的影响上。

在反应速度式中,速度常数 k 在一定温度下为一常数,但是温度改变时,k 就随之改变。表示 k 随 T 变化的近似经验有范特霍夫规则:

$$k_{T+10℃}/k_T = 2 \sim 4 \tag{13.68}$$

其中,k_T 表示温度为 T 时的速度常数,$k_{T+10\ ℃}$ 为($T+10$ ℃)式的速度常数。这个规则表明,温度每升高10 ℃,反应速度大约增加2 ~ 4倍。此比值也称反应速度的温度系数。但是范特霍夫规则不很精确,又缺乏数据,但使用它作粗略估算还是很有效的。

表示 $k-T$ 关系的较精确的经验式,对于基元反应,有著名的阿累尼乌斯(Arrhennius)方程:

$$k = k_0\exp\left(-\frac{E^*}{RT}\right) \tag{13.69}$$

其中,k 为反应速度常数;T 为绝对温度;k_0 和 E^* 都是与反应有关的常数,E^* 为反应激活能;k_0 为表观频率因子,又称指(数)前因子;R 为气体常数。式(13.69)表明 $\ln k$ 与 $1/T$ 呈线性关系。

对式(13.69)取对数并微分,得

$$\frac{d\ln k}{dT}=\frac{E^*}{RT^2} \tag{13.70}$$

此式表明,$\ln k$ 与 T 的变化率与激活能 E^* 成正比。也就是说激活能越高,则随着温度的升高,反应速度增加得越快,即激活能越高,反应速度对温度越敏感。所以若同时存在几个反应(在材料制备的冶金反应中经常遇到),则高温对激活能高的反应有利,低温对激活能低的反应有利,实际生产中经常利用这个原理来选择温度加速主反应,抑制副反应。

例如将式(13.70)从 T_1 到 T_2 积分,得到

$$\ln \frac{k_2}{k_1} = -\frac{E^*}{R}\left(\frac{1}{T_2^2} - \frac{1}{T_1^2}\right) \tag{13.71}$$

所以已知两个温度 T_1、T_2 下的速度常数 k_1、k_2，由式(13.71)即可得到反应激活能 E^*。

将阿累尼乌斯方程代入式(13.61)，可得

$$v_A = \frac{dC_A}{dt} = k_0 \exp\left(-\frac{E^*}{RT}\right) C_A^{\alpha} C_B^{\beta} \cdots \tag{13.72}$$

上式完整地表示出 $k-t-T$ 的关系，使用范围并不限于恒温，而具有更普遍的意义。

13.6 反应激活能

阿累尼乌斯方程引出了激活能这个经验常数，其大小对反应速度影响很大。从已知的反应激活能数据中可了解到，激活能 E^* 均在 $10^4 \sim 10^5\ \mathrm{J \cdot mol^{-1}}$ 之间，且以 $10^5\ \mathrm{J \cdot mol^{-1}}$ 居多。

由阿累尼乌斯方程可知反应速度与激活能呈指数关系，通常激活能越小，反应速度越大。要解释其原因，必须要了解激活能的物理意义。

任何一个化学反应，在发生时必须先提供给它足够的能量，然后反应物分子的旧键才能破坏，产物分子的新键才能形成。例如基元反应 $2HI \rightarrow H_2 + 2I$，两个 HI 分子要起反应，总是先碰撞，碰撞中两个 HI 分子中的两个 H 原子互相接近，从而形成新的 H－H 键，同时 H－I 键断裂，才变成产物 $H_2 + 2I$。但是两个 HI 分子的 H 原子核外已配对电子的斥力，使 H 原子难以接近到足够的程度，以形成新的 H－H 键。又由于 H－I 键的引力，使 H－I 难以断裂。为了克服新键形成前的斥力和旧键断裂前的引力，两个相撞的分子必须有足够大的能量。相撞分子若不具备足够的能量，就不能达到化学键新旧交替的激活状态，因而就不能起反应。所以阿累尼乌斯认为，为了能发生化学反应，普通分子必须吸收足够的能量而变成激活分子，并且，将普通分子变成激活分子至少需吸收的能量叫做激活能。

由普通分子变成激活分子的过程中，必须克服一个能量峰值，简称**能峰**，即最高势能与原有势能之差，如图 13.4 所示。一般地，能峰越高，则反应阻力就越大，反应就越难以进行；同时，形成新键需克服的斥力越大，或破坏旧键需克服的引力越大，需要消耗更多的能量，所以峰值越高。因此激活能大小代表了能峰的高低。

例如 HI 反应过程中，由图 13.4 可以看出，需先吸收 $180\ \mathrm{kJ \cdot mol^{-1}}$ 的激活能，才能达到状态[I…H…H…I]。在此状态下，因吸收了足够的能量，克服了两

个 H 原子间的斥力,使之靠得足够近,新键即将生成;吸收的能量同时也克服 H – I 键的引力,使 H – I 键距离拉长而将断裂,从而产生了反应 $2HI \rightarrow H_2 + 2I$,同时放出 21 $kJ \cdot mol^{-1}$ 的能量。所以反应前后净余恒容反应热 ΔE 为

$$\Delta E = E_1^* - E_{-1}^* \quad (13.73)$$

这个反应的能峰(激活能)是 180 $kJ \cdot mol^{-1}$。同理,逆反应

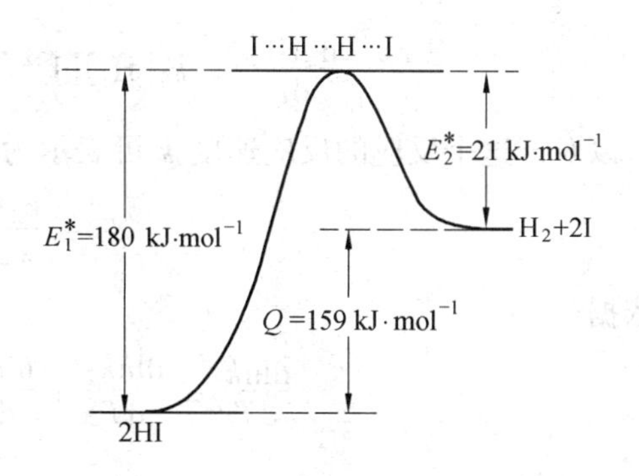

图 13.4　正逆反应激活能与反应热的关系

$$H_2 + 2I \rightarrow 2HI$$

的激活能为 21 $kJ \cdot mol^{-1}$,至少要吸收如此多的能量,才能达到相同的激活状态而起反应。

因此,可得出结论,化学反应一般总需要有一个激活的过程,也就是一个吸收足够能量以克服反应能峰的过程。在一般条件下,使分子激活的能量主要来源于分子的碰撞,称为热激活,此外还有光激活和电激活。达到激活态,或者说达到反应能峰,所需吸收能量称为激活能。式(13.73)为阿累尼乌斯激活能的定义式。激活能对反应速度有十分明显的影响,在一定温度下,激活能越大,则能够达到激活的碰撞次数就越少,因而反应就越慢。对于一定的反应,激活能一定,若温度越高,则达到激活的碰撞次数就越多,因而反应就越快。

对于有级数的复杂反应,其实测的反应速度常数是各基元反应速度常数的综合。同样由基元反应的激活能可以得到整个反应的激活能。例如氢 – 碘反应

$$H_2 + I_2 = HI$$

其反应机理如下

$$I_2 \underset{k_{-1}}{\overset{k_1}{\rightleftharpoons}} 2I \quad (1)$$

$$H_2 + 2I \xrightarrow{k_2} 2HI \quad (2)$$

对于步骤(1)反应速度较快,可建立平衡

$$\frac{[I]^2}{[I_2]} = K = \frac{k_1}{k_{-1}}$$

即

$$[I]^2 = \frac{k_1}{k_{-1}}[I_2] \quad (13.74)$$

基元反应(2)的反应速度相对较慢,为整个反应的控制步骤

$$\frac{d[HI]}{dt} = k_2[H_2][I]^2 = \frac{k_2 k_1}{k_{-1}}[H_2][I_2] \tag{13.75}$$

所以对于这个反应的反应速度 k 可表示为

$$k = \frac{k_2 k_1}{k_{-1}}$$

依据

$$\frac{d\ln k}{dT} = \frac{d\ln k_2}{dT} + \frac{d\ln k_1}{dT} - \frac{d\ln k_{-1}}{dT}$$

有

$$\frac{E^*}{RT^2} = \frac{E_1^*}{RT^2} + \frac{E_2^*}{RT^2} - \frac{E_{-1}^*}{RT^2}$$

得

$$E^* = E_1^* + E_2^* - E_{-1}^* \tag{13.76}$$

其中,k 称为表观速度常数;E^* 为表观激活能。可见表观激活能为各基元反应激活能的总和。

13.7 反应速率的动力学理论——碰撞理论和过渡状态理论

基元反应是一步完成的反应,其初始状态是彼此远离的反应物分子。当反应物分子相互接近到价电子可能产生相互作用的距离时,原子便重新排列,结果是反应物分子转变为产物分子。产物分子彼此远离后即达到基元反应的末态。基元反应速度理论就是描述基元反应的上述全过程,并根据反应体系的已知物理和化学性质,定量地计算反应速度,从而对基元反应的动力学特征做出理论上的解释和预测。

13.7.1 有效碰撞理论

所谓有效碰撞理论,是以气体分子间相互碰撞为基础,所解决的是双分子气相反应的速度常数的计算问题。

有效碰撞理论主要有以下三个要点。

(1) 反应物分子只有碰撞才能发生反应。

(2) 只有那些激烈碰撞才属于反应碰撞,即有效碰撞。一般两个分子的碰撞过程可分为三种情况,一是弹性碰撞,碰撞后两个分子重新分开,此过程遵守动量守恒,分子的内部运动没有发生变化。另一种碰撞是非弹性碰撞,不遵守动量守恒,碰撞前分子的一部分动能在碰撞时转化为分子的内部运动(例如转动和振动)。碰撞后,分子的振动和转动虽然加剧,但是分子本身的组成和结构均未发生变化。以上这两种碰撞是物理过程,又称物理碰撞。第三种碰撞是化学过程,称为反应碰撞,或称有效碰撞。有效碰撞理论认为,只有激烈的有效碰撞才能引起化学反应,即对于反应才是有效的。在动力学中,碰撞的激烈程度是用碰撞分子的相对平动能来描述

$$E_t = \frac{1}{2} M^* v_r^* \tag{13.77}$$

其中,E_t 是相对平动能,单位是 $J \cdot mol^{-1}$;M^* 是约化摩尔质量:

$$M^* = \frac{M_A M_B}{M_A + M_B}$$

M_A 和 M_B 分别为分子 A 和 B 的摩尔质量,单位为 $kg \cdot mol^{-1}$;v_r^* 为两分子相对运动速度,单位是 $m \cdot s^{-1}$。由此可知,对于指定的反应,只有那些相对平动能大于某个值的碰撞才是有效碰撞,这个临界值用符号 E_c 表示,所以 E_c 实际上是区分物理碰撞与有效碰撞的判据。显然,对于指定反应,E_c 可近似看成一个与温度无关的常数。

(3) 分子为无结构的硬球。这一观点显然是不符合实际情况的,只是为了使问题简化所作的假设。

在三个基本要点基础上,有效碰撞理论通过确定分子间相互碰撞频率计算,给出反应的速度式。

气体分子的热运动是无规则的。即在同一时刻,各分子的运动速度(包括大小和方向)互补相同。因此对于大量的气体分子只能用平均速度代替各分子热运动的真实速度。所谓平均速度是指大量气体分子运动速度的算术平均值

$$\bar{v} = \frac{1}{N}\sum_{i=1}^{N} v_i$$

由气体分子运动论知识可知,平均速度 $\bar{v}$ 与气体的温度 T 和分子质量 m 有关,即

$$\bar{v} = \sqrt{\frac{8k_B T}{\pi m}} \tag{13.78}$$

室温下,气体分子的热运动速度是很大的,平均速度 $\bar{v}$ 可达 $10^2\ m \cdot s^{-1}$ 数量级。这样在一个由大量分子组成的空间内将发生频繁的碰撞。每次碰撞,分子运动速度的大小和方向均要发生变化。

单位时间单位体积内分子相互碰撞的次数称为分子碰撞的频率,用符号 Z 表示,单位 $m^{-3} \cdot s^{-1}$。分子的相互碰撞频率是关系到气体的扩散、热传导、粘滞性以及化学反应等物理化学过程的一个重要物理量。

分子的每一次碰撞,都是两个分子先相互接近而后散开的过程。在两种不

同分子的混合物中,A和B分别代表两个不同种类的互碰分子。并把分子近似视为球体,如图13.5所示。当A和B相距很近时分子间表现维持力。随着分子距离的变小,斥力急剧增加。一旦斥力变得很大,分子便会改变原来的运动方向而相互远离,这就完成了一次碰撞过程。相互碰撞时。两个分子的质量中心所能达到的最小距离为

$$d_{AB} = \frac{d_A}{2} + \frac{d_B}{2}$$

d_{AB} 称为碰撞直径,d_A 和 d_B 分别称为分子A和B的有效直径,其值大于A和B本身的直径。

为了求得不同分子的互碰频率 Z_{AB},先考察一个分子在单位时间内与其它B分子的碰撞次数。为简化,假设:① 分子A是一个以A质心为球心,以碰撞直径 d_{AB} 为半径的球体,而B的所有分子均视为支点。如图13.5中的虚线部分视为分子A,而以B的质心来代表分子B;② 分子A以它与分子 B 的相对速度 v_r 运动1 s而其它分子都静止不动。则在此1 s内分子A在空间"扫"过的体积是以 d_{AB} 为半径,长度为 v_r 的圆柱体,如图13.6所示。圆柱体的底面积为 πd_{AB}^2,其体积为 $\pi d_{AB}^2 v_r$。因此,在此时间内,凡是质心落在此圆柱内的分子B均将与A发生碰撞。由前面的假设知,分子B是静止的,所以圆柱体内含有 $\bar{N}_B \pi d_{AB}^2 v_r$ 个B分子。其中 $\bar{N}_B$ 为B的分子浓度,单位为 m^{-3}(即单位体积中包含的B分子数)。因此,在单位时间内一个A分子与B分子相互碰撞 $\bar{N}_B \pi d_{AB}^2 v_r$ 次。设A的分子浓度为 $\bar{N}_A$,则在单位时间内单位体积中A、B分子的碰撞次数,即不同分子的互碰频率为

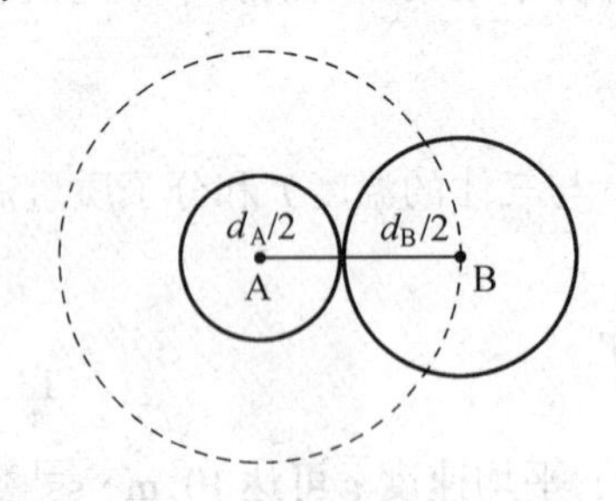

图13.5 分子的相互碰撞及碰撞直径

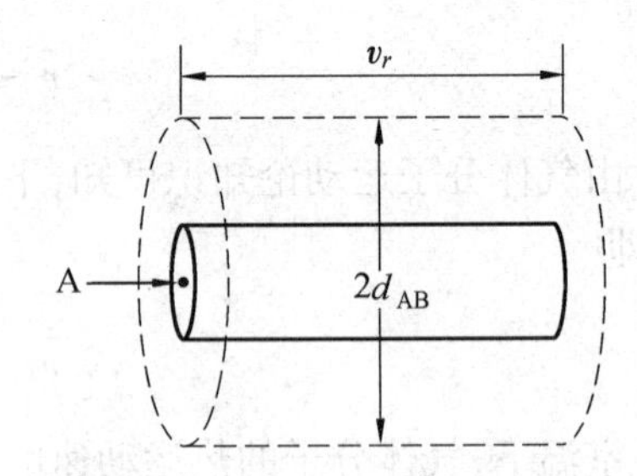

图13.6 分子碰撞频率的推导

$$Z_{AB} = \bar{N}_A \bar{N}_B \pi d_{AB}^2 v_r \tag{13.79}$$

任意两个分子可能同向、可能反向、也可能呈任意角度相对运动,因此,平均来说,可以认为分子以90°角相互碰撞,则A和B分子的相对速度为

$$v_r = \sqrt{\bar{v}_A^2 + \bar{v}_B^2} \tag{13.80}$$

其中，$\bar{v}_A$和$\bar{v}_B$分别为A和B分子的平均运动速度。将式(13.78)代入式(13.80)，得

$$v_r = \left(\frac{8kT}{\pi m_A} + \frac{8kT}{\pi m_B}\right)^{1/2} = \left(\frac{8kT}{\pi M_A} + \frac{8kT}{\pi M_B}\right)^{1/2}$$

其中，M_A 和 M_B 分别为 A 和 B 的摩尔质量，单位为 $kg \cdot mol^{-1}$，于是

$$v_r = \sqrt{\frac{8RT}{\pi}\left(\frac{1}{M_A} + \frac{1}{M_B}\right)} = \sqrt{\frac{8RT}{\pi M^*}} \tag{13.81}$$

将式(13.81) 代入式(13.79)，得

$$Z_{AB} = \bar{N}_A \bar{N}_B d_{AB}^2 \sqrt{\frac{8\pi RT}{M^*}} \tag{13.82}$$

此即不同分子的互碰频率。由此可以看出，分子的互碰频率不仅与温度、分子的浓度有关，还与分子的质量和大小有关。

对于同种分子的碰撞，有 $M^* = M_A/2, d_{AB} = d_A$。若按上述方法计算势必将同一次碰撞计算两次，所以同种分子碰撞时应将式(13.82) 的计算结果扣去一半，于是有

$$Z_{AB} = \frac{1}{2}\left[\bar{N}_A^2 d_A^2 \sqrt{\frac{8\pi RT}{M_A/2}}\right] = 2\bar{N}_A^2 d_A^2 \sqrt{\frac{\pi RT}{M_A}} \tag{13.83}$$

这就是同种分子的互碰频率。

对于反应 $A + B \rightarrow P$，设有效碰撞分数为 q（q 为有效碰撞次数与总碰撞次数之比），则在 1 s 内 1 m^3 中有 qZ_{AB} 上述单元的反应发生。依据反应速度的定义，得

$$v = \frac{Z_{AB}\, q}{N_0} \tag{13.84}$$

其中，N_0 为阿弗加德罗（Avogadro）常数。

同理，对双分子反应 $2A \rightarrow P$，反应速度为

$$v = \frac{Z_{AA} q}{N_0} \tag{13.85}$$

由式(13.84) 和(13.85) 可以看出，不论对不同还是同种双分子反应，为求出化学反应速度 v，都需要求出互碰频率 Z_{AB}（Z_{AA}）和有效碰撞分数 q。

设在某段时间内体系中相互碰撞的反应物分子对总数为 N，其中参与有效碰撞（相对平动能大于临界能）的分子数为 N^*，显然有效碰撞分数为 $q = N^*/N$。

由麦克斯韦尔（Maxwell）速度分布定律以及能量分布定律得知，能量在 dE 区间的分子数为

$$\frac{1}{RT}\exp(-E/RT)\mathrm{d}E$$

由此可以得到能量大于 E_c 的分子对所占的分数。所以,有效碰撞分数为

$$q=\frac{N^*}{N}=\int_{E_c}^{\infty}\frac{1}{RT}\exp(-E/RT)\mathrm{d}E$$

即

$$q=\exp(-E_c/RT) \tag{13.86}$$

上式只有当反应速度比分子间能量传递速度慢得多时才有效。

将式(13.83)和式(13.86)代入式(13.85),得 A + B → P 的反应速度为

$$v=\frac{1}{N_0}\overline{N}_A\overline{N}_B d_{AB}^2\sqrt{\frac{8\pi RT}{M^*}}\exp\left(-\frac{E_c}{RT}\right)$$

由于 $\overline{N}_A$ 和 $\overline{N}_B$ 分别为 1 m^3 中 A 和 B 的分子数,所以

$$\overline{N}_A=C_AN_0,\overline{N}_B=C_BN_0$$

代入前式并整理,得

$$v=N_0d_{AB}^2C_AC_B\sqrt{\frac{8\pi RT}{M^*}}\exp\left(-\frac{E_c}{RT}\right)$$

由质量作用定律知

$$v=kC_AC_B$$

因此有

$$k=N_0d_{AB}^2\sqrt{\frac{8\pi RT}{M^*}}\exp\left(-\frac{E_c}{RT}\right) \tag{13.87}$$

此式为有效碰撞理论计算气相反应 A + B → P 的速度常数公式。

对于同种分子,有

$$k=2N_0d_A^2\sqrt{\frac{8\pi RT}{M_A}}\exp\left(-\frac{E_c}{RT}\right) \tag{13.88}$$

若将式(13.87)写成

$$k=\mathrm{B}T^{1/2}\exp\left(-\frac{E_c}{RT}\right) \tag{13.89}$$

其中

$$\mathrm{B}=N_0d_{AB}^2\sqrt{\frac{8\pi R}{M^*}}$$

对指定反应,B 是与温度无关的常数。对式(13.89)两端取对数

$$\ln k=\ln\mathrm{B}+\frac{1}{2}\ln T-\frac{E_c}{RT}$$

因为 B 和 E_c 均与 T 无关,所以两端对 T 微分得

$$\frac{\mathrm{d}\ln k}{\mathrm{d}T}=\frac{1}{2T}+\frac{E_c}{RT^2}=\frac{E_c+RT/2}{RT^2}$$

与阿累尼乌斯(Arrhenius)方程(式(13.69))比较,得

$$E^*=E_c+RT/2 \tag{13.90}$$

上式一方面表明化学反应激活能与温度有关,另一方面具体描述了有效碰撞的临界能与反应激活能的关系,提供了求解临界能的方法。

对于部分反应,有效碰撞理论计算出的 k 值与实验结果符合很好。但是对于大多数反应,这两者不符合的,其中除个别反应外,大多数的计算值要比实验值大得多。为此引入正因子 P 来修正这种偏差,于是将有效碰撞理论公式(13.87)和(13.88)分别改写成

$$k=PN_0d_{\mathrm{AB}}^2\sqrt{\frac{8\pi RT}{M^*}}\exp\left(-\frac{E_c}{RT}\right) \tag{13.91}$$

$$k=2PN_0d_{\mathrm{A}}^2\sqrt{\frac{8\pi RT}{M_{\mathrm{A}}}}\exp\left(-\frac{E_c}{RT}\right) \tag{13.92}$$

P 称为方位因子,其取值可从1到10^{-9},其意义代表了有效碰撞理论的假设所引起的误差。

13.7.2 过渡状态理论

对于任意反应 R → P 的全过程记作

$$\mathrm{R}\underset{k_2}{\overset{k_1}{\rightleftharpoons}}\mathrm{M}^{\neq}\xrightarrow{k_3}\mathrm{P} \tag{13.93}$$

$\mathrm{M}^{\neq}$ 是过渡状态,把 $\mathrm{M}^{\neq}$ 看作一种分子,称为活化络合物。根据微观可逆原理,基元反应R → P 的逆反应也是基元反应,且也有同样的过渡状态。过渡状态理论认为:① 不论对正反应还是逆反应,过渡状态 $\mathrm{M}^{\neq}$ 都是一个“不折回点”。意思是,反应物 R 一旦到达 $\mathrm{M}^{\neq}$ 就一定会分解成产物 P;而逆反应中 P 一旦到达 $\mathrm{M}^{\neq}$ 就一定转化为 R。式(13.93)中的 k_2 步即代表逆反应中有 $\mathrm{M}^{\neq}$ 转化为 R 的过程,而其中 $\mathrm{R}\xrightarrow{k_1}\mathrm{M}^{\neq}\xrightarrow{k_3}\mathrm{P}$ 代表正反应的全过程,k_1 步称为反应物 R 的活化步骤。②k_3 步是 $\mathrm{M}^{\neq}$ 分解成产物的过程,由于 $\mathrm{M}^{\neq}$ 的特殊构型,其中待分解的那个化学键(如反应 A + BC → AB + C 中的 B—C 键)只要振动一次即可破裂,所以 k_3 很大。③k_1 步与 k_3 步可维持平衡。

下面以反应 A + BC → AB + C 为例,推导过渡状态理论计算反应速度系数的公式。上述基元反应的全过程可写作

$$\mathrm{A}+\mathrm{BC}\underset{k_2}{\overset{k_1}{\rightleftharpoons}}M^{\neq}\ (\mathrm{A}\cdots\mathrm{B}\cdots\mathrm{C})\xrightarrow{k_3}\mathrm{AB}+\mathrm{C} \tag{13.94}$$

平衡　　　　　　快

该反应的速度为

$$v = \frac{d[AB]}{dt}$$

或

$$v = \lim_{\Delta t \to 0} \frac{\Delta[AB]}{\Delta t} \tag{13.95}$$

其中 $\Delta[AB]$ 是在 Δt 时间内因 $M^{\neq}$ 分解所生成的 AB 的浓度。设 B—C 键的振动频率为 ν,则振动一次所需的时间为 $1/\nu$,由于通常 ν 值很大,所以可近似认为 $1/\nu \to 0$。取 $\Delta t = 1/\nu$,此时间内每个 B—C 键均振动一次,及所有 A…B…C 的分子中的 B—C 键均在 $1/\nu$ 时间内断开,所以 $\Delta[AB]$ 恰等于体系中 $M^{\neq}$ 的浓度,即

$$\Delta[AB] = [M^{\neq}]$$

代入式(13.95)得

$$v = \frac{[M^{\neq}]}{1/\nu} = \nu[M^{\neq}]$$

一个振动自由度的能量为 $\varepsilon = h\nu$,于是有

$$v = \frac{\varepsilon}{h}[M^{\neq}]$$

由能量均分原理知,振动能 ε 中包括振动动能和振动势能,且二者均为 $\frac{1}{2}k_B T$,所以

$$\varepsilon = \frac{1}{2}k_B T + \frac{1}{2}k_B T = k_B T$$

所以有

$$v = \frac{k_B T}{h} = [M^{\neq}] \tag{13.96}$$

其中,k_B 和 h 分别为玻耳兹曼常数和普朗克(Planck)常数。浓度$[M^*]$虽然难于测定,但由于 $M^{\neq}$ 与反应物 A + BC 维持平衡

$$\frac{k_1}{k_2} \overset{eq}{=\!=} \frac{[M^{\neq}]}{[A][BC]}$$

$$[M^{\neq}] = \frac{k_1}{k_2}[A][BC]$$

代入式(13.96),得

$$v = \frac{k_B T}{h}\frac{k_1}{k_2}[A][BC]$$

根据质量作用定律,基元反应 A + BC → AB + C 的化学反应速度为

$$v = k[\mathrm{A}][\mathrm{BC}]$$

比较上两式,得速度系数为

$$k = \frac{k_{\mathrm{B}}T}{h}\frac{k_1}{k_2} \tag{13.97}$$

此式虽由指定反应为例得出的,但它适于任何基元反应。其中 k_1/k_2 等于任意基元反应中的步骤

$$\text{反应物} \underset{k_2}{\overset{k_1}{\rightleftharpoons}} \mathrm{M}^{\neq}$$

的平衡浓度积,即

$$\frac{k_1}{k_2} \xlongequal{eq} \prod_{B} c_{\mathrm{B}}^{\nu_{\mathrm{B}}}$$

设

$$K^{\neq} \xlongequal{eq} \prod_{\mathrm{B}} \left(\frac{c_{\mathrm{B}}}{c^0}\right)^{\nu_{\mathrm{B}}}$$

则

$$\frac{k_1}{k_2} = K^{\neq} (c^0)^{\sum_{\mathrm{B}} \nu_{\mathrm{B}}}$$

即

$$\frac{k_1}{k_2} = K^{\neq} (c^0)^{1-n}$$

其中,n 为反应分子数。将此结果代入式(13.96)得

$$k = \frac{k_{\mathrm{B}}T}{h}K^{\neq} (c^0)^{1-n} \tag{13.98}$$

其中,c_0 为标准浓度。式(13.98)为过渡状态理论的基本公式。其中 $K^{\neq}$ 可用统计方法和热力学方法求得。具体求解方法可以参考有关文献。

第 14 章　溶体中的扩散

无论从理论还是实际的意义上来说,扩散现象对相变以及相平衡都具有极其重要的意义。固体中的许多相变过程实际上就是各种原子的重新分布过程,固体中各种组元迁移的速率对多数相变起着决定性的影响。

任何非均质(包括成分、结构)的材料,在热力学允许的条件下,都将趋向均匀化。例如合金中分布不均匀的溶质原子从高浓度区域向低浓度区域的运动。所以,固态中的扩散本质是在扩散驱动力(包括浓度、应力场、电场等梯度)的作用下,分子、原子或离子等微观粒子的定向、宏观的迁移。这种迁移的结果是使体系的自由焓(自由能)降低。

扩散是由无数个别原子的无规则热运动所产生的统计结果。由于能量起伏,一个原子在某一时间间隔内接受了足够的、大于激活能的能量可能从一个原子位置跃迁到邻近的一个原子位置。产生这些能量起伏的原因是相邻原子间的碰撞,这些碰撞可以是某一原子沿任何方向的跃迁造成的。同时某一原子的跃迁是无规的,而且是迂回曲折的。但是,把很多进行这类运动的原子一起来考虑,则这些原子将沿一定的方向产生一种集体运动,即原子的扩散,这就是扩散的统计性。因此扩散虽然是原子运动的一种宏观形式,但与其它宏观运动相比,有其特定的规律性。

扩散理论的研究主要由两个方面组成,一是宏观模型的研究。其重点讨论扩散物质的浓度分布与时间的关系,即扩散速度问题。根据不同条件建立一系列的扩散方程,并按其边界条件不同来求解。目前利用计算机的数值解析法已代替了传统的、复杂的数学物理方程解。这一领域对指导受控于扩散过程的工程应用具有直接的指导意义。

扩散理论的另一研究领域是研究扩散时原子运动的微观机制,即建立起在微观的原子无规运动与实验测量的宏观物质流之间的关系。研究表明,扩散是与晶体中最简单的缺陷密切相关,这些缺陷将影响许多固体的性质,而通过扩散测量结果可以很好地研究这些缺陷的性质、浓度和形成条件。

14.1　扩散基本定律

描写扩散宏观规律主要有两个定律,即菲克(Fick)第一定律和菲克第二定律。

14.1.1 菲克第一定律及其应用

假如一个等温等压下的二元系,其中存在着一个单相区,在这个单相区内,扩散只在一个方向上进行。这样,**菲克第一定律**描述如下:单位时间内通过垂直于扩散方向的单位面积截面的扩散物质量,即所谓的扩散通量 J,与扩散物质的浓度梯度成正比。其数学表达式为

$$J = -D\left(\frac{\partial C}{\partial x}\right) \tag{14.1}$$

其中,负号表示扩散方向与浓度梯度增长方向相反;J 为扩散物质通量,单位为 $\mathrm{mol \cdot cm^{-2} \cdot s^{-1}}$;$(\partial C/\partial x)$ 为扩散物质的浓度梯度,单位为 $\mathrm{mol \cdot cm^{-3} \cdot cm^{-1}}$;$D$ 为扩散率或称扩散系数,单位为 $\mathrm{cm^2 \cdot s^{-1}}$。

在三维扩散条件下,菲克第一定律的表达式为

$$J = -D\nabla C \tag{14.2}$$

其中,$\nabla C = \dfrac{\partial C}{\partial x} + \dfrac{\partial C}{\partial y} + \dfrac{\partial C}{\partial z}$。

菲克扩散第一定律适于稳态扩散情况。所谓稳态扩散是指经过一定时间后,扩散组元 B 离开某一体积单元的速率等于进入该体积单元的速率,此时扩散通量 J 为一恒定值。换一句话说,对于扩散体系中的每一点,有 $\partial C/\partial t = 0$。此时的扩散过程称为稳态扩散,利用稳态扩散条件可对一些简单的扩散过程进行数学解析。

对于扩散型相变中某些动力学问题,可以在近似稳态扩散条件下应用菲克第一定律作定量或半定量的解析,主要包括两类问题,一类是估算扩散型相变传质过程中扩散组元的扩散通量(J),另一类可以近似估算由扩散控制的相界移动(长大)速度。下面以双相合金体系中稳态扩散为例介绍菲克第一定律在扩散型相变中的应用。

若合金中存在 α、γ 两相,并且扩散组元 B 在某温度下双相合金中扩散时其浓度分布如图 14.1 所示,令 γ 相区宽度为 l^γ,在该相区内 B 组元的浓度差为 $\Delta C^\gamma = C_2 - C^\gamma_{\gamma/\alpha}$;α 相区宽度为 l^α,在该相区内 B 组元的浓度差为 $\Delta C^\alpha = C^\alpha_{\gamma/\alpha} - C_1$。在 γ/α 相界,相平衡浓度分别为 $C^\gamma_{\gamma/\alpha}$ 和 $C^\alpha_{\gamma/\alpha}$,如仅考虑一维扩散,随着 B 组元不断向合金中扩散可能出现两种情况,一种是在 B 组元扩散过程中双相层厚度 l^γ 和 l^α 不变(如氢在钢中的扩散),另一种情况是随着 B 组元的扩散改变了 α、γ 相区的宽度,如钢的化学热处理。下面将介绍在这两种情况下,如何利用菲克第一定律来分析 B 组元的扩散通量。

(1) 氢在 α、γ 两相区中的扩散

设氢通过纯铁(α)和OCr18N9不锈钢(γ)组成的双金属板进行扩散，l^α和l^γ分别表示两单相层各自的厚度，a_1、a_2分别表示氢在单相区边界的活度(见图14.2)，a_i表示氢在α/γ相界的活度，γ_H^α和γ_H^γ分别表示氢在α、γ相中的活度系数，C_H^α和C_H^γ为氢在α、γ相中的摩尔体积浓度，并知$\gamma_H^\alpha > \gamma_H^\gamma$，在一定温度下受氢活度梯度的驱动氢将发生扩散，按照稳态扩散条件，氢在两相的扩散通量应相等，即

$$J_H^\alpha > J_H^\gamma \tag{14.3}$$

由菲克第一定律知

$$J_H^\alpha = -D^\alpha \frac{C_{\gamma/\alpha}^\alpha - C_1}{l^\alpha} = -\frac{D^\alpha}{l^\alpha}\left(\frac{a_i}{\gamma_H^\alpha} - \frac{a_1}{\gamma_H^\alpha}\right) \tag{14.4}$$

$$J_H^\gamma = -D^\gamma \frac{C_2 - C_{\gamma/\alpha}^\gamma}{l^\gamma} = -\frac{D^\gamma}{l^\gamma}\left(\frac{a_2}{\gamma_H^\gamma} - \frac{a_i}{\gamma_H^\gamma}\right) \tag{14.5}$$

则

$$-\frac{D^\alpha}{l^\alpha}\left(\frac{a_i}{\gamma_H^\alpha} - \frac{a_1}{\gamma_H^\alpha}\right) = -\frac{D^\gamma}{l^\gamma}\left(\frac{a_2}{\gamma_H^\gamma} - \frac{a_i}{\gamma_H^\gamma}\right) \tag{14.6}$$

式中，D^α、D^γ指氢在α-相及γ-相中的扩散系数，化简上式得

$$a_i = \left(\frac{a_1 l^\gamma \gamma_H^\gamma}{D^\gamma} + \frac{a_2 l^\alpha \gamma_H^\alpha}{D^\alpha}\right) \Big/ \left(\frac{l^\gamma \gamma_H^\gamma}{D^\gamma} + \frac{l^\alpha \gamma_H^\alpha}{D^\alpha}\right) \tag{14.7}$$

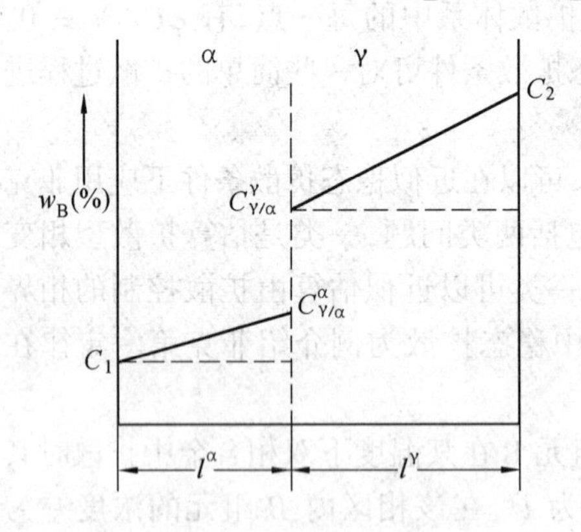

图14.1 B组元在α、γ两相中的扩散

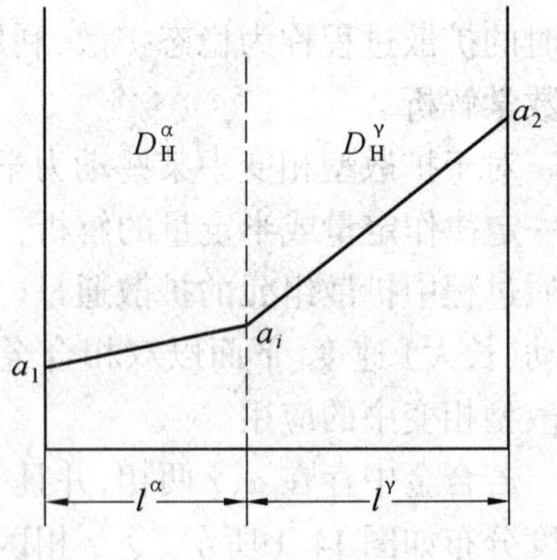

图14.2 氢通过α、γ双相中的扩散

将a_i代入J_H，得

$$J_H = \frac{1}{A}\frac{\mathrm{d}m}{\mathrm{d}t} = \frac{a_1 - a_2}{\dfrac{l^\alpha \gamma_H^\alpha}{D^\alpha} + \dfrac{l^\gamma \gamma_H^\gamma}{D^\gamma}} \tag{14.8}$$

式中，分母$\dfrac{l^\alpha \gamma_H^\alpha}{D^\alpha} + \dfrac{l^\gamma \gamma_H^\gamma}{D^\gamma}$项称为组合因子，类似于电路中的串联电阻，反映了氢扩

散的阻力作用，其中哪一相对氢的阻力大(D_H 值小)，哪一相对氢的扩散起控制作用。由于在同一温度下，$D_H^\alpha \gg D_H^\gamma$(约 100 倍以上)，所以可对式(14.8)进一步简化

$$J_H = \frac{a_1 - a_2}{\dfrac{l^\gamma \gamma_H^\gamma}{D^\gamma}} = D^\gamma \frac{a_1 - a_2}{l^\gamma \gamma_H^\gamma} \tag{14.9}$$

(2) 扩散型相变中新相相界移动长大速度

在扩散型相变中，由于合金中组元的扩散导致新相生成并长大。新相相界的迁移速度受原子扩散控制，在 AB 二元合金中，若两个组元的扩散系数相等，即 $D = D_A = D_B$，这类问题可以用菲克第一定律来初步估算新相相界的迁移速度(dl/dt)，即新相长大的动力学问题。下面分析新相 β 依靠母相 α 消耗而长大过程。

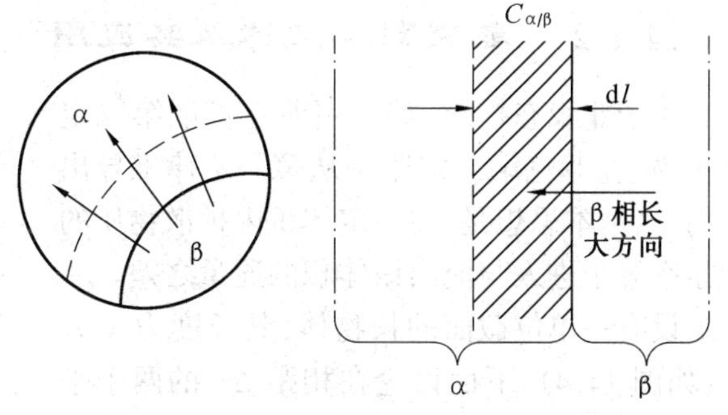

图 14.3　新相 β 消耗母相 α 长大示意图

如图 14.3 所示，β 相向左侧 α 相内长大距离为 dl($dl^\alpha = dl^\gamma$)、相界平衡浓度为 $C_{\alpha/\beta}$，并令 α 及 β 相的摩尔体积相等，$V_m^\alpha = V_m^\beta$。

如横截面面积为 S，β 相增加体积为 Sdl^β。B 原子在新相内增量为 Sdl^β/V_m^β mol，在该体积内相变前后原子总数相等，但 B 元素的摩尔分数却由 x_B^α 变为 x_B^β，所以该体积内 B 元素增量为

$$dm_B = \frac{Sdl^\beta}{V_m^\beta}(x_B^\beta - x_B^\alpha) \tag{14.10}$$

该增量是由扩散引起的，所以

$$dm_B = dm_B^\alpha - dm_B^\beta \tag{14.11}$$

式中，dm_B^α 是 α 相中 B 原子扩散到 α/β 相界数量；dm_B^β 是 β 相中 B 原子通过扩散离开 α/β 相界数量。

由菲克第一定律得

$$\frac{1}{S}\frac{dm_B^\alpha}{dt} = -\frac{D^\alpha}{V_m^\alpha}\frac{dx_B^\alpha}{dy},\ \frac{1}{S}\frac{dm_B^\beta}{dt} = -\frac{D^\beta}{V_m^\beta}\frac{dx_B^\beta}{dy} \tag{14.12}$$

当 $V_m^\alpha \neq V_m^\beta$ 时，由式(14.10)、(14.11)和(14.12)得

$$\frac{dl^\beta}{dt} = \left(D^\beta \frac{dx_B^\beta}{dy} - D^\alpha \frac{dx_B^\alpha}{dy}\frac{V_m^\beta}{V_m^\alpha}\right)\Big/(x_B^\beta - x_B^\alpha) \tag{14.13}$$

如仅在母相 α 相中发生扩散，则可获得下列简单的长大速度公式

$$\frac{\mathrm{d}l^{\beta}}{\mathrm{d}t} = -\frac{D^{\alpha}}{x_{\mathrm{B}}^{\beta} - x_{\mathrm{B}}^{\alpha}} \frac{\mathrm{d}x_{\mathrm{B}}^{\alpha}}{\mathrm{d}y} \frac{V_m^{\beta}}{V_m^{\alpha}} \tag{14.14}$$

对于一定成分的二元合金，如果属这种类型的扩散型相变，x_{B}^{β} 与 x_{B}^{α} 可由相图确定，若已知浓度梯度 $\mathrm{d}x_{\mathrm{B}}^{\alpha}/\mathrm{d}y$，则相界长大速度可以利用式(14.14) 求得。若已知相界长大速度，也可以求出母相浓度梯度大小。

14.1.2 菲克第二定律及其应用

对于非稳态扩散，需要用菲克扩散第二定律来描述。菲克第二定律是从第一定律推导出来的。其基本思想是，在一定体积内扩散物质的积累率等于进入与流出该体积的通量之差。

设有一单位截面的长物体，其长度为 x 方向(如图 14.4)。下面讨论在相距 Δx 的两个平行平面的两边的扩散通量的关系。设在 x_1 处的通量 J_1，在 x_2 处的通量为 J_2，则

$$J_2 = J_1 + \frac{\partial J}{\partial x}\Delta x$$

在 Δx 体积内扩散物质的增量应为

$$J_1 - J_2 = -\frac{\partial J}{\partial x}\Delta x \tag{14.15}$$

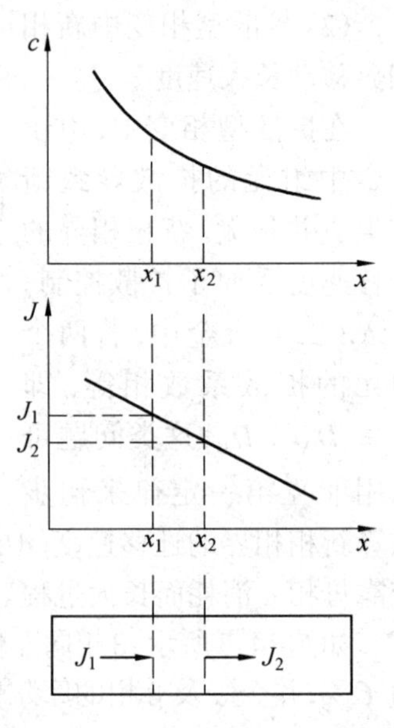

图 14.4　菲克第二定律示意图

但是

$$J_1 - J_2 = \frac{\partial C}{\partial t}\Delta x \tag{14.16}$$

所以

$$\frac{\partial C}{\partial t} = -\frac{\partial J}{\partial x} \tag{14.17}$$

依据菲克第一定律

$$J = -D\frac{\partial C}{\partial x} \tag{14.18}$$

所以

$$\frac{\partial C}{\partial t} = \frac{\partial}{\partial x}\left(D\frac{\partial C}{\partial x}\right) \tag{14.19}$$

式(14.19) 为**菲克第二定律**。当 D 不变时

$$\frac{\partial C}{\partial t} = D\frac{\partial^2 C}{\partial x^2} \tag{14.20}$$

在三维空间的情况下，菲克第二定律的数学表达式应为

$$\frac{\partial C}{\partial t}=\frac{\partial}{\partial x}\left(D_x\frac{\partial C}{\partial x}\right)+\frac{\partial}{\partial y}\left(D_y\frac{\partial C}{\partial y}\right)+\frac{\partial}{\partial z}\left(D_z\frac{\partial C}{\partial z}\right) \tag{14.21}$$

其中，D_x、D_y 和 D_z 分别为沿 x、y 和 z 方向的扩散系数。在立方晶体中，扩散系数是各向同性的，即 $D_x = D_y = D_z$，此时式(14.21) 可表示为

$$\frac{\partial C}{\partial t}=D\left(\frac{\partial^2 C}{\partial x^2}+\frac{\partial^2 C}{\partial y^2}+\frac{\partial^2 C}{\partial z^2}\right) \tag{14.22}$$

对于其它非立方晶体，扩散系数是各向异性的。

式(14.20) 的通解为

$$C = A + B\mathrm{erf}\left(\frac{x}{\sqrt{4Dt}}\right) \tag{14.23}$$

其中，A、B 为与边界条件有关的常数，$\mathrm{erf}(Z)$ 称为高斯误差函数，具体形式为

$$\mathrm{erf}(Z)=\frac{2}{\sqrt{\pi}}\int_0^Z \exp(-\eta^2)\mathrm{d}\eta \tag{14.24}$$

高斯误差函数具有下列性质：

$\mathrm{erf}(-Z)=\mathrm{erf}(Z)$，$\mathrm{erf}(0)=0$，$\mathrm{erf}(0.5)=0.521$，$\mathrm{erf}(\infty)=1$，$\mathrm{erf}(-\infty)=-1$

对于三维情况下，求式(14.22) 的方法通常采用数值解法，即将连续的解析方程近似用离散方程代替，然后利用现代的计算技术求解方程的数值解。具体的方法有有限差分法和有限元法等。

14.2　金属中原子扩散机制与扩散系数

金属中原子的扩散可以通过不同的途径和方式进行，在高温($>0.7T_m$，T_m 为熔点) 时原子主要在晶体点阵中扩散，称为体扩散；在中、低温($<0.5T_m$) 原子主要在表面和晶界扩散，称为表面扩散或晶界扩散。由点阵扩散为主转变为沿晶界、位错等缺陷扩散为主的温度称为塔曼(Tarmann) 温度。原子在晶体点阵中的扩散的物理模型在20世纪30年代提出，并经过实验验证，逐步建立了几种扩散机制。为了从理论上把原子的微观无规热运动和宏观迁移现象之间建立联系，应用统计方法建立了原子扩散的微观理论模型，并对扩散系数的物理本质及其热力学参量进行了深入的分析。

14.2.1　原子扩散机制

依据某一单个原子在晶体点阵中扩散的可能方式，扩散可分为间隙原子扩散和置换原子扩散两大类型。

间隙原子扩散机制模型，描述的是直径小的间隙原子由晶体结构中的一个

间隙位置跃迁到另一个相邻的间隙位置的微观过程，如碳在 γ 铁中一个八面体间隙位置迁移到相邻的间隙位置。此时间隙原子的扩散系数要比母相基体金属原子的自扩散系数大 10^4 ~ 10^5 倍。

间隙原子的具体迁移方式主要有两种机制。一种是**推入间隙机制**（Interstitially mechanism）。当间隙原子直径较大时，间隙原子通过将其近邻的、处在晶格结点上的原子从正常位置推到附近的间隙中，而本身占据该原子原来的结点位置。此时两个原子同时运动，并未增加或减少间隙原子的总数。因此以这种机制扩散时，所需的扩散激活能要比形成弗兰克尔缺陷低得多。

对于碱金属中的扩散，帕尼斯（Paneth）还提出了一种**挤列机制**（Crowdion mechanism），将在体心立方点阵对角线上的几个原子挤在八个点阵结点的区间内形成一个集体，被称为“挤列”，由于沿扩散方向每个原子的少量位移而产生扩散。因此这种扩散类似于波的传播，所需激活能很低。

置换原子扩散的原子迁移机制同样也有两种。**换位机制**的本质是依靠点阵结点上原子与邻近位置的原子相互换位来进行扩散，1942年，Huntington 首先提出了双原子换位模型，由于该模型使畸变能大大增加，因此可能性不大。1950年，Zener 和 Cohen 等提出了在无点缺陷存在的条件下，在面心立方点阵的(111)密排面上可以产生原子间的轮转换位方式的扩散。使用该模型计算得到的自扩散激活能比实测值略大。只有在具有面心立方点阵的金属和二元合金固溶体中，才有可能以这种机制扩散。

空位机制模型的基本原理是，扩散原子依靠与邻近的空位换位来实现原子的迁移。由于空位浓度与温度、辐照等因素有关，因而提高温度或用射线辐照等提高点缺陷密度时，均会使扩散系数增大。目前已公认，空位机制是具有面心立方点阵的金属中扩散的主要机制，同时在密排六方和体心立方点阵金属和离子化合物及氧化物中，也起重要作用。

14.2.2　原子热运动与扩散系数

通过分析理想溶体中一个原子在点阵中的跃迁，可以将其与扩散建立起联系。

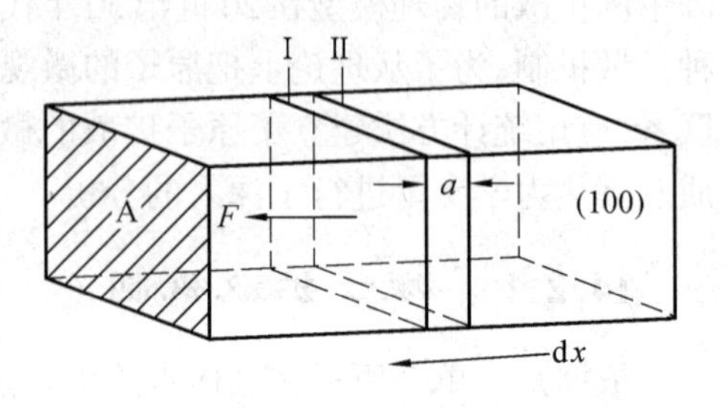

图 14.5　溶质原子在点阵中跃迁示意图

现在考虑 AB 二元均质合金系中溶质原子沿着垂直于立方晶系(100)晶面的主轴方向跃迁，该轴为 x 方向，如图 14.5 所示。由于是理想溶体，可以不考虑 AB 原子间的交互作用，设原子在三维空间每次可跳跃距离为 a，且在 $\pm x$，$\pm y$，$\pm z$ 方向跳跃几率相等，则在 $+x$ 方向跳跃的几率为1/6。令 τ 为原子在该结点上平均停留时间，则跳跃频率 $f = 1/\tau$。现考虑从平面 Ⅰ 到平面 Ⅱ 的原子扩散流变化，并已知在平面 Ⅰ 上 A 原子数为 n_A，在平面 Ⅱ 上的 A 原子数为 $[n_A + a(\mathrm{d}n_A/\mathrm{d}x)]$，则从平面 Ⅰ 到平面 Ⅱ 的流量为 $J^{1\to 2}$，由平面 Ⅱ 到平面 Ⅰ 的流量为 $J^{2\to 1}$，则

$$J^{1\to 2} = \frac{1}{6\tau} n_A aS \tag{14.25}$$

式中，S 为平面 Ⅰ 的面积。

$$J^{2\to 1} = \left(n_A + a\frac{\mathrm{d}n_A}{\mathrm{d}x}\right)\frac{1}{6\tau}aS \tag{14.26}$$

由于从平面 Ⅰ → Ⅱ 及从平面 Ⅱ → Ⅰ 的跃迁原子数不同而引起净流量变化为

$$J = J^{1\to 2} - J^{2\to 1} = \frac{1}{6\tau}n_A aS - \left(n_A + a\frac{\mathrm{d}_{nA}}{\mathrm{d}x}\right)\frac{1}{6\tau}aS \tag{14.27}$$

则

$$J = -\frac{a^2 S}{6\tau}\frac{\mathrm{d}n_A}{\mathrm{d}x} \tag{14.28}$$

与菲克第一定律比较，则有

$$D = \frac{a^2}{6\tau} = \frac{1}{6}a^2 f \tag{14.29}$$

其中，f 为原子跳跃频率；a 为原子一次跳跃距离；1/6 为原子沿 x 方向跳跃的几率；D 为扩散系数。若将某一固定方向原子跳跃的几率用 ω 表示（取值与扩散机制和晶体点阵类型有关），因此式(14.29) 可表示成

$$D = \omega a^2 f \tag{14.30}$$

可以证明，体心立方点阵中间隙扩散时 $\omega = 1/24$，点阵结点扩散时 $\omega = 1/8$；面心立方点阵中间隙扩散时 $\omega = 1/12$。

由于原子在晶体点阵中的跳跃频率对温度极为敏感，由经典统计力学计算的值，跳跃频率与温度的关系为

$$f = \omega' \nu \exp\left(-\frac{\Delta G}{kT}\right) \tag{14.31}$$

其中，ω' 为一个原子离开平衡位置跃迁到另一间隙位置的方式数；ν 为原子在平衡位置的振动频率，$\nu = (\alpha/m)^{1/2}/2\pi$，$\alpha$ 为弹性系数，m 为原子质量；ΔG 为原子由平衡位置跃迁到另一平衡位置所作的功。因此有

$$D = \omega a^2 f = \omega'\omega\nu a^2 \exp\left(-\frac{\Delta G}{kT}\right) \tag{14.32}$$

将 $\Delta G = \Delta H - T\Delta S$ 代入上式，得

$$D = \omega'\omega\nu a^2 \exp\left(\frac{\Delta S}{k}\right)\exp\left(-\frac{\Delta H}{kT}\right) \tag{14.33}$$

上式即为间隙原子扩散时扩散系数的微观表达式。式中,ΔS 为每摩尔间隙原子扩散引起的熵变,又称激活熵;ΔH 为每摩尔间隙原子跃迁所需的能量,称为扩散激活能。对于面心立方点阵,间隙原子扩散可以写成

$$D = \nu a^2 \exp\left(\frac{\Delta S}{k}\right)\exp\left(-\frac{\Delta H}{kT}\right) \tag{14.34}$$

同样,按空位机制扩散时,扩散系数可表示成

$$D = \omega'\omega\nu a^2 \exp\left(\frac{\Delta S_f - \Delta S_m}{k}\right)\exp\left(-\frac{\Delta H_f - \Delta H_m}{kT}\right) \tag{14.35}$$

其中,ΔH_f 和 ΔH_m 分别为空位形成功和空位移动功;ΔS_f 和 ΔS_m 分别为空位形成引起的熵变和空位移动引起的熵变。面心立方点阵中,式(14.35)可简化为

$$D = \nu a^2 \exp\left(\frac{\Delta S_f - \Delta S_m}{k}\right)\exp\left(-\frac{\Delta H_f - \Delta H_m}{kT}\right) \tag{14.36}$$

将式(14.34)和式(14.36)与阿累尼乌斯公式

$$D = D_0 \exp\left(-\frac{Q}{kT}\right)$$

比较可知,在间隙机制扩散时,前置常数 D_0 的值为

$$D_0 = a^2 \nu \exp\left(\frac{\Delta S}{k}\right) \tag{14.37}$$

在空位机制扩散时,前置常数 D_0 的值为

$$D_0 = a^2 \nu \exp\left(\frac{\Delta S_f - \Delta S_m}{R}\right) \tag{14.38}$$

D_0 称为扩散速率常数,简称扩散常数。

14.3 稀溶体中的扩散

当合金中溶质原子的含量很少时,溶质原子浓度梯度接近于零,此时利用该溶质原子的放射性同位素来示踪原子,测得的溶质原子在溶剂中的扩散系数,称为该溶质在溶剂中的自扩散系数。当溶质原子以置换固溶体形式存在时,由于原子价不同、点阵结点及其附近电场的变化,以及原子尺寸的差异,点阵将发生畸变,这样将使溶质与溶剂原子在固溶体中的自扩散系数形成差异。由于原子价不同造成的差异称为原子价效应;由于原子尺寸不同造成的差异称为尺寸效应。在稀二元置换固溶体中,溶质和溶剂原子的扩散系数与溶质浓度有关。

在极稀固溶体中,大部分溶剂原子周围没有溶质原子,此时溶剂原子的扩散系数(D_1)的表达式为

$$D_1 \approx a^2 Z N_v \omega_0 \tag{14.39}$$

其中，Z 为空位近邻数；N_v 为平衡空位浓度；ω_0 为纯溶剂原子的跳跃频率。

当溶质浓度(x_2)升高时，由于溶质原子吸引空位，使其近邻的空位密度大于平衡空位浓度，以及由于溶质浓度的增加影响了邻近溶剂原子的跳跃频率，均使溶剂原子的扩散系数改变。

为便于分析稀溶体中溶质浓度对溶剂扩散系数的影响，将溶剂扩散系数分成纯溶剂本身的扩散系数 $D_1(0)$ 和由于近邻溶质原子影响的部分。对于面心立方点阵，对极稀溶体，当 $x_2 \leqslant 0.01$ 时，可近似用下式表达

$$D_1(x_2) = (1 - 12x_2)D_1(0) + 12\beta x_2 D_2(x_2) \tag{14.40}$$

其中，$D_1(x_2)$ 为与溶质浓度有关的溶剂原子扩散系数；$D_2(x_2)$ 为与溶质浓度有关的溶质原子扩散系数；$(1 - 12x_2)$ 为不受溶质原子影响的溶剂摩尔分数(每个溶质原子有 12 个近邻原子)；$12x_2$ 为受溶质原子影响的溶剂摩尔分数；β 为比例常数，随合金系而异。$D_2(x_2) = D_2(0)$ 为溶质原子在极稀溶体中的扩散系数。当 $x_2 \geqslant 0.01$ 时，实验证明上述关系可改写成

$$D_2(x_2) = D_2(0)(1 + \alpha x_2) \tag{14.41}$$

其中，α 为随合金系而改变的常数。

14.4 浓溶体中的扩散与达肯方程

若将 A、B 两种金属作为扩散偶，用对焊方法将其焊合，如图 14.6 所示，并在焊接面上用钼丝做标记。将扩散偶进行扩散退火，再进行测量与观察，将发现钼丝的位置已由原焊接位置向左方“漂移”，这就是著名的科肯达耳(Kirkendall)效应。该效应表明由于 A、B 两种金属与空位换位几率不同，右侧由于空位浓度减少而“胀大”，左侧由于空位浓度增多而形成“聚合收缩”。

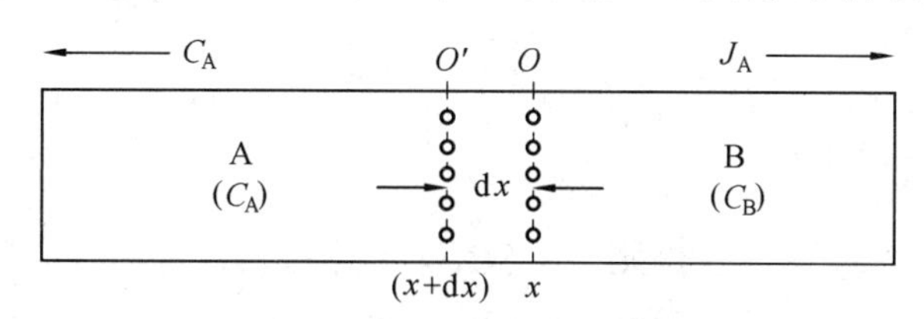

图 14.6 A、B 二种金属组成的对焊偶

设 C_A 为 A 金属在焊接面上的体积分数，C_B 为 B 金属在焊接面上的体积分数，D_A 为 A 金属在 AB 二元合金中的扩散系数，D_B 为 B 金属在 AB 二元合金中的扩散系数，v 为钼丝对原焊接面坐标系相对移动速度；在 $t = 0, x = 0$ 处，$\partial C/\partial x = 0, v = 0$。

这样从 x 平面到 $x + \mathrm{d}x$ 平面 A 元素的扩散流分别为

$$\left.\begin{aligned}(J_A)_x &= -D_A\frac{\partial C_A}{\partial x} + C_A v\\ (J_A)_{x+dx} &= -\left(D_A\frac{\partial C_A}{\partial x} + C_A v\right) + \frac{\partial (J_A)_x}{\partial x}dx\end{aligned}\right\}\tag{14.42}$$

利用菲克第二定律可求出 v。已知在 x 平面的体积分数变化率分别为

$$\frac{\partial C_A}{\partial t} = \frac{\partial}{\partial x}(J_A) = -\frac{\partial}{\partial x}\left(D_A\frac{\partial C_A}{\partial x} + C_A v\right)\tag{14.43}$$

$$\frac{\partial C_B}{\partial t} = \frac{\partial}{\partial x}(J_B) = -\frac{\partial}{\partial x}\left(D_B\frac{\partial C_B}{\partial x} + C_B v\right)\tag{14.44}$$

同时又有

$$C_A + C_B = C(\text{常数})$$

将式(14.43)和式(14.44)相加,有

$$\frac{\partial C_A}{\partial t} + \frac{\partial C_B}{\partial t} = \frac{\partial (C_A + C_B)}{\partial t} = \frac{\partial C}{\partial t} = 0\tag{14.45}$$

所以

$$\frac{\partial C}{\partial t} = -\frac{\partial}{\partial x}\left[D_A\frac{\partial C_A}{\partial x} + D_B\frac{\partial C_B}{\partial x} - v(C_A + C_B)\right] = 0\tag{14.46}$$

上式对 x 积分,得

$$D_A\frac{\partial C_A}{\partial x} + D_B\frac{\partial C_B}{\partial x} - Cv = \phi(t) = 0\tag{14.47}$$

所以

$$v = \frac{1}{C_A + C_B}\left(D_A\frac{\partial C_A}{\partial x} + D_B\frac{\partial C_B}{\partial x}\right)\tag{14.48}$$

而

$$x_A = \frac{C_A}{C_A + C_B},\quad x_B = \frac{C_B}{C_A + C_B},\quad x_A + x_B = 1$$

则有

$$\left.\begin{aligned}\partial C_A &= (C_A + C_B)\partial x_A\\ \partial C_B &= (C_A + C_B)\partial x_B\end{aligned}\right\}\tag{14.49}$$

代入式(14.48),得

$$v = (D_A - D_B)\frac{\partial x_A}{\partial x}\tag{14.50}$$

将 v 值代入式(14.47),并将体积分数转换成物质的量浓度,则有

$$\frac{\partial C_A}{\partial t} = -\frac{\partial}{\partial x}\left(D_A\frac{\partial C_A}{\partial x} - C_A v\right) = -\frac{\partial}{\partial x}\left(C_B D_A\frac{\partial x_A}{\partial x} + C_A D_B\frac{\partial x_A}{\partial x}\right) =$$

$$-C\frac{\partial}{\partial x}\left[\frac{\partial x_A}{\partial x}(x_B D_A + x_A D_B)\right] \tag{14.51}$$

将式(14.51)与菲克第二定律比较,可得

$$\frac{\partial x_A}{\partial t} = \frac{\partial}{\partial x}\left(\widetilde{D}\frac{\partial x_A}{\partial t}\right) \tag{14.52}$$

其中

$$\widetilde{D} = x_A D_B + x_B D_A \tag{14.53}$$

式(14.52)为著名的达肯(Darken)方程。其中,扩散系数$\widetilde{D}$为同时考虑了A、B两组元扩散系数的综合系数,称为互扩散系数。D_A和D_B是在各自组元浓度梯度下组元A和组元B在AB二元合金溶体中的扩散系数,称为偏扩散系数或本征扩散系数。显然,只有两个组元的扩散系数相等时,互扩散系数才等于偏扩散系数。

当一组元的偏扩散系数远大于另一组元的扩散系数时,如间隙原子碳的扩散系数比$\gamma-$Fe和$\alpha-$Fe的自扩散系数大很多,所以可以不考虑铁的扩散,可直接采用碳的偏扩散系数。

14.5　合金中的扩散

在AB二元合金中,如果将B组元含量不同的两种材料对焊起来组成一个扩散偶,然后在能够长程扩散的高温下保温,则由于浓度梯度的驱动发生了扩散,如图14.7(a),这样的例子很多,如异种金属焊接,钢板热镀锌、热镀铝等与之相接近。AB二元合金的成分(用摩尔分数表示)——自由焓曲线如图14.7(b)所示。成分为①及②的自由焓分别用G_1和G_2表示,经焊合后合金的总自由焓为G_3。经高温扩散后成分趋于均匀化,该合金系的自由焓向G_4方向靠拢,见图14.7(b),此式称为下坡扩散。从图14.7(e)中的成分-化学势曲线上可以看出,$G_A{}^2 > G_A{}^1$,从而在化学势驱动下A原子由②移向①,$G_B{}^1 > G_B{}^2$,所以B原子由①移向②。此时浓度梯度与化学势梯度方向一致。

但是如果AB二元合金系的成分-自由焓曲线如图14.7(d)所示,此时为使自由焓由G_3降低到G_4,成分①及②的合金需同时进行“上坡扩散”,从14.7(f)可看出,由于$G_A{}^1 > G_A{}^2$,所以A原子由①移向②,而$G_B{}^2 > G_B{}^1$,所以B原子由②移向①。由此可知,扩散的驱动力应当用化学势梯度来表示,而不应当用浓度梯度来表示。

若在合金系中第i个组元的化学势以G_i表示,则

$$G_i = \left(\frac{\partial G}{\partial n_i}\right)_{T,p,n_j} \tag{14.54}$$

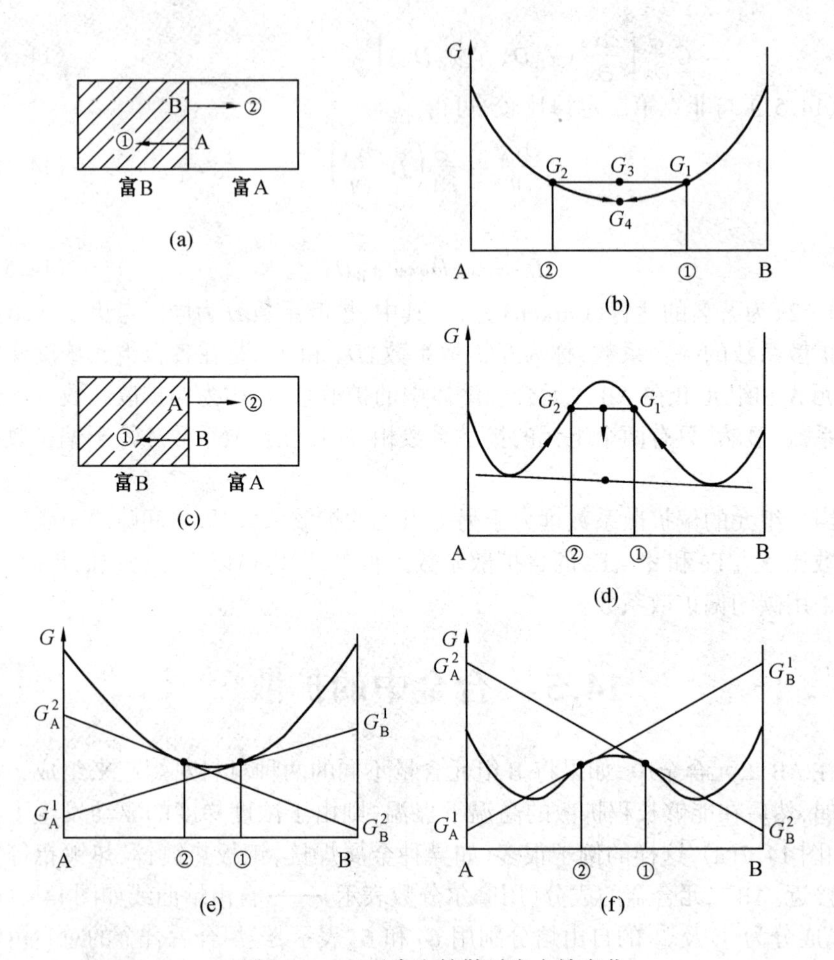

图 14.7　二元合金扩散时自由焓变化

其中，G 为吉布斯自由能(自由焓)；n_i 为第 i 个组元的原子数；n_j 为除第 i 个组元外其它成分原子数。

在扩散过程中，扩散驱动力定义为化学位对距离的微分，并称为扩散力 F_i。

$$F_i = -\frac{\partial G_i}{\partial x} \tag{14.55}$$

广义热力学认为，扩散在宏观上是一种不可逆过程，属耗散结构，即时间、方向均有不可逆性，扩散过程总是向熵增大的方向进行，因此

$$\frac{\mathrm{d}S}{\mathrm{d}t} \geqslant 0$$

在化学位的驱动下，i 组元的扩散通量 J_i 也可表示成

$$J_i = -D_i \nabla G_i \tag{14.56}$$

其中，D_i 为组元 i 的扩散系数，∇G_i 为组元 i 的化学势梯度。

当原子在晶体点阵中宏观定向迁移时，不可避免地受到基体点阵对其产生的阻力，该阻力的大小可以间接地用在单位驱动力作用下原子运动的速度来表示，即

$$B_i = \frac{v_i}{F_i} \tag{14.57}$$

其中，B_i 为原子迁移率，即单位驱动力作用下的原子迁移速度；v_i 为 i 组元原子平均运动速度；F_i 为第 i 组元的扩散力。

设 C_i 为第 i 组元在合金中的体积分数，则 i 组元的扩散通量 J_i 可以表示为

$$J_i = C_i v_i = C_i B_i F_i \tag{14.58}$$

这样由式(14.58)和菲克第一定律可得

$$J_i = -C_i B_i \frac{\partial G_i}{\partial x} = -D_i \frac{\partial C_i}{\partial x}$$

即

$$D_i = B_i C_i \frac{\partial G_i}{\partial x} \frac{\partial x}{\partial C_i} = B_i C_i \frac{\partial G_i}{\partial C_i}$$

所以

$$D_i = B_i \frac{\partial G_i}{\partial \ln C_i} \tag{14.59}$$

又因为

$$G_i = {}^0G_i + RT\ln a_i$$

其中 a_i 为 i 组元在合金中的活度，${}^0G_i$ 为标准状态下 i 组元的化学势，所以有

$$\partial G_i = RT\partial \ln a_i$$

代入式(14.59)得

$$D_i = RTB_i \frac{\partial \ln a_i}{\partial \ln C_i} = RTB_i \frac{\partial \ln C_i\gamma_i}{\partial \ln C_i}$$

即

$$D_i = RTB_i\left(1 + \frac{\partial \ln \gamma_i}{\partial \ln C_i}\right) \tag{14.60}$$

其中，γ_i 为组元 i 的活度系数，$(1 + \partial\ln\gamma_i/\partial\ln C_i)$ 称为热力学因子，在理想溶体中 $\gamma_i = 1$，则

$$D_i = RTB_i \tag{14.61}$$

式(14.60)称为能斯特－爱因斯坦(Nernst－Einstein)方程，该方程说明扩散系数与原子迁移率成正比。当原子迁移率 B_i 为负值时，即为“下坡扩散”；否则，原子迁移率 B_i 为正值，即“上坡扩散”。

若 AB 二元合金系中的偏扩散系数用 D_A、D_B 表示，则由式(14.60)可得

$$D_A = RTB_A\left(1 + \frac{\partial \ln \gamma_A}{\partial \ln x_A}\right) \tag{14.62}$$

$$D_B = RTB_B\left(1 + \frac{\partial \ln \gamma_B}{\partial \ln x_B}\right) \tag{14.63}$$

其中，x_A 和 x_B 为 AB 二元合金中 A、B 组元各自的摩尔分数，($x_A + x_B = 1$)，对于在理想溶体或在稀溶体条件下的合金系来说，其热力学因子接近于 1，此时可用两组元 A、B 的示踪原子(放射性同位素)来测出其各自的自扩散系数 D_A^*、D_B^*，并由式(14.62)和(14.63)可知

$$D_A^* = B_A^* RT \tag{14.64}$$

$$D_B^* = B_B^* RT \tag{14.65}$$

由于 A、B 组元原子迁移率与各自的示踪原子的迁移率相同，即 $B_A = B_A^*$，$B_B = B_B^*$，将式(14.64)和(14.65)分别代入式(14.62)和(14.63)，可得

$$D_A = D_A^*\left(1 + \frac{\partial \ln \gamma_A}{\partial \ln x_A}\right) \tag{14.66}$$

$$D_B = D_B^*\left(1 + \frac{\partial \ln \gamma_B}{\partial \ln x_B}\right) \tag{14.67}$$

将式(14.66)和(14.67)代入达肯方程式(14.52)，得

$$\widetilde{D} = (x_A D_B^* + x_B D_A^*)\left(1 + \frac{\partial \ln \gamma_A}{\partial \ln x_A}\right) \tag{14.68}$$

上式 $\widetilde{D}$ 中为 AB 二元合金中的互扩散系数。

14.6 扩散理论的应用 —— 晶界偏聚

14.6.1 平衡偏聚

晶界上溶质原子的偏聚可以分为平衡与非平衡偏聚。麦克林(Mclean)首先建立了平衡偏聚的热力学与动力学模型。1975 年，加特曼(Guttmann)发展了在非理想多元体系中的晶界偏聚模型，并且对简单三元合金的情况做出了详尽的解释。如果两种溶质的原子相互强烈吸引，那么它们将一起从基体中析出；如果它们之间吸引作用不大，则将在晶界上发生偏聚，最终降低体系自由能。这两种原子中的任何一种发生偏聚后，会诱发另一种原子也发生偏聚。例如，假设 A 是溶剂原子，B 和 C 是相互吸引作用较弱的溶质原子(但是强于 A 与 C 之间的相互吸引作用)，如果 B 具有很大的表面活性，而 C 不具有，那么 B 将发生晶界偏聚。

虽然C不具有很大的表面活性，但由于B与C之间的吸引作用，B也将诱导C发生晶界偏聚。如果B与C都不具有表面活性，吸引作用仍可以导致它们都发生偏聚，这个模型可以解释为什么添加合金元素会加剧杂质原子的偏聚。

麦克林(Mclean)在其1957年出版的《金属的晶粒边界》(Grain-Boundaries in Metals)一书中，对晶界平衡偏聚的动力学及热力学作了很好的解释。对于平衡态，晶界上将存在溶质原子(以 I 表示)、空位(以 v 表示)以及由空位和溶质原子组成的复合体(以 C 表示)，通常认为一个溶质原子和一个空位组成一个复合体，即

$$I + v = C$$

这样有

$$\frac{C_C}{C_i} = K_0 \exp\left[\frac{(E_b - E_f)}{kT}\right] \tag{14.69}$$

其中，K_0 为一常数；E_b 为复合体的形成能；E_f 是空位形成能，同时有 $E_b < E_f$；C_C 为复合体的浓度；C_i 为溶质原子的浓度。

随着固溶处理温度的降低，空位浓度不断降低。在晶界附近空位浓度的降低将引起位错和溶质原子与空位的复合，而远离晶界处只有空位与溶质原子复合体，这使得晶界附近溶质原子与空位的复合体低于远离晶界处，从而产生复合体的浓度梯度。在这种浓度梯度驱动下，复合体向晶界附近扩散，从而导致晶界附近溶质浓度高于其它部位，溶质原子在晶界出现偏聚的现象。

由于晶界上经常存在高浓度的溶质原子，则这些原子之间的相互作用不可忽视，晶界的溶解行为不是理想状态。为了更直接地处理这一现象，Defay 和 Prigogine 于 1951 年提出了晶界的“层模型”，认为晶界是一个二维尺寸的相 ϕ，与在基体相 β 中一样，所有的经典热力学函数在两相中均成立。因此，这时的热力学平衡条件是，第 i 种元素的化学势在 ϕ 相中和在 β 相中相等，即

$$\mu_i^{\phi} = \mu_i^{\beta} \tag{14.70}$$

加特曼(Guttmann)利用这一观点解释了溶质原子的平衡晶界偏聚。在相平衡基础上，可以得到

$$x_i^{\phi} = \frac{x_i^{\beta}\exp(\Delta G_i/RT)}{1 + \sum_{j=1}^{n-1}\{x_j^{\beta}[\exp(\Delta G_i/RT) - 1]\}} \tag{14.71}$$

式中，x_i^{ϕ} 和 x_i^{β} 和分别是元素 i 在 ϕ 相和 β 相中的摩尔分数，而

$$\begin{aligned} \Delta G_1 &= \Delta G_1^0 + \alpha' x_2^{\phi} \\ \Delta G_2 &= \Delta G_2^0 + \alpha' x_1^{\phi} \end{aligned} \tag{14.72}$$

ΔG_i^0 是麦克林偏聚能。在一个二元系中偏聚驱动力完全可以由 ΔG_i 形式来给

出,其中

$$\alpha' = (\alpha_{12}^{\phi} - \alpha_{13}^{\phi} - \alpha_{23}^{\phi}) \tag{14.73}$$

$$\alpha_{ij}^{m} = Z^{m} N_0 \left(\varepsilon_{ij}^{m} - \frac{\varepsilon_{ii}^{m} - \varepsilon_{jj}^{m}}{2} \right) \tag{14.74}$$

式中,Z^m 是共原子序数(m 代表ϕ 或β);N_0 是阿伏加德罗常数;ε_{ij}^{m} 是在m 相中 ij 原子对之间的化学键能。

14.6.2 非平衡偏聚

假设在非平衡晶界偏聚的整个过程中,上述热力学平衡是有效的,即在复合体扩散至晶界和溶质原子自晶界返回扩散到晶内的这一动力学过程中,任何元素 i 在ϕ 和β相的化学势μ_i 相等。这是一个合理的假设,因为以上热力学平衡在非平衡时仅仅涉及晶界附近的小范围和局部区域发生的溶质原子的短程扩散。

非平衡偏聚依赖于冷却速率,是一个动力学过程。一般来说,在扩散过程允许达到完全平衡而扩散时间接近无限时,非平衡偏聚会最终消失。对于一个从高温冷却至较低温度并保温的试样,如果冷却速率足够快,那么将存在一个临界时间 t_c,是使试样在这一低温下保温并使溶质偏聚浓度达到最大值的时间。非平衡偏聚的一个显著特征就是存在一个临界时间,其计算公式为

$$t_c = \frac{d^2 \ln(D_C/D)}{4\delta(D_C - D)} \tag{14.75}$$

式中,d 是平均晶粒尺寸;δ 是临界时间常数;D_C 是复合体的扩散系数;D 是基体中杂质原子的扩散系数。

空位 - 杂质原子的结合能 E_b 对非平衡偏聚的影响是极为显著的,E_b 值可由弹性理论计算出来

$$E_b = 8\pi\mu r_0^3 \varepsilon^2 \tag{14.76}$$

而且

$$\varepsilon = \pm \frac{r_1 - r_0}{r_1} \tag{14.77}$$

式中,μ 是基体的剪切模量;r_0 是基体原子的半径;r_1 是杂质原子半径。

在一个二元系中(即溶质 B 或 C 固溶在溶剂 A 中),溶质 B 与空位的结合能 E_b 处于发生非平衡偏聚的合适范围之外,那么该系统中很少或不发生非平衡偏聚。如果在溶剂 A 中,溶质 C 与空位的结合能处于非平衡偏聚的合适范围内(0.3 ~ 0.6 eV),则当溶质 C 被加入到 A - B 的二元系合金中时,由式(14.71)和式(14.72)可知,溶质 B 将会与溶质 C 一起发生非平衡偏聚,这里假定 $\alpha' > 0$,即 B - C 对之间的吸引作用比 C - A 或 B - A 对之间的强烈。当溶质 C 由于非平衡

偏聚作用而偏聚在晶界上时,将产生一个随溶质 C 浓度增加而加大的使溶质 B 也产生偏聚的驱动力。另外,由于式(14.72) 中的 $\alpha' x_2^{\phi}$ 项的作用结果,使溶质 A 的偏聚驱动力也增加。从式(14.71) 和式(14.72) 中不难想象,当溶质 C 由晶界返回晶内时,出于式(14.71) 和式(14.72) 的同样原因,溶质 B 也将发生由晶界至晶内的反偏聚。

另外,为了描述非平衡偏聚,徐庭栋根据加特曼理论提出了一个动力学模型。这一模型在一些文献中得到了试验验证。

当一个试样从固溶处理温度 T_0 冷却到一个较低的温度 T 时,晶界处溶质原子非平衡偏聚的最大浓度 $C_b^m(T)$ 为

$$C_b^m(T) = C_g(E_b/E_f)\exp\left[\frac{(E_b - E_f)}{kT_0} - \frac{(E_b - E_f)}{kT}\right] \qquad (14.78)$$

其中,C_g 为晶内溶质原子的浓度。上式表明 $C_b^m(T)$ 只与 T_0 和 T 有关,而与试样从 T_0 冷却到 T 时的冷却速度无关。若试样固溶处理温度一定,$C_b^m(T)$ 将只是温度 T 的函数。

第 15 章　相变动力学

15.1　相变形核

如第 12 章所述,相变的种类很多,液固相变均为有核相变,而固态相变存在有核相变和无核相变两种。有核相变又分为扩散相变和无扩散相变。对于某些类型的相变,其相变动力学还存在很大争议,如非扩散型的马氏体相变以及贝氏体相变等。本节主要是围绕研究比较成熟的扩散型相变展开讨论。

15.1.1　均匀形核

均匀形核时新相晶核的成分可以与母相成分相同,也可以不同。有关液固相变形核驱动力已在第 12 章讨论过,而固态相变由于形核时存在弹性应变能,所以其形核功将发生变化。设新相成球形,半径为 r。由于新相的形成而引起自由焓的变化 ΔG 为

$$\Delta G = -\frac{4}{3}\pi r^3(\Delta G_V - \Delta G_E) + 4\pi r^2\sigma \tag{15.1}$$

其中,ΔG_V 和 ΔG_E 分别为形成单位体积新相时降低的体积自由焓和增加的弹性应变能,σ 为新与母相 β 相交界面的界面能。

如用原子数 n 代替 r,则式(15.1) 可变为

$$\Delta G = -n(\Delta g_V - \Delta g_E) + \eta n^{2/3}\sigma \tag{15.2}$$

其中,Δg_V 和 Δg_E 分别为一个原子由 β 相转移到 α 相时降低的体积自由焓和增加的弹性应变能,η 为与 α 相表面积 A 有关的新相形状因子,即

$$\eta n^{2/3} = A \tag{15.3}$$

这样,与临界晶核半径 r^* 相对应的临界形核功为

$$\Delta G^* = \frac{16\pi\sigma^3}{3(\Delta G_V - \Delta G_E)^2} \tag{15.4}$$

$$r^* = \frac{2\sigma}{\Delta G_V - \Delta G_E} \tag{15.5}$$

将式(12.7) 代入上式,得

$$\Delta G^* = \frac{16\pi\sigma^3}{3(\Delta H_m \Delta T/T_0 - \Delta G_E)^2} \tag{15.6}$$

$$r^* = \frac{2\sigma}{\Delta H_m \Delta T/T_0 - \Delta G_E} \tag{15.7}$$

同样,与临界晶核原子数 $n*$ 相对应的临界形核功可表示如下

$$n^* = \left[\frac{2\eta\sigma}{3(\Delta g_V - \Delta g_E)^2}\right]^3 \tag{15.8}$$

$$\Delta G^* = \frac{4\eta^3\sigma^3}{27(\Delta g_V - \Delta g_E)^2} \tag{15.9}$$

下面介绍有关相变形核动力学问题。

单位时间单位体积母相中形成的新相晶核数称为形核率,通常以 I 表示。设 $\Delta G_n{}^0$ 为标准态时在母相中形成一个包含 n 个原子的新相核胚时自由焓的变化;N 为单位体积母相的原子数,则在平衡状态下原子数为 n 的核胚的浓度 C_n 为

$$C_n = N\exp\left(\frac{-\Delta G_n{}^0}{kT}\right) \tag{15.10}$$

$\Delta G_n{}^0$ 随 n 的变化而变化,故 C_n 也随 n 而变。当 $n = n^*$ 时 $\Delta G_n{}^0$ 达最大值,n^* 为临界晶核所含的原子数,对应于临界晶核尺寸 r^*。即当 $n < n^*$ 时核胚不稳定,核胚所含原子数减少为自发过程;当 $n > n^*$ 时核胚也是不稳定的,一旦形成,会成为晶核而不断长大,直至成为晶粒。临界核胚的平衡浓度 C_{n^*} 为

$$C_{n^*} = N\exp\left(\frac{-\Delta G^*}{kT}\right) \tag{15.11}$$

其中,ΔG^* 为临界形核功。

正如第 12 章相变热力学中介绍的那样,为使具有临界尺寸的核胚成为晶核,必须至少要有一个原子进入核胚,使之成为 $n = n^* + 1$。

设单个原子进入具有临界尺寸的核胚的频率为 ω,则形核率 I 应为

$$I = \omega C_{n^*} \tag{15.12}$$

ω 与新相核胚界面紧邻的母相原子数 S、母相原子的振动频率 ν、母相原子跳向新相核胚的几率 f 以及跳向新相核胚的母相原子又因弹性碰撞而跳回母相的几率 P 等成正比。此外在跳跃时母相原子还要克服高度为 Q 的势垒,因此还应与 $\exp(-Q/kT)$ 成正比。由此可以得出

$$\omega = \nu \cdot S \cdot f \cdot P \cdot \exp\left(\frac{-Q}{kT}\right) \tag{15.13}$$

将式(15.11)和(15.13)代入式(15.12)得

$$I = \nu fSPN\exp\left(-\frac{Q + \Delta G^*}{kT}\right) \tag{15.14}$$

通常,将式(15.14)给出的形核率称为平衡形核率,以 $I_{平}$ 表示。实际上晶核的形成是一个动态过程。一些临界核胚得到原子成为晶核而使临界核胚浓度下降,同时又不断通过热激活形成新的临界核胚。显然,此时的临界核胚浓度低于平衡态临界核胚浓度 C_{n^*}。此外,大于临界尺寸的晶核也有可能重新瓦解而消失。考虑了这些因素之后,Becker 和 Doring 以及 Zeldovich 导出稳态形核率 $I_{稳}$ 为

$$I_{稳} = ZI_{平} = Z\omega C_{n^*} \tag{15.15}$$

其中,Z 称为 Zeldovich 非平衡因子,其值为

$$Z = \left[-\frac{1}{2\pi kT} \frac{\partial^2 \Delta G}{\partial n^2} \bigg|_{n=n^*} \right]^{1/2} \tag{15.16}$$

将式(15.14) 和(15.16) 代入式(15.15) 并将常数项合并得

$$I_{稳} = I_0 \exp\left(-\frac{Q + \Delta G^*}{kT} \right) \tag{15.17}$$

式(15.17) 表明,如相变是在冷却过程中发生的,则随着转变温度的降低,过冷度的增加,形核率先增后减。如相变是在加热过程中发生的,则随着转变温度升高,过热度增加,形核率不断增加。

实验表明,形核率还与时间有关,即在形核前要经历一段孕育期 $\tau_{孕}$。这是因为临界核胚是通过一系列双原子反应形成的。双原子反应是通过扩散进行的,原子扩散需要时间。形核率与时间的具体关系可采用下式表示

$$I = I_0 \exp\left(-\frac{Q + \Delta G^*}{kT} \right) \cdot \exp\left(\frac{\tau_{孕}}{\tau} \right) \tag{15.18}$$

15.1.2 非均匀形核

通常溶体中特别是固体,存在着各种缺陷,如晶界、层错、位错、空位等。若在晶体缺陷处形核,随着晶核的形成,缺陷将消失,缺陷释放能量以供新相形核需要,使临界形核功下降,形核变得更容易。所以大多数新相晶核将在晶体缺陷处形成,即相变为不均匀形核。

设由于缺陷的消失而提供的能量为 ΔG_d,则式(15.1) 可写成

$$\Delta G = -V(\Delta G_V - \Delta G_E) + \Delta G_S - \Delta G_d \tag{15.19}$$

下面将讨论在晶界晶体缺陷处的形核。

固溶体一般都是多晶体,两相邻晶粒间的交接面称为晶界。按相邻晶界晶体取向的不同,晶界可分为大角度晶界和小角度晶界。这里以大角度晶界为例进行讨论。

按提供的能量大小来考虑,可以有三种不同的晶界形核位置,包括两个相邻晶粒的交界面,即界面;三个相邻界面相交而成的界棱;四根界棱相交而成的界偶。

1. 界面形核

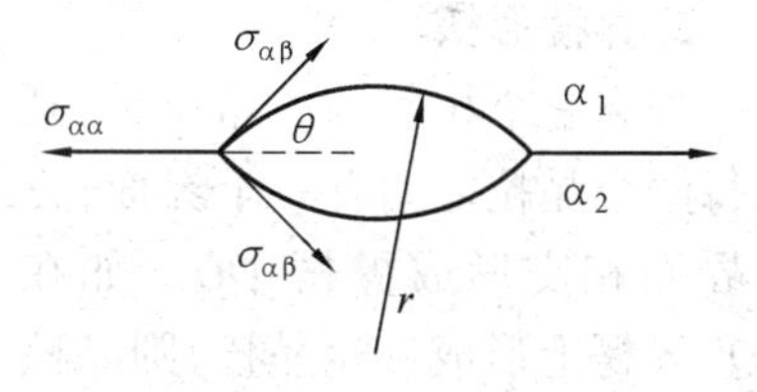

图 15.1　界面形核示意图

设 α 为母相，β 为新相，两个 α 相晶粒之间的界面为大角度界面，界面能为 $\sigma_{\alpha\alpha}$。新相 β 的晶核在此界面上形成，并设 α/β 界面为非共格界面，界面能 $\sigma_{\alpha\beta}$ 为各向异性，因此 α/β 界面呈球面，曲率半径为 r，θ 为接触角。如图 15.1 所示。α/α 界面与两个 α/β 界面处于平衡，有

$$\sigma_{\alpha\alpha} = 2\sigma_{\alpha\beta}\cos\theta \tag{15.20}$$

即

$$\cos\theta = 2\sigma_{\alpha\beta}/\sigma_{\alpha\alpha} \tag{15.21}$$

设新形成的 α/β 界面面积为 $A_{\alpha\beta}$，由于 β 相晶核的形成而消失的 α/α 界面的面积为 $A_{\alpha\alpha}$，则有

$$\Delta G_S = A_{\alpha\beta}\,\sigma_{\alpha\beta},\quad \Delta G_d = A_{\alpha\alpha}\sigma_{\alpha\alpha}$$

代入式(15.19) 得

$$\Delta G = -V(\Delta G_V - \Delta G_E) + A_{\alpha\beta}\,\sigma_{\alpha\beta} - A_{\alpha\alpha}\sigma_{\alpha\alpha} \tag{15.22}$$

利用球面半径 r 和接触角 θ，可求出 V、$A_{\alpha\alpha}$、$A_{\alpha\beta}$。代入式(15.22) 中，并取

$$\frac{\mathrm{d}\Delta G}{\mathrm{d}r} = 0$$

可得

$$r^* = \frac{2\sigma_{\alpha\beta}}{\Delta G_V - \Delta G_E} \tag{15.23}$$

$$\Delta G^* = 2\Delta G^*_{均}\,f(\theta) \quad 或 \quad \Delta G^*/\Delta G^*_{均} = 2f(\theta) \tag{15.24}$$

其中

$$f(\theta) = \frac{1}{4}(2 + \cos\theta)(1 - \cos\theta)^2 \tag{15.25}$$

令

$$\eta_\beta = 2\pi(2 + \cos\theta)(1 - \cos\theta)^2/3 = (8\pi/3)f(\theta) \tag{15.26}$$

则有

$$\Delta G^*/\Delta G^*_{均} = (3/4\pi)\,\eta_\beta \tag{15.27}$$

$\Delta G^*_{均}$ 为均匀形核时的临界形核功，$f(\theta)$ 为接触角因子，η_β 为体积形状因子。

对比式(15.24) 与式(15.4) 可见，界面形核使临界形核功下降，其值与接触角有关。当 $\theta = 0$ 时，ΔG^* 下降为零。当 $\theta = 90°$ 时，$\Delta G^* = \Delta G^*_{均}$，此时界面形核与均匀形核相同。

2. 界棱形核

当有三个相邻的 α 晶粒时，其中每两个晶粒之间有一个界面，三个界面相交形成界楞 OO'。如在 OO' 界楞上形成 β 相晶核，则晶核由三个球面组成。三个球面的半径为 r，接触角为 θ。

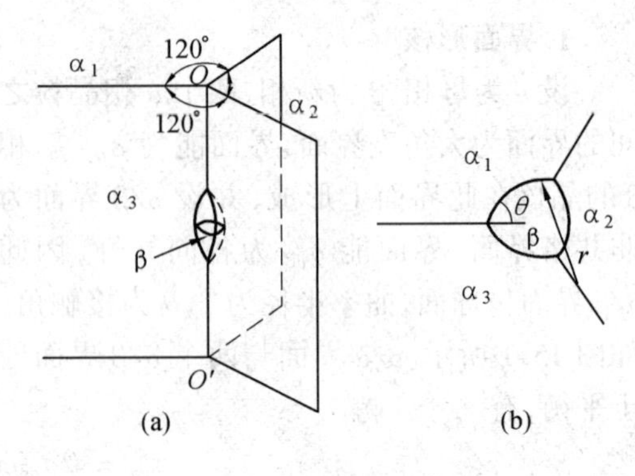

图 15.2　界棱形核示意图

依照界面形核的处理方法可得

$$\frac{\Delta G^*}{\Delta G^*_{均}} = \left(\frac{3}{4\pi}\right)\eta_\beta \quad (15.28)$$

其中

$$\eta_\beta = 2\left[\pi - 2\arcsin\left(\frac{1}{2}\operatorname{cosec}\theta\right) + \frac{1}{3}\cos^2\theta(4\sin^2\theta - 1)^{1/2} - \arccos\left(\frac{1}{\sqrt{3}}\cot\theta\right)\cos\theta(3 - \cos^2\theta)\right] \quad (15.29)$$

由式(15.27)和(15.28)可见，在界棱形核与界面形核一样，不改变临界晶核半径，但是临界形核功下降，其值与 θ 有关。

3. 界偶形核

四个相邻的 α 晶粒中，每三个晶粒之间有一条界棱，四根界棱相交形成一个界偶。在界偶处可以形成由四个半径为 r 的球面组成的粽子形 β 晶核，接触角为 θ。这样有

$$r^* = \frac{2\sigma_{\alpha\beta}}{\Delta G_V - \Delta G_E} \quad (15.30)$$

$$\frac{\Delta G^*}{\Delta G^*_{均}} = \left(\frac{3}{4\pi}\right)\eta_\beta \quad (15.31)$$

其中

$$\eta_\beta = 8\left\{\frac{\pi}{3} - \arccos\left[\frac{\sqrt{2} - \cos(3 - C^2)^{1/2}}{C\sin\theta}\right]\right\} + C\cos\left\{(4\sin^2\theta - C^2)^{1/2} - \frac{C^2}{\sqrt{2}}\right\} - 4\,\frac{4\cos\theta(3 - \cos^2\theta)\arccos C}{2\sin\theta} \quad (15.32)$$

其中，$C = \frac{2}{3}\{\sqrt{2}(4\sin^2\theta - 1)^{1/2} - \cos\theta\}$

由式(15.30)和(15.31)可见，界偶形核与界棱形核和界面形核一样，不改变临界晶核半径，但是临界形核功下降，其值与 θ 有关。

15.2 晶体长大

液固相变时固态新相的长大，主要是通过组元扩散溶质再分布完成的，可以是连续长大，也可以是台阶长大和二维晶核长大等。固态相变要比液固相变复杂得多。固态相变时新相的长大是通过新相与母相的相界面的迁移进行的。新相与母相的界面有共格界面、半共格界面以及非共格界面；界面两侧的新相与母相的成分可以相同，也可以不同；在界面上还可能存在其它相。这使得界面的迁移，即新相的长大变得多样化。可以将固态相变时各种长大方式归纳如下：

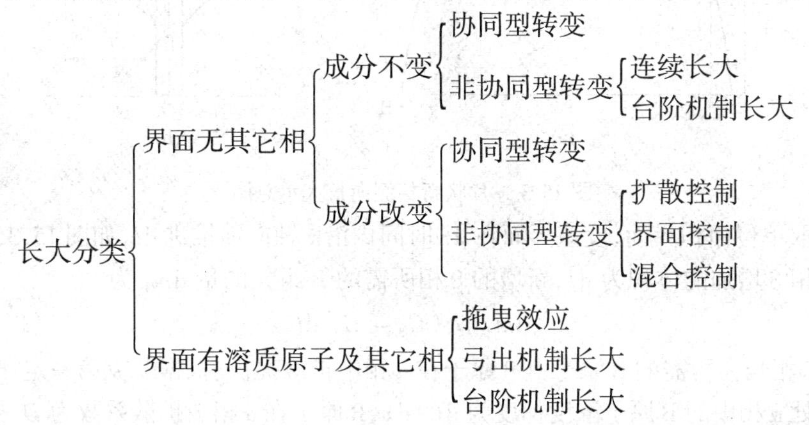

下面主要针对界面无其它相的成分改变，非协同型转变的新相长大机制进行分析。

15.2.1 以扩散速度控制的长大

新相与母相成分不同时，在界面上新相β的成分 C_β 以及与其相平衡的母相α的成分 C_α 均可能低于或高于母相原有的成分 C_0。因此在母相内部将出现浓度梯度，溶质原子在浓度梯度作用下将发生扩散，破坏界面平衡。为恢复平衡，界面将向母相推进。若新相界面容纳因子（新相接受由母相转移来的原子的难易程度）很大，由α相转变为β相的点阵改组极易进行，则只要界面处成分满足要求，转变即可完成。此时，界面的迁移主要取决于扩散过程，称为扩散控制型长大。对于扩散控制型转变，界面上新相与母相恒处于平衡状态。

辛纳（Zener）最先发展了扩散控制长大理论。新相与母相的界面为非共格界面时，以及液固相变时，固液界面为粗糙界面的长大同属于这一类。按新相形状的不同，可以分为片状、柱状及球状新相长大。

1. 片状新相侧面长大

设A、B两组元形成如图15.3(a)所示的共晶相图。成分为 C_0 的α固溶体在

温度 T 将析出成分为 C_β 的 β 相,在界面处与 β 相平衡的 α 相的成分将由 C_0 降为 C_α。设 β 沿 α/α 界面呈片状析出然后向晶内长大。如 α/β 界面为非共格界面,长大受 B 原子在 α 相中扩散控制。其中浓度 C 是指单位体积中 B 组元的质量或物质的量,单位为 g/cm^3 或 mol/cm^3。

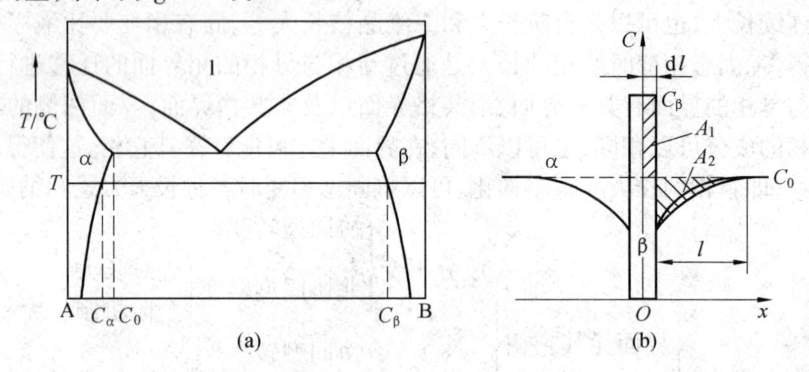

图 15.3 片状新相侧向长大示意图

取单位面积界面,设该界面在 $d\tau$ 时间内沿 x 轴向前推进 dl,如图 15.3(b),则新相 β 增加的体积为 dl,新增的 β 相所需的 B 组元的量 dm_1 为

$$dm_1 = (C_\beta - C_\alpha)dl \tag{15.33}$$

β 相长大所需的 B 原子由 B 原子在 α 相中扩散提供。根据菲克第一定律,设界面处 α 相中的 B 原子浓度梯度为 dC/dx,B 原子在 α 相中扩散系数为 D,则扩散到单位面积界面的 B 组元的量 dm_2 为

$$dm_2 = D\left(\frac{dC}{dx}\right)d\tau \tag{15.34}$$

因为

$$dm_1 = dm_2$$

所以

$$(C_\beta - C_\alpha)dl = D\left(\frac{dC}{dx}\right)d\tau$$

移项即可得到界面移动速度 v 为

$$v = \frac{dl}{d\tau} = \frac{D}{C_\beta - C_\alpha}\left(\frac{dC}{dx}\right) \tag{15.35}$$

在 α 相内部,B 组元的浓度沿曲线变化如图 15.3(b)。为使问题简化,可近似用一直线代替曲线,即

$$\frac{dC}{dx} = \frac{C_0 - C_\alpha}{L} \tag{15.36}$$

将式(15.36) 代入式(15.35) 得

$$v = \frac{D(C_0 - C_\alpha)}{L(C_\beta - C_\alpha)} \tag{15.37}$$

因浓度单位为 g · cm⁻³ 或 mol · cm⁻³，且 β 相为垂直于纸面的薄片，并沿垂直于薄片的 x 方向长大，因此 x 轴上的距离可以代表体积大小，浓度 C 与长度 x 的乘积即代表溶质的量，单位为 g 或 mol，即图 15.3(b) 的面积 A_1 和 A_2 代表溶质(组元 B) 的量。图中面积 A_1 相当于新形成的 β 相所增加的 B 组元的量，面积 A_2 相当于 β 相形成后剩余的 α 相中失去的组元 B 的量。这两块面积应相等，即

$$A_1 = A_2$$

即

$$(C_\beta - C_0)l = \frac{L}{2}(C_0 - C_\alpha)$$

移项得

$$L = \frac{2(C_\beta - C_0)}{C_0 - C_\alpha}l \tag{15.38}$$

将式(15.38) 代入式(15.37)，可得

$$v = \frac{D(C_0 - C_\alpha)^2}{2(C_\beta - C_\alpha)(C_\beta - C_0)l} \tag{15.39}$$

如 $C_\beta \gg C_0, C_\beta \gg C_\alpha$，且 $C_\alpha \approx C_0$，则 $C_\beta - C_\alpha \approx C_\beta - C_0$，故式(15.39) 可以简化为

$$v = \frac{D(C_0 - C_\alpha)^2}{2l(C_\beta - C_\alpha)^2} \tag{15.40}$$

或

$$2l\mathrm{d}l = \frac{D(C_0 - C_\alpha)^2}{(C_\beta - C_\alpha)^2}\mathrm{d}\tau \tag{15.41}$$

由式(15.41) 积分可得

$$l^2 = \frac{D(C_0 - C_\alpha)^2}{(C_\beta - C_\alpha)^2}\tau = \left(\frac{C_0 - C_\alpha}{C_\beta - C_\alpha}\right)^2 D\tau \tag{15.42}$$

或

$$l = \frac{C_0 - C_\alpha}{C_\beta - C_\alpha}D^{1/2}\tau^{1/2} \tag{15.43}$$

将式(15.43) 代入式(15.40) 即可得出 v 与 τ 的关系

$$v = \frac{C_0 - C_\alpha}{2(C_\beta - C_\alpha)}\sqrt{\frac{D}{\tau}} \tag{15.44}$$

由此可见，析出相厚度 l 与 $D^{1/2}\tau^{1/2}$ 成正比，长大速度 v 与 $(D/\tau)^{1/2}$ 成正比。因此，界面推移不是恒速的，而是随时间延长，新相厚度增加不断变慢，这是因

为溶质原子扩散距离越来越大。

以上使用的是菲克第一定律，其缺点是求得的是近似的、偏低的$(\mathrm{d}C/\mathrm{d}x)_{x=l}$。如能求得溶质原子在母相中的浓度分布曲线，即可求得精确的$(\mathrm{d}C/\mathrm{d}x)_{x=l}$。具体的求解可用菲克第二定律。

根据式(15.42)可设析出相厚度 l 与时间 τ 的关系为

$$l^2 = KD\tau \tag{15.45}$$

其中，K 为一假设的系数，现在将利用菲克第二定律求 K。

图 15.3(b) 中溶质原子 B 在 α 相中的浓度分布可用误差函数表示，即浓度 C 与 x 的关系为(参考菲克第二定律通解)

$$C = A + B\mathrm{erf}\frac{x}{\sqrt{4D\tau}} \tag{15.46}$$

当 $x = l$ 时，参考式(15.45)得

$$C = A + B\mathrm{erf}\frac{\sqrt{KD\tau}}{\sqrt{4D\tau}} = A + B\mathrm{erf}\sqrt{\frac{K}{4}} \tag{15.47}$$

当 $x = \infty$ 时

$$C = A + B\mathrm{erf}(\infty) = A + B = C_0 \tag{15.48}$$

由式(15.47)和式(15.48)可得

$$B\left(1 - \mathrm{erf}\sqrt{\frac{K}{4}}\right) = C_0 - C_\alpha \tag{15.49}$$

因式(15.48)中 B 也是未知数，因此为了求 K，还需一个方程式，该方程式仍可根据 $\mathrm{d}m_1 = \mathrm{d}m_2$ 的关系列出。

单位面积新相增厚 $\mathrm{d}l$ 所需的溶质原子数 $\mathrm{d}m_1$ 为

$$\mathrm{d}m_1 = (C_\beta - C_\alpha)\mathrm{d}l$$

通过新相输送到 α/β 界面以供 β 相长大所需的溶质原子数 $\mathrm{d}m_2$ 为

$$\mathrm{d}m_2 = D\left(\frac{\mathrm{d}C}{\mathrm{d}x}\right)_{x=l}\mathrm{d}\tau$$

所以

$$(C_\beta - C_\alpha)\mathrm{d}l = D\left(\frac{\mathrm{d}C}{\mathrm{d}x}\right)_{x=l}\mathrm{d}\tau \tag{15.50}$$

界面移动速度 v 为

$$v = \frac{\mathrm{d}l}{\mathrm{d}\tau} = \frac{D}{C_\beta - C_\alpha}\left(\frac{\mathrm{d}C}{\mathrm{d}x}\right)_{x=l} \tag{15.51}$$

α/β 界面处的浓度梯度$(\mathrm{d}C/\mathrm{d}x)_{x=l}$可以用菲克第二定律的解求得，即已知浓度 C 与距离 x 的关系如式(15.46)所示，则

$$\frac{\mathrm{d}C}{\mathrm{d}x} = B\frac{2}{\sqrt{\pi}}\left[\exp\left(\frac{-x^2}{4D\tau}\right)\cdot\frac{1}{\sqrt{4D\tau}}\right]$$

$x = l$ 处的浓度梯度为

$$\left(\frac{\mathrm{d}C}{\mathrm{d}x}\right)_{x=l} = B\frac{2}{\sqrt{\pi}}\left[\exp\left(\frac{-x^2}{4D\tau}\right)\cdot\frac{1}{\sqrt{4D\tau}}\right] = B\frac{2}{\sqrt{\pi}}\left[\exp\left(\frac{-K}{4}\right)\cdot\frac{1}{\sqrt{4D\tau}}\right] \tag{15.52}$$

又从式(15.45)可得

$$v = \frac{\mathrm{d}l}{\mathrm{d}\tau} = \frac{1}{2}\sqrt{\frac{KD}{\tau}} \tag{15.53}$$

将式(15.52)及式(15.53)代入式(15.51),得

$$\sqrt{\frac{K}{4}}(C_\beta - C_\alpha) = \frac{B}{\sqrt{\pi}}\exp\left(-\frac{K}{4}\right) \tag{15.54}$$

由式(15.49)和式(15.54)消去 B 可得

$$\sqrt{\frac{\pi K}{4}}\exp\left(\frac{K}{4}\right)\cdot\left(1 - \mathrm{erf}\sqrt{\frac{K}{4}}\right) = \frac{C_0 - C_\alpha}{C_\beta - C_\alpha} \tag{15.55}$$

当过饱和度 $C_0 - C_\alpha$ 不大时,$K/4$ 很小,则

$$\exp\left(\frac{K}{4}\right) = 1,\quad \mathrm{erf}\left(\frac{K}{4}\right) = 0$$

代入式(15.55)可得

$$K = \frac{4}{\pi}\left(\frac{C_0 - C_\alpha}{C_\beta - C_\alpha}\right)$$

代入式(15.45)得

$$l^2 = \frac{4}{\pi}\left(\frac{C_0 - C_\alpha}{C_\beta - C_\alpha}\right)^2 D\tau \tag{15.56}$$

对比(15.42)与式(15.56)可见,用两种方法求得的解,仅差一系数 $4/\pi$。

2. 片状新相端面长大

如图15.4所示,设片状新相厚度为 $2r$,端面呈圆弧形,半径为 r,α 固溶体原始浓度为 C_0,β 新相浓度为 C_β,α/β 界面处 α 相浓度为 C_α。因 $C_0 > C_\alpha$,所以溶质浓度 B 将向 α/β 界面扩散使片状 β 不断长大。与侧向长大不同,溶质原子在 α 相中向 α/β 界面的扩散不是单向的而是辐射状的。片状 β 相端面向前伸展后,两侧

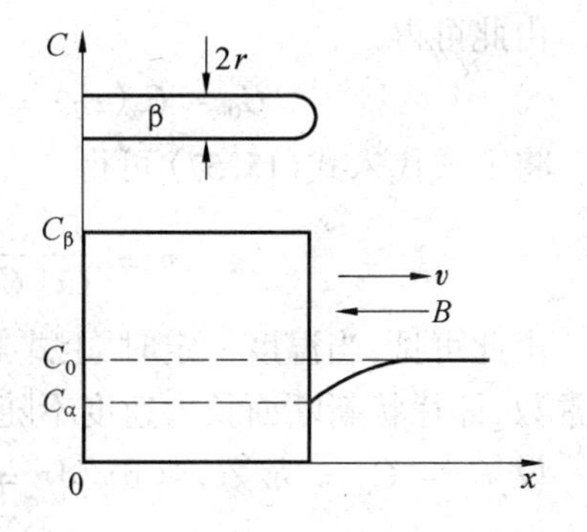

图 15.4　片状新相端面长大示意图

已贫化至平衡浓度 C_0,因此片状β相不再可能侧向长大,即厚度不会增加。此时式(15.48)仍适用于这种长大,但需作二项修正:一是由于溶质原子的扩散不是单向的而是辐射状的。虽然图15.3中 $A_1 = A_2$ 的关系一定成立,而式(15.38)中无法求得 L,但不难看出,片厚(即 $2r$)与 L 有关,两者成正比,因此可设 $L = Cr$,C 为常数,通常可取1或2;二是因为 r 很小,所以 C_α 不是定值,而随 r 减小而增大,因此 C_α 应改为 $C_\alpha(r)$。经过以上修正,式(15.37)可变为

$$v = \frac{D[C_0 - C_\alpha(r)]}{Cr[C_\beta - C_\alpha(r)]} \tag{15.57}$$

因为 $C_\alpha(r)$ 随 r 减小而增大,当 $C_\alpha(r)$ 增大到与 C_0 相等时,v 将为零,即停止生长,此时的 r 被称为临界半径 r_C。

按 Gibbs - Thomson 公式,有

$$\ln\frac{C_\alpha(r)}{C_\alpha} = \frac{2\sigma V_B}{RTr} = \frac{k}{r} \tag{15.58}$$

其中,V_B 为溶质原子B的体积。

由式(15.58)可得

$$C_\alpha(r) = C_\alpha \exp(k/r)$$

$$C_0 = C_\alpha(r_C) = C_\alpha \exp(k/r_C)$$

当 r 和 r_C 很小时,有

$$\exp(k/r) \approx 1 + k/r$$

$$\exp(k/r_C) \approx 1 + k/r_C$$

所以

$$\frac{C_0 - C_\alpha(r)}{C_0 - C_\alpha} = \frac{C_\alpha\exp(k/r_C) - C_\alpha\exp(k/r)}{C_\alpha\exp(k/r_C) - C_\alpha} = \frac{\exp(k/r_C) - \exp(k/r)}{\exp(k/r_C) - 1} \approx$$

$$\frac{1 + k/r_C - 1 - k/r}{1 + k/r_C - 1} = 1 - \frac{r_C}{r} \tag{15.59}$$

由此可得

$$C_0 - C_\alpha(r_C) = (C_0 - C_\alpha)(1 - r_C/r) \tag{15.60}$$

将上式代入式(15.57)可得

$$v = \frac{D[C_0 - C_\alpha]}{Cr[C_\beta - C_\alpha]}\left(1 + \frac{r_C}{r}\right) \tag{15.61}$$

由此可见,当温度一定时,上式等号右端为恒定值,因此 v 与时间 τ 无关,为一常数,即片状新断面长大速度不随时间而变。

设 $C_\beta - C_\alpha =$ 常数,取 $\mathrm{d}v/\mathrm{d}r = 0$,可得 $r = r_C$ 时,v 达到最大值 v_{max},即

$$v_{max} = \frac{D[C_0 - C_\alpha]}{2Cr[C_\beta - C_\alpha]} \tag{15.62}$$

上式称为辛纳 - 希拉特(Zener - Hillert)方程。

3. 球状新相长大

均匀形核连续脱溶时,新相呈球形。例如铝合金时效时析出的第二相,高合金钢淬火后回火析出的细小碳化物就属于此类情况。

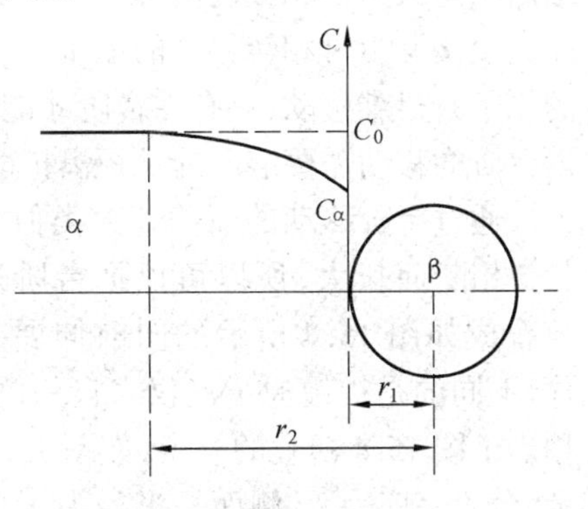

图 15.5　球状新相长大示意图

设球状新相 β 的半径为 r_1,成分为 C_β。母相 α 原始成分为 C_0,α/β 界面处 α 相成分为 C_α。如图 15.5 所示,$C_0 > C_\alpha$,出现浓度梯度,使溶质原子由四周向球状新相扩散,使新相不断长大。如以新相中心为圆心,贫化区半径为 r_2,当母相过饱和度 $C_0 - C_\alpha$ 不大时,可以将向圆心的径向扩散看成稳态扩散,则通过不同半径 r 的球面的扩散量为一常数,即

$$\frac{\mathrm{d}m_1}{\mathrm{d}\tau} = -D4\pi r^2 \frac{\mathrm{d}C}{\mathrm{d}r} \tag{15.63}$$

即

$$\frac{\mathrm{d}m_1}{\mathrm{d}\tau}\frac{\mathrm{d}r}{r^2} = -4\pi D\mathrm{d}C \tag{15.64}$$

设扩散系数 D 为常数,积分可得

$$\frac{\mathrm{d}m_1}{\mathrm{d}\tau} = 4\pi r_1 r_2 D\frac{C_0 - C_\alpha}{r_2 - r_1} \tag{15.65}$$

r_1 相对于 r_2 很小,$r_2 - r_1 \approx r_2$,因此上式可变为

$$\frac{\mathrm{d}m_1}{\mathrm{d}\tau} = 4\pi r_1 D(C_0 - C_\alpha) \tag{15.66}$$

设在 $\mathrm{d}\tau$ 时间内,β 相半径增加 $\mathrm{d}r$,需要溶质原子的量 $\mathrm{d}m_2$ 为

$$\mathrm{d}m_2 = 4\pi r_1(C_\beta - C_\alpha)\mathrm{d}r \tag{15.67}$$

由式(15.66)和(15.67)得

$$4\pi r_1^2(C_0 - C_\beta)\mathrm{d}\tau = 4\pi r_1^2(C_\beta - C_\alpha)\mathrm{d}r$$

因此,α/β 界面移动速度 v 为

$$v = \frac{\mathrm{d}r}{\mathrm{d}\tau} = \frac{D(C_0 - C_\alpha)}{r_1(C_\beta - C_\alpha)} \tag{15.68}$$

由上式可见,当扩散系数为常数时,界面移动速度 v 与 β 相半径 r_1 成反比,即随着 β 相半径的增大,新相长大速度不断降低。

15.2.2　以界面反应速度控制的长大

如新相与母相的界面为共格或半共格界面,界面容纳因子 A 很小(界面容

纳因子定义为新相接受由母相转移来的原子的难易程度,当 $A = 1$ 时表示新相能完全接受由母相转移来的原子,当 $A = 0$ 时表示新相不能接受由母相转移来的原子),很难移动,只有靠台阶才能迁移。但是由于新相与母相的成分不同,所以台阶的移动需要溶质的长距离扩散。

通过台阶移动的新相长大类似于片状新相断面长大,所以可以把台阶近似地看成如图 15.4 所示的向前伸展的薄片,不同的是扩散原子流仅来自一侧,只相当于图 15.4 薄片的一半,如图 15.6 所示,台阶高度为 h,侧面是半径为 h 的曲面。

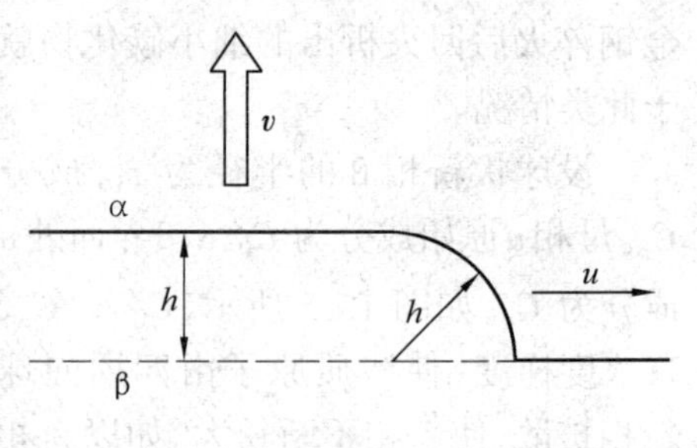

图 15.6　与扩散有关的台阶长大

设 α 母相原始浓度为 C_0,β 新相浓度为 C_β,台阶侧面 α 相浓度为 C_α,并设侧面向前移动的速度为 u,则由式(15.57)可得

$$u = \frac{D[C_0 - C_\alpha(r)]}{Ch[C_\beta - C_\alpha(r)]} \tag{15.69}$$

设相邻台阶平均间距为 λ,因此有

$$v = \frac{h}{\lambda}u = \frac{D[C_0 - C_\alpha(r)]}{C\lambda[C_\beta - C_\alpha(r)]} \tag{15.70}$$

琼斯(Jones) 和特利维迪(Trivedi) 导出了更严格的解,为

$$v = \frac{2D}{\lambda}P \tag{15.71}$$

其中,P 为无量纲参数(Peclet参数),是过饱和度$(C_0 - C_\alpha)/(C_\beta - C_\alpha)$以及与界面容纳原子 A 有关的系数 q 的函数。P 随过饱和度以及系数 q 的增加而增加。$q = \infty$(对应于 $A = 1$) 时,v 由长程扩散控制;q 值小时,长大速度 v 由界面过程控制。

15.2.3　第二相粒子粗化

新相形成后,由于存在大量的界面,仍处于较高的能量状态,如果有一定的条件,还将会发生新相的聚集和长大,以减少界面能。如经过固溶处理后要选取适当的时效温度和时间,才能达到预期效果,否则时效时温度过高或时间过长,均会使第二相颗粒长大,从而对材料性能造成不利影响。

奥兹瓦尔德(Ostwald) 在 1900 年首先研究了弥散析出相粒子的粗化问题,因此将第二相粒子的粗化习惯上称为奥兹瓦尔德熟化。

设自过饱和的 α 固溶体中析出颗粒状 β 相。β 相总量不多,因此颗粒间的平

均距离 d 远大于 β 相颗粒半径 r。又因为各颗粒形核时间不同，所以颗粒大小也不相等。

设有两个半径不等的相邻的 β 相颗粒（图 15.7），半径分别为 r_1 和 r_2，且 $r_1 < r_2$。由 Gibbs – Thomson 方程可知，α 固溶体溶解度与 β 相的半径 r 有关。两者之间的关系为

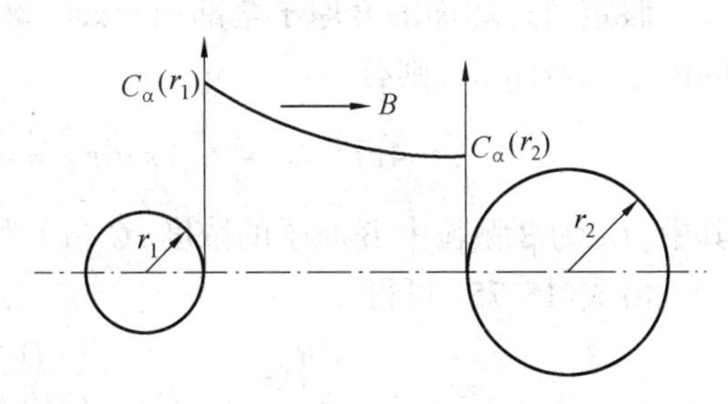

图 15.7　析出相颗粒聚集长大式的扩散过程

$$\ln \frac{C_\alpha(r)}{C_\alpha(\infty)} = \frac{2\sigma V_B}{RTr} \tag{15.72}$$

其中，$C_\alpha(r)$ 和 $C_\alpha(\infty)$ 分别是 β 相颗粒直径为 r 和 ∞ 时溶质原子 B 在 α 相中的溶解度，σ 为 α/β 界面能（表面张力），V_B 为 β 相的摩尔体积。若

$$\frac{C_\alpha(r) - C_\alpha(\infty)}{C_\alpha(\infty)} \ll 1$$

则近似有

$$C_\alpha(r) = C_\alpha(\infty)\left(1 + \frac{2\sigma V_B}{RTr}\right) \tag{15.73}$$

由式（15.73）可见，β 相颗粒的半径 r 越小，与 β 相颗粒相平衡的 α 相中 B 原子的溶解度越大，即 $C_\alpha(r_1) > C_\alpha(r_2)$，若各 β 相颗粒与 α 相处于平衡状态，则在两个 β 相颗粒之间的 α 相中将出现 B 原子的浓度梯度。在此浓度梯度的作用下，B 原子将发生扩散，$C_\alpha(r_1)$ 将降低，这样小颗粒与 α 相的平衡遭到破坏，使其溶解。随着过程的不断进行，小颗粒不断减小，直至消失。同时大的颗粒也将长大，导致 β 相颗粒粗化，同时颗粒间的间距增大。

对于众多大小不等的 β 相颗粒分布于 α 相时，要比上述情况复杂得多。格林武德（Greenwood）对此提出了一个简单的模型，可供参考。

格林武德模型如下，在 α 相中分布着大小不等的颗粒状 β 相，相邻 β 相颗粒之间的距离远大于 β 相颗粒半径。设 β 相颗粒的平均半径为 $\bar{r}$，则 α 相的平均浓度为 $C_\alpha(\bar{r})$。现从中任取一个半径为 r 的 β 颗粒，以其中心为原点建立球坐标系。虽然由于该 β 颗粒周围的 β 颗粒的半径各不相同，即 α 相各处成分不相同，但一般来说，在远离所选定的颗粒的地方，α 相成分应为 $C_\alpha(\bar{r})$。可以认为，所选颗粒的半径 r 大于 $\bar{r}$，颗粒将长大；半径小于 $\bar{r}$ 的颗粒将缩小。现以该球坐标系原点为中心，以 R 为半径作球，在此球面上，α 相中 B 原子扩散通量为

$$dm_B = -4\pi R^2 D \frac{dC}{dR} d\tau \tag{15.74}$$

假定通过球面的 B 原子全部用于处于球心的β颗粒的长大，β颗粒在 dτ 时间内半径增加 dr，则有

$$4\pi r^2[C_\beta - C_\alpha(r)\mathrm{d}r] = -4\pi R^2 D\frac{\mathrm{d}C}{\mathrm{d}R}\mathrm{d}\tau \tag{15.75}$$

其中，C_β 为β颗粒中 B 原子的浓度；$C_\alpha(r)$ 为 α/β 界面处 α 相中 B 原子的浓度。

由式(15.75) 可得

$$-\frac{\mathrm{d}R}{R^2} = \frac{D}{r^2[C_\beta - C_\alpha(r)](\mathrm{d}r/\mathrm{d}\tau)}\mathrm{d}C \tag{15.76}$$

积分

$$-\int_r^\infty \frac{\mathrm{d}R}{R^2} = \frac{D}{r^2[C_\beta - C_\alpha(r)](\mathrm{d}r/\mathrm{d}\tau)}\int_{C_\alpha(r)}^{C_\alpha(\bar{r})}\mathrm{d}C$$

得

$$\frac{1}{r} = \frac{D}{r^2(\mathrm{d}r/\mathrm{d}\tau)}\frac{C_\alpha(r) - C_\alpha(\bar{r})}{C_\beta - C_\alpha(r)} \tag{15.77}$$

即

$$\frac{\mathrm{d}r}{\mathrm{d}\tau} = \frac{D[C_\alpha(r) - C_\alpha(\bar{r})]}{r[C_\beta - C_\alpha(r)]} \tag{15.78}$$

由式(15.73) 得

$$C_\alpha(\bar{r}) = C_\alpha(\infty)\left(1 + \frac{2\sigma V_B}{RT\bar{r}}\right) \tag{15.79}$$

$$C_\alpha(r) = C_\alpha(\infty)\left(1 + \frac{2\sigma V_B}{RTr}\right) \tag{15.80}$$

将式(15.79) 和(15.80) 代入式(15.78) 得

$$\frac{\mathrm{d}r}{\mathrm{d}\tau} = \frac{2D\sigma V_B C_\alpha(\infty)}{r[C_\beta - C_\alpha(r)]RT}\left(\frac{1}{\bar{r}} - \frac{1}{r}\right) \tag{15.81}$$

因 C_β 很大，$C_\alpha(r)$ 很小，且随着 r 的增大，C_β 和 $C_\alpha(r)$ 之差变化不大，因此可将 $[C_\beta - C_\alpha(r)]$ 视为常数。这样式(15.81) 给出了 dr/dτ 与 r 的关系，如图 15.8 所示。

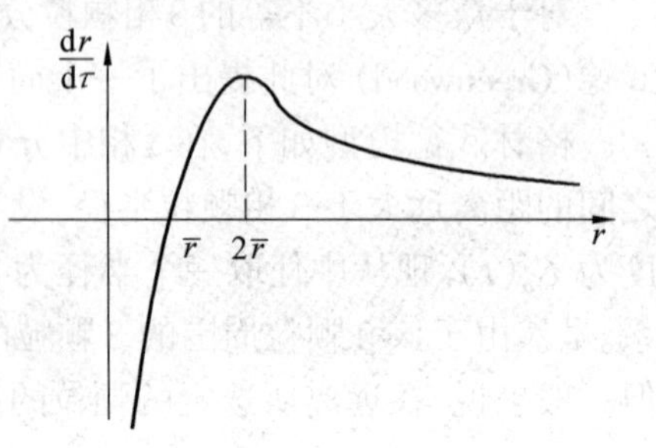

图 15.8 β颗粒粗化时$\frac{\mathrm{d}r}{\mathrm{d}\tau}$与 r 的关系

由图 15.8 可见，当 $r = \bar{r}$ 时，$\mathrm{d}r/\mathrm{d}\tau = 0$；当 $r < \bar{r}$ 时，$\mathrm{d}r/\mathrm{d}\tau < 0$，此时β颗粒将被溶解；当 $r > \bar{r}$ 时，$\mathrm{d}r/\mathrm{d}\tau > 0$，此时β颗粒将长大，长大速度在 $r = 2\bar{r}$ 处最大。同时随着小颗粒的消失和大颗粒

的长大，$\bar{r}$ 也在不断地长大。

格林武德又假定 $\bar{r}$ 的增长速度等于 $(\mathrm{d}r/\mathrm{d}\tau)_{max}$。由图 15.8 可知，$r = 2\bar{r}$ 时 $\mathrm{d}r/\mathrm{d}\tau$ 最大，因此由式(15.81) 可得

$$\frac{\mathrm{d}\bar{r}}{\mathrm{d}\tau} = \left(\frac{\mathrm{d}r}{\mathrm{d}\tau}\right)_{max} = \frac{D\sigma V_B C_\alpha(\infty)}{2\bar{r}^2 RT[C_\beta - C_\alpha(r)]} \tag{15.82}$$

积分得

$$\bar{r}^3 - \bar{r}_0^3 = \frac{3}{2}\frac{D\sigma V_B C_\alpha(\infty)}{RT[C_\beta - C_\alpha(r)]}\tau \tag{15.83}$$

其中，$\bar{r}_0$ 为粗化开始时 β 颗粒的平均半径；$\bar{r}$ 为经过时间 τ 粗化后 β 颗粒的平均半径。

纤维状组织和片层组织同样具有粗化现象。纤维状组织的粗化主要有二维 Ostwald 熟化、Rayleigh 不稳定性和缺陷迁移三种机制。片状组织粗化有缺陷迁移和胞区粗化两种机制。详细情况可参考有关文献。

15.2.4　晶粒粗化

母相 α 全部转变为新相 β 后，还将通过晶界的迁移发生晶粒的粗化。推动晶界迁移的驱动力来自界面能的降低。

1. 驱动力

设作用于晶界的驱动力为 P，面积为 A 的晶界在 P 的作用下移动 $\mathrm{d}x$ 使自由焓的变化为 $\mathrm{d}G$，则

$$PA\mathrm{d}x = -\mathrm{d}G$$

即

$$P = -\frac{\mathrm{d}G}{A\mathrm{d}x} \tag{15.84}$$

现设有一球形晶粒，半径为 R，此时的球径就是晶界的曲率半径。晶界总面积 A 为 $4\pi R^2$、总界面能为 $4\pi R^2\sigma$。晶界沿球径 R 向球心移动时界面将缩小，界面能将下降，由此可得

$$\frac{\mathrm{d}G}{\mathrm{d}x} = -\frac{\mathrm{d}(4\pi R^2\sigma)}{\mathrm{d}R} = -8\pi R\sigma \tag{15.85}$$

代入式(15.84) 可得

$$P = \frac{8\pi R\sigma}{4\pi R^2} = \frac{2\sigma}{R} \tag{15.86}$$

对于曲面晶界，R 可由下式求得

$$\frac{1}{R} = \frac{1}{2}\left(\frac{1}{R_1} + \frac{1}{R_2}\right) \tag{15.87}$$

其中，R_1、R_2 为曲面晶界的最大及最小半径。

式(15.86)表明,由界面能提供的作用于单位面积晶界的驱动力 P 与界面能 σ 成正比,与界面曲率半径 R 成反比,力的方向指向曲率中心。因此对于平直界面,由于 $R = \infty$,所以 P 为零。

实际上,由于形核有先后,长大条件也不同,因此晶粒大小不可能一样。图15.10为常见的晶粒分布形态,由于晶粒大小不同,每个晶粒的边数也就不一样。小晶粒的边界数可能小于6,大晶粒的边界数大于6。晶粒越大,边界数越多。在三个大小不同的晶粒的交界处 A,为保持界面张力平衡,即保持三个交角均为120°,晶界必将凸向大晶粒一方,出现曲面晶界。根据式(15.86)将有驱动力 P 作用于该晶粒。如不存在大于 P 的阻止晶界移动的阻力,在 P 的作用下晶界将向小晶粒推进。结果是大晶粒进一步长大,小晶粒将消失,导致晶粒粗化。

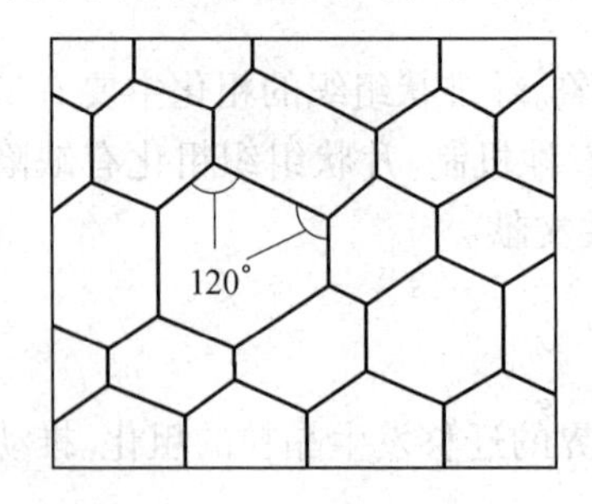

图15.9　稳定的二维晶核形态

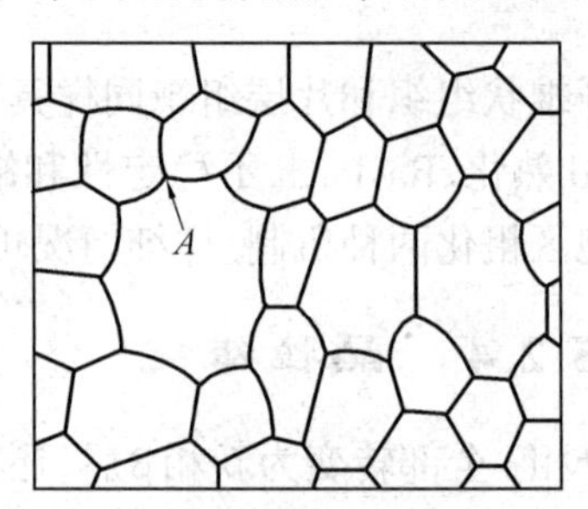

图15.10　最常见的二维晶粒形态

2. 晶界曲率半径

在一个实际晶体的晶粒中,各个界面的曲率半径 R 均不一样,为取得其平均值,已进行了大量工作,简介如下。

辛纳(Zener)取晶粒的平均直径为曲率半径 R,显然这是不妥的。

格雷德曼(Gladman)假定整个空间大小不等的开尔文(Kelvin)正十四面体,如图15.11所示,由六个正四边形及八个正六边形组成,边长均为 l。在立方晶系中,正四边形为{100}平面,正六边形为{111}平面。两个相对的{111}平面之间的距离为 2ρ 被看成晶粒直径。每个晶粒的体积为 V,表面积为 A 以及晶粒半径 ρ 与 l 之间的关系为

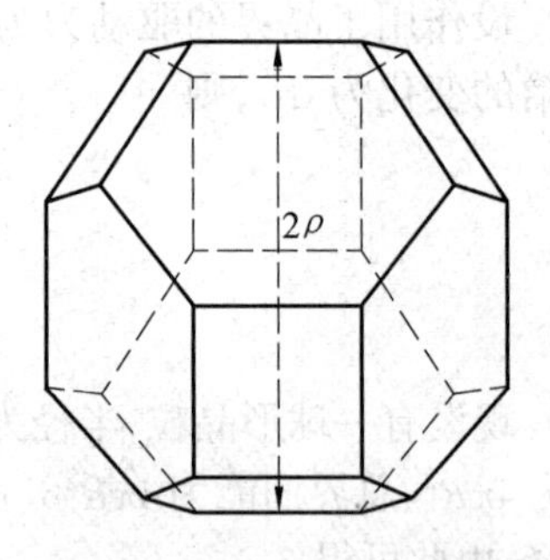

图15.11　Kelvin正十四面体

$$\left.\begin{aligned} V &= 8\sqrt{2}\,l^3 \\ A &= 6(1+2\sqrt{3})\,l^2 \\ \rho &= \sqrt{6}\,l/2 \end{aligned}\right\} \qquad (15.88)$$

现设晶粒的平均半径为ρ_0,半径为ρ的大晶粒在平均半径为ρ_0的环境中长大。大晶粒半径增加$\Delta\rho$时,大晶粒增加的晶界面积A_c及周围小晶粒减少的晶界面积A_e分别近似为

$$A_{\mathrm{c}} \cong \frac{2\Delta\rho}{\rho} \tag{15.89}$$

$$A_{\mathrm{e}} \cong \frac{3\Delta\rho}{2\rho_0} \tag{15.90}$$

二式相减即可得出大晶粒长大时晶粒面积的变化ΔA为

$$\Delta A = A_{\mathrm{c}} - A_{\mathrm{e}} = \Delta\rho\left(\frac{2}{\rho} - \frac{3}{2\rho_0}\right) \tag{15.91}$$

取$\rho/\rho_0 = z$,称之为不均匀因子,则式(15.91)可变为

$$\Delta A = \frac{\Delta\rho}{\rho_0}\left(\frac{2}{z} - \frac{3}{2}\right) \tag{15.92}$$

由式(15.92)可知,当$z < 1.33$时,$\Delta A > 0$,长大不能发生;当$z > 1.33$时,$\Delta A < 0$,半径为ρ的晶粒可以长大。

由ΔA所引起的能量的变化ΔE为

$$\Delta E = \Delta A\sigma = \frac{\Delta\rho\sigma}{\rho_0}\left(\frac{2}{z} - \frac{3}{2}\right) \tag{15.93}$$

由式(15.93)得出驱动力P为

$$P = \frac{\Delta E}{\Delta\rho} = \frac{\sigma}{\rho_0}\left(\frac{2}{z} - \frac{3}{2}\right) \tag{15.94}$$

所以晶粒的平均曲率半径为

$$R = \rho_0\left(\frac{2}{z} - \frac{3}{2}\right)^{-1} \tag{15.95}$$

戚正风按图15.12的二维晶粒模型推导了曲率半径R。设有一大晶粒,半径为ρ',周围被半径为ρ的小晶粒所包围。设小晶粒近似六边形,则ac近似等于ρ。为保持三晶粒交汇处的三个面角均为120°,界面ac必须弯曲,曲率中心O'在小晶粒一侧,由此可导出界面曲率半径R。

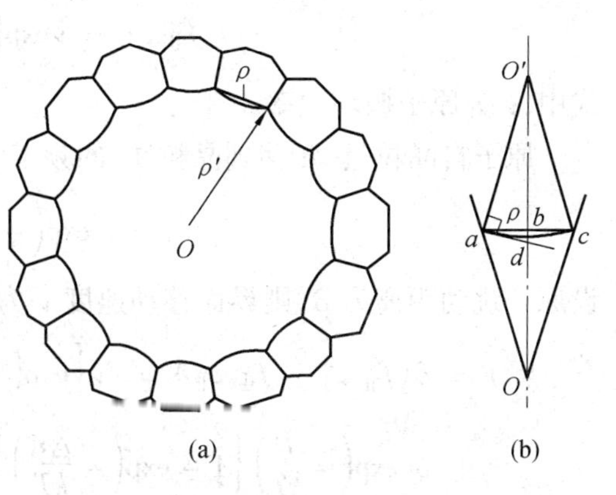

图15.12 在均匀小晶粒中存在大晶粒时的晶界情况

因为大晶粒的周长为$2\pi\rho'$,所以大晶粒周围的小晶粒数近似等于$2\pi\rho'/\rho$,同时有$\angle aOb =$

$(\rho/\pi\rho')90°$。

又因为

$$\angle aOb = 180° - 120° = 60°$$

$$\angle O'ab = 90°$$

所以 $\angle O'ab = \angle abd = \angle Oab + \angle aOb = 60° + (\rho/\pi\rho')90°$

$$\cos\angle O'ab = \cos\left(60° + \frac{\rho}{\pi\rho'}90°\right) = \frac{\rho}{2R}$$

移项得到

$$R = \frac{\rho}{2\cos\left(60° + \frac{\rho}{\pi\rho'}90°\right)} = \frac{\rho}{2\cos\left(60° + \frac{90°}{\pi z}\right)} \tag{15.96}$$

由式(15.96)可见,界面曲率半径不仅与小晶粒半径有关,还与不均匀因子 z 有关。

3. 晶粒的正常长大

图 15.13 中 Ⅰ 为长大的晶粒,Ⅱ 为被消耗的晶粒。两者之间的界面在驱动力 P 作用下向右推移。在垂直于晶界的方向上,单个原子的自由焓随位置改变的变化如图 15.13 所示。图中 Q 为单个原子由晶粒 Ⅱ 转移(跃迁)到晶粒 Ⅰ 所需的激活能,ΔG 为每个原子由于界面推移所引起的自由焓的下降。因此原子从晶粒 Ⅱ 转移到晶粒 Ⅰ 的频率 $f_{Ⅱ\to Ⅰ}$ 为

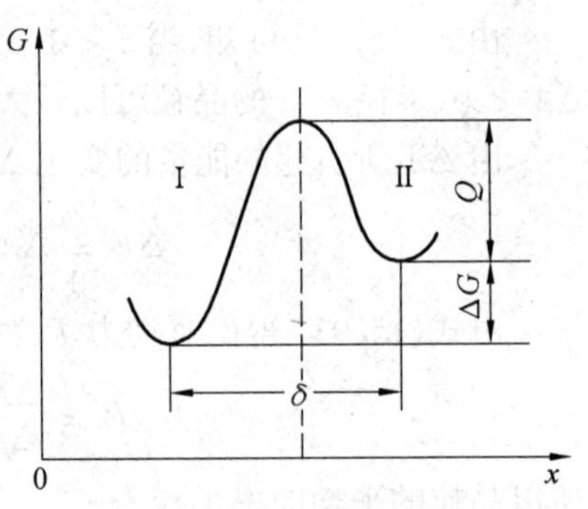

图 15.13 界面迁移的驱动力

$$f_{Ⅱ\to Ⅰ} = \nu\exp\left(-\frac{Q}{kT}\right) \tag{15.97}$$

式中,ν 为原子振动频率。

原子自晶粒 Ⅰ 转移到晶粒 Ⅱ 的频率 $f_{Ⅰ\to Ⅱ}$ 为

$$f_{Ⅰ\to Ⅱ} = \nu\exp\left(-\frac{Q+\Delta G}{kT}\right) \tag{15.98}$$

设原子跳动距离为 δ,则界面移动速度 v 为

$$v = \delta(f_{Ⅱ\to Ⅰ} - f_{Ⅰ\to Ⅱ}) = \delta\nu\left\{\exp\left(-\frac{Q}{kT}\right) - \exp\left(-\frac{Q+\Delta G}{kT}\right)\right\} =$$

$$\delta\nu\exp\left(-\frac{Q}{kT}\right)\left\{1 - \exp\left(-\frac{\Delta G}{kT}\right)\right\} \tag{15.99}$$

当 $\Delta G \ll kT$ 时,将 $\exp\left(-\frac{\Delta G}{kT}\right)$ 展开,可近似得到

$$\exp\left(-\frac{\Delta G}{kT}\right) \cong 1 - \frac{\Delta G}{kT} \tag{15.100}$$

将式(15.100)代入式(15.99)可得

$$v = \left(\frac{\delta\nu}{k}\right)\left(\frac{\Delta G}{T}\right)\exp\left(-\frac{Q}{kT}\right) \tag{15.101}$$

由式(15.101)可知,晶界移动速度与ΔG,也与驱动力P成正比。用P取代ΔG,式(15.101)可写成

$$v = MP = \frac{2M\sigma}{R} \tag{15.102}$$

当晶粒尺寸和形态分布一定时,平均曲率半径R_C等于$2\beta\bar{\rho}$,$2\bar{\rho}$为平均晶粒直径,系数β取决于所用计算方法。晶粒尺寸与形态分布一定时β可视为常数,用R_C代替式(15.102)中的R则得

$$v = 2\frac{\mathrm{d}\bar{\rho}}{\mathrm{d}\tau} = \frac{M\sigma}{\beta\rho} \tag{15.103}$$

积分可得

$$\bar{\rho}_\tau^2 = \bar{\rho}_0^2 = \frac{M\sigma}{\beta}\tau \tag{15.104}$$

其中,$\bar{\rho}_\tau$为时间等于τ时晶粒平均尺寸,$\bar{\rho}_0$为$\tau = 0$时晶粒平均半径。如$\bar{\rho}_0$极小,可忽略不计,则式(15.104)可简化为

$$\bar{\rho}_\tau^2 = \frac{M\sigma}{\beta}\tau = K\tau \tag{15.105}$$

$$\bar{\rho}_\tau = K'\tau^{1/2} \tag{15.106}$$

或者

$$\bar{\rho}_\tau = K'\tau^n \tag{15.107}$$

对纯金属,$n = 1/2$;对工业合金$n < 1/2$。这是因为在晶界上存在着能阻止晶界移动的异相颗粒。

15.2.5 界面溶质原子与异相对新相长大和晶粒粗化的影响

在相界面上如有溶质原子存在,将对界面的移动起拖曳作用;如存在另一相粒子时,将对界面移动起钉扎作用。拖曳与钉扎作用均使界面推移变得困难。

1.溶质拖曳

溶质原子进入位错形成柯垂尔(Cottrell)气团或吸附于晶界都降低位错及晶界的能量。如要使位错及晶界脱离溶质原子发生移动都将使能量提高,因此使位错及晶界的移动变得困难。位错及晶界移动时有可能挣脱溶质原子,也有可能拖带溶质原子一起移动。

由于溶质原子与晶界或相界面的交互作用而使晶界或相界面的迁移发生困难的现象称为溶质拖曳。当溶质浓度较低，推动界面移动的驱动力 P 值大时，界面有可能挣脱吸附在界面的溶质原子，因此不存在拖曳效应。但是杂质浓度高而驱动力 P 小时，将有拖曳效应作用于界面，使界面移动困难。界面移动速度仍与驱动力 P 成正比，与界面吸附的溶质原子数成反比。

对于溶质拖曳效应的定量处理，虽然凯恩（Cahn）和希拉特（Hillert）作了一些有益的工作，但是至今尚无比较成熟的数学模型。

对于三元合金，如 Fe－M－C 系，情况更加复杂。例如，从奥氏体中析出先共析铁素体是在最初的快速阶段，只有碳原子的扩散，而无合金元素的扩散，即先共析铁素体的长大受碳在奥氏体中的扩散控制。但是合金元素M有可能在晶界上形成船头波。M 的存在将改变碳在奥氏体中的活度，若使碳的活度降低，将使奥氏体内碳浓度梯度降低，从而使界面移动速度变慢，此时被称为类拖曳效应。若M的存在提高碳在奥氏体中的活度，则将使奥氏体内碳浓度梯度增加，从而使界面移动速度加快，称为反拖曳效应。例如钼就属于第一种情况。

2. 异相粒子的钉扎

当相界面上存在有其它相的粒子时，这些粒子将对界面起钉扎作用，阻止界面移动。这是因为界面移出异相粒子时界面将增大。奥氏体分解式的相界面沉淀就属于这种情况。为摆脱异相粒子的钉扎，可以通过弓出机制，也可以通过台阶机制。

(1) 弓出机制

图 15.14 是弓出机制示意图。设在 α/β 界面上存在异相粒子（图 15.14(a)）。如 α/β 界面向前平移，在脱离异相粒子的同时，α/β 界面面积将增加从而也使界面能增大，因而使界面平移变得困难。为了克服这一困难，β 相可以通过 α/β 界面以向前弓出的方式长大（图 15.14(b)），直至成半球形（图 15.14(c)）。此后脱离异相粒子，收缩为平直界面（图 15.14(d)）。但应指出，α/β 界面弓出时同样也使 α/β 界面面积增加。

设异相粒子呈正方形均匀分布在 α/β 界面上。两相邻粒子之间的距离为 $2a$，α/β 界面呈球面弓出，弓出高度为 h（图 15.15），则球面面积 A_S 及弓出部分的体积 V_S 为

$$A_S = \pi(a^2 + h^2) \tag{15.108}$$

$$V_S = \frac{1}{6}\pi h(3a^2 + h^2) \tag{15.109}$$

由于 α/β 界面弓出而引起的自由焓的变化 ΔG 为

$$\Delta G = -V_S\Delta G_V + \Delta A_S\sigma = -\frac{1}{6}\pi h(3a^2 + h^2)\Delta G_V + [\pi(a^2 + h^2) - \pi a^2]\sigma =$$

$$- \frac{1}{6}\pi h(3a^2 + h^2)\Delta G_V + \pi h^2 \sigma \tag{15.110}$$

a 取决于异相粒子分布密度，分布密度越大，a 越小。现设 a 为常数，则 ΔG 为弓出高度 h 的函数。弓出开始时，不论 a 大小，ΔG 均下降，因此弓出可以发生。进一步弓出时，ΔG 的变化与 a 的大小有关。当 a 达到某一临界值 a_C 时，随着界面弓出，h 增大，ΔG 不断下降，但下降速度不断降低，当 $h = a_C$ 时，即弓出部分呈半圆球时，ΔG 下降速度降为零。即 $\mathrm{d}G/\mathrm{d}h = 0$。$a > a_C$ 时，同时弓出高度 h 超过 a 后，随 h 增加，ΔG 仍继续下降。所以，只要 $a > a_C$，α/β 界面就可以不断弓出，直至超过半球形，脱离异相粒子。若 $a < a_C$，则在弓出高度 h 未达到 a 时，即弓出部分未达到半球形时，ΔG 已开始上升，因此弓出不能继续进行。只能停止在 – h 曲线的最低点，此时 α/β 界面被异相粒子钉扎住，界面不能移动。

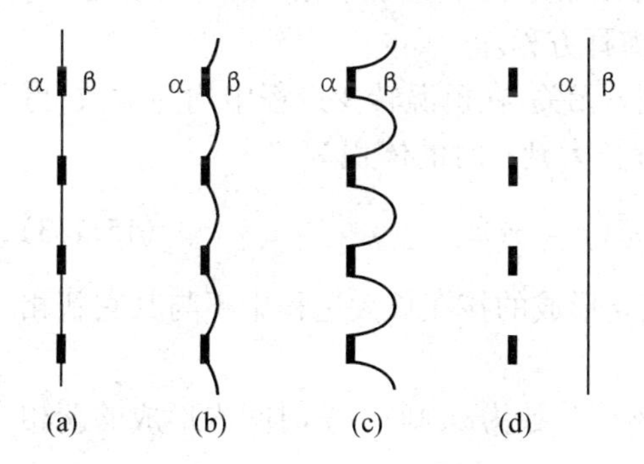

图 15.14　弓出机制示意图

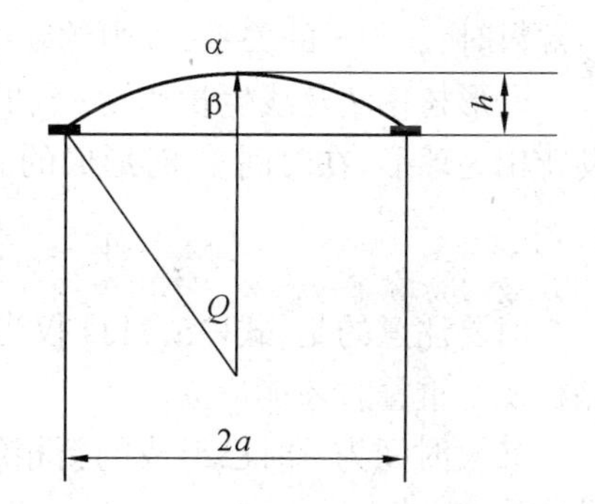

图 15.15　α/β 界面呈球形弓出

临界值 a_C 的求解如下：

使 $\mathrm{d}G/\mathrm{d}h = 0$，并取 $h = a$，则

$$- \pi a^2 \Delta G_V + 2\pi a \sigma = 0$$

$$a_C = \frac{2\sigma}{\Delta G_V} \tag{15.111}$$

由式(15.111)可见，a_C 与界面能 σ 成正比，与 ΔG 成反比。

(2) 台阶机制

当 α/β 界面上异相粒子数量过多而使 $a < a_C$ 时，界面将被钉扎住，β 相不能长大。为使界面移动，也可借助台阶机制。如图 15.16 所示，台阶宽面被异相粒子钉扎住，但台阶侧面可以向前移动而使台阶宽面向上移动。移动速度 v 可用下式求得

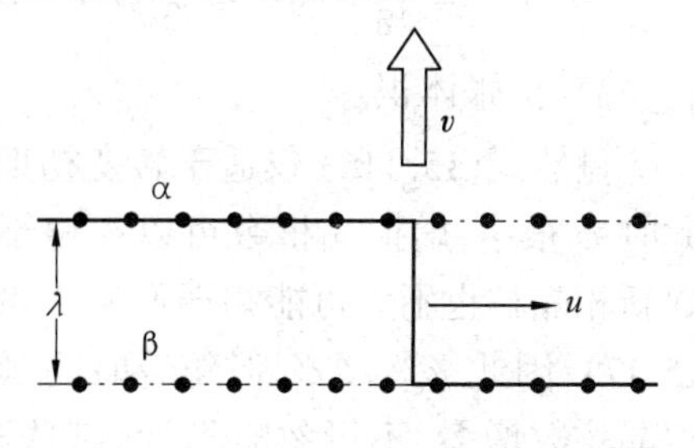

图 15.16　界面的台阶机制移动示意

$$v = \frac{uh}{\lambda} \tag{15.112}$$

其中,h 为台阶宽度;λ 为台阶间距。

15.3 相转变动力学

根据晶体形核率 I 与线生长速度 v 可以计算新相体积分数 φ 与时间 τ 的关系。由于 I 与 v 不一定是常数,所以 φ 与 τ 的关系比较复杂。

15.3.1 约森 - 梅耳方程

约森 - 梅耳(Johson - Mehl)最先导出了形核率 I 与新相的线生长速度 v 均为常数时,φ 与 τ 的关系,称为约森 - 梅耳方程。

设形核率 I 及线生长速度 v 与时间 τ 无关,在恒温转变过程中均为常数,另设新相为球形。在时间 τ_i 时形成的晶核长大到 τ 时的体积 V' 为

$$V' = \frac{4}{3}\pi v^3(\tau - \tau_i)^3 \tag{15.113}$$

但要注意的是,式(15.113)仅当独立形成的核在长大过程中不与其它新相晶粒发生重叠时才能成立。

又设时间为 τ 时已形成的新相的体积分数为 φ,则在 $\mathrm{d}\tau$ 时间内形成的新相晶核数 $\mathrm{d}n$ 为

$$\mathrm{d}n = I(1 - \varphi)\mathrm{d}\tau \tag{15.114}$$

即

$$I\mathrm{d}\tau = \mathrm{d}n + I\varphi\mathrm{d}\tau \tag{15.115}$$

其中,$\mathrm{d}n$ 为真实晶核数;$I\mathrm{d}\tau$ 为假想晶核数;$I\varphi\mathrm{d}\tau$ 为虚拟晶核数。

若不考虑相邻新相的重叠,也不扣除虚拟晶核数,则转变所得新相体积分数 φ_{ex} 为

$$\varphi_{ex} = \int_0^{\tau} V' I\mathrm{d}\tau = \frac{\pi}{3} I v^3 \tau^4 \tag{15.116}$$

φ_{ex} 称为扩张体积。

显然式(15.116)仅适于转变初期,因为此时 φ 很小,虚拟晶核数可以忽略不计,相邻新相晶粒也不大可能相遇而发生重叠(图15.17),因此 $\varphi_{ex} \approx \varphi$。但随着时间延长,虚拟晶核数增多,不可忽略不计。某些相邻新相晶粒可能已发生重叠,此时有 $\varphi_{ex} > \varphi$。

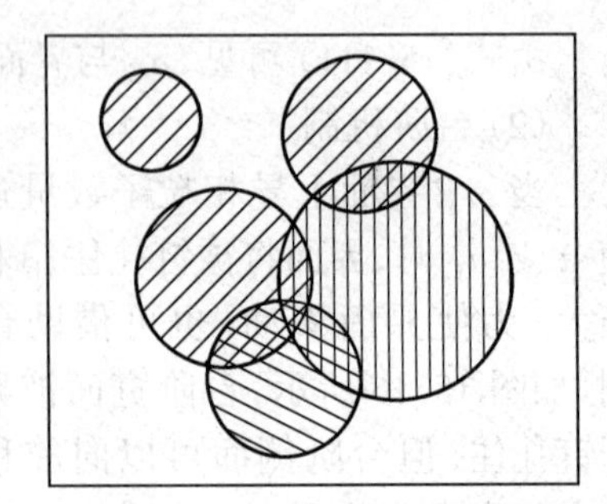

图 15.17 相邻晶粒发生重叠示意图

为求 φ,可作如下考虑,任选一小区域,从统计角度看,该小区域落入转变区域的分数应等于未转变部分的分数$(1-\varphi)$。如转变在该小区域发生,转变的结果将使 φ 增为$\varphi+\mathrm{d}\varphi$;$\varphi_{ex}$ 增为$\varphi_{ex}+\mathrm{d}\varphi_{ex}$。显然 $\mathrm{d}\varphi$ 应正比于$(1-\varphi)$,而 $\mathrm{d}\varphi_{ex}$ 与 φ 无关,因此有

$$\frac{\mathrm{d}\varphi}{\mathrm{d}\varphi_{ex}}=\frac{1-\varphi}{1} \tag{15.117}$$

因而

$$\mathrm{d}\varphi_{ex}=\frac{\mathrm{d}\varphi}{1-\varphi} \tag{15.118}$$

积分得

$$\varphi_{ex}=\int \mathrm{d}\varphi_{ex}=\int_0^{\varphi}\frac{\mathrm{d}\varphi}{1-\varphi}=-\ln(1-\varphi) \tag{15.119}$$

将式(15.116)代入式(15.119)得

$$-\ln(1-\varphi)=\frac{\pi}{3}Iv^3\tau^4 \tag{15.120}$$

移项得

$$\varphi=1-\exp\left(-\frac{\pi}{3}Iv^3\tau^4\right) \tag{15.121}$$

式(15.121)即为著名的约森-梅耳(Johson-Mehl)方程。

如母相在转变终了后不能全部转变为新相,例如自过饱和固溶体 α 相中析出新相 β,则新相体积分数 φ 可定义为

$$\varphi=V^{\beta}/V^{\beta}_{平} \tag{15.122}$$

其中,$V^{\beta}_{平}$ 为单位体积的体系中新相β的平衡体积;V^{β} 为单位体积的体系中已形成的新相 β 的体积。

15.3.2 阿佛拉米方程

从前面的推导中可以看出约森-梅耳方程仅适于形核率 I 和线生长速度 v 为常数的扩散型相变过程,对于均匀形核,其形核率为常数;对于界面控制长大过程,其长大的线生长速度也为常数。对于这样的相变,约森-梅耳方程可直接使用。

当形核率和线生长速度不为常数,而是随时间变化时,如以扩散速度控制的长大,约森-梅耳方程就不能直接使用,而应进行如下的修正

$$\varphi=1-\exp(-b\tau^n) \tag{15.123}$$

上式为阿佛拉米(Avrami)方程,其中,系数 b 和 n 取决于 I 与 v。

对于约森-梅耳方程

$$b = \frac{\pi}{3} I v^3, \quad n = 4$$

凯恩(Cahn)讨论了晶体形核,其中包括界面、界棱以及界偶形核时阿佛拉米方程的形式。如果母相晶粒不太小,晶界形核很快达到饱和,假定晶核形成后为恒速长大,即 v 为常数,则形核的位置饱和后,转变过程仅由长大控制,由 I 已降为零,此时阿佛拉米方程分别为

界面形核: $$\varphi = 1 - \exp(-2Av\tau) \tag{15.124}$$

界棱形核: $$\varphi = 1 - \exp(-\pi L v^2 \tau^2) \tag{15.125}$$

界偶形核: $$\varphi = 1 - \exp\left(-\frac{4\pi}{3} C v^3 \tau^3\right) \tag{15.126}$$

其中,A、L、C 分别为单位体积体系中界面面积、界棱长度以及界偶数。设母相晶粒直径为 D,则

$$A = 3.35D^{-1}, \quad L = 8.5D^{-2}, \quad C = 12D^{-3}$$

需要特别强调的是,约森-梅耳方程和阿佛拉米方程仅适于扩散型转变的等温转变过程。

最后需要说明的是,由于相变的类型较多,针对每种相变需要应用相应的相变机制来说明,所以对于每一种相变,其动力学也是不同的,同时不同条件下也存在不同的动力学机制,详细内容请参见有关文献。对有些相变的动力学还不清楚,需要进一步研究解决。

附录1　拉格朗日待定乘子法

拉格朗日(Lagrange)待定乘子法是确定服从若干约束条件的多变量连续函数极值点(极大或极小)的一个普遍方法。考虑一函数 $f(x_1,x_2,\cdots,x_n)$,其中 n 是变量的数目。这些变量 $x_1,x_2,\cdots,x_n$ 并非完全独立,而是与下述约束方程相关联:

$$\phi_j(x_1,x_2,\cdots,x_n)=0 \quad j=1,2,\cdots,m \tag{1}$$

式中,m 是约束方程的数目,且 $m<n$。

在函数 $f(x_1,x_2,\cdots,x_n)$ 的极值点,必须满足

$$\mathrm{d}f=\frac{\partial f}{\partial x_1}\mathrm{d}x_1+\frac{\partial f}{\partial x_2}\mathrm{d}x_2+\cdots+\frac{\partial f}{\partial x_n}\mathrm{d}x_n=\sum_{i=1}^{n}\frac{\partial f}{\partial x_i}\mathrm{d}x_i=0 \tag{2}$$

当然,如果所有变量是独立无关的,下面这组 n 个独立的方程

$$\frac{\partial f}{\partial x_i}=0 \quad i=1,2,\cdots,n \tag{3}$$

将给出极值条件处的 n 个独立变量的数值。但是,由于变量并非全部独立,方程(3)将不成立,尽管极值点仍然由方程(2)给出。然而,我们除了有方程(2)外,还有约束方程(1)。求极值点的一个直接了当而又很平常的方法是对 m 个变量求解方程(1),而将其表示为另外 $n-m$ 个变量的函数。将这个解代入函数 $f(x_1,x_2,\cdots,x_n)$,就给出了$(n-m)$个独立变量的函数,然后极值可由类似方程(3)的$(n-m)$个方程求出。

求解这种类型问题的一个更精巧又更有用的方法是用拉格朗日待定乘子法。根据这个方法,首先写出每个约束方程的全微分,即

$$\mathrm{d}\phi_j=0=\sum_{i=1}^{n}\frac{\partial \phi_j}{\partial x_i}\mathrm{d}x_i \qquad j=1,2,\cdots,m \tag{4}$$

然后,将上面方程中的每个 $\mathrm{d}\phi_j$ 乘上某个待定乘子λ_j(拉格朗日乘子),并加到方程(2)中去,其结果是

$$\sum_{i=1}^{n}\frac{\partial f}{\partial x_i}\mathrm{d}x_i+\sum_{j=1}^{m}\left[\lambda_1\sum_{i=1}^{n}\frac{\partial \phi_j}{\partial x_i}\mathrm{d}x_i\right]=0$$

或

$$\left(\frac{\partial f}{\partial x_1}+\lambda_1\frac{\partial \phi_1}{\partial x_1}+\lambda_2\frac{\partial \phi_2}{\partial x_1}+\cdots+\lambda_m\frac{\partial \phi_m}{\partial x_1}\right)\mathrm{d}x_1+$$

$$\left(\frac{\partial f}{\partial x_2} + \lambda_2 \frac{\partial \phi_1}{\partial x_2} + \lambda_2 \frac{\partial \phi_2}{\partial x_2} + \cdots + \lambda_m \frac{\partial \phi_m}{\partial x_2}\right) \mathrm{d}x_2 + \cdots +$$

$$\left(\frac{\partial f}{\partial x_n} + \lambda_2 \frac{\partial \phi_1}{\partial x_n} + \lambda_2 \frac{\partial \phi_2}{\partial x_n} + \cdots + \lambda_m \frac{\partial \phi_m}{\partial x_n}\right) \mathrm{d}x_n = 0$$

现在,如果这样选择 λ_1、$\lambda_2,\cdots,\lambda_m$,以使得

$$\frac{\partial f}{\partial x_i} + \lambda_1 \frac{\partial \phi_1}{\partial x_i} + \lambda_2 \frac{\partial \phi_2}{\partial x_i} + \cdots + \lambda_m \frac{\partial \phi_m}{\partial x_i} = 0 \quad i = 1,2,\cdots,n \tag{5}$$

则连同约束方程(1)可确定 $n - m$ 个未知数 $x_1,x_2,\cdots,x_n,\lambda_1,\lambda_2,\cdots,\lambda_m$,以满足函数 $f(x_1,x_2,\cdots,x_n)$ 的极值点的必要条件。

附录2　单位换算

长度　1 m = 3.2808 ft = 39.370 in

1 in = 25.4 cm

1 mile = 5 280 ft = 1.609 36 km

体积　1 liter = 1 000 cm^3 = 0.035 31 ft^3 = 0.261 7 USgallon

1 $in.^3$ = 16.387 cm^3

质量　1 kg = 2.204 62 lbm = 6.852 18 × 10^{-2} slug

1 lbm = 453.592 g

1 slug = = 32.174 lbm

密度　1 g/cm^3 = 62.428 lbm/ft^3

1 lbm/ft^3 = 0.016 018 5 g/cm^3

力　1 N = 1 kgm/s^2 = 10^5 dyn

1 dyn = 1 gcm/s^2

压力　1 lbf/in^2 = 6 894.76 N/m^2

1 bar = 10^5 N/m^2 = 10^6 dyn/cm^2 = 0.986 923 atm

1 atm = 14.695 9 lbf/$in.^2$ = 1.013 25 bar = 76 mmHg(32F) = 29.921 3 in.Hg(32F)

温度　T(R) = 1.8 T(K)

t(F) = 1.8 t(℃) + 32

T(K) = t(℃) + 273.15

T(R) = t(F) + 459.67

能量　1 J = 1 N·m = 10^7 erg

1 erg = 1 dyn·cm = 9.869 23 × 10^{-7} atm·cm^3,

1 cal = 4.186 8 J = 3.968 32 × 10^{-3} Btu

1 Btu = 778.169 ft·lbf, 1 kW·h = 1.341 02 hp·h = 3.6 × 10^6 J

比热容　1 Btu/lbm = 2.326 J/g = 0.555 556 cal/g

1 J/g = 334.553 ft·lbm = 0.429 923 Btu·lbm

功率　1 W = 1 J/s

1 hp = 550 ft·lbf/s = 2 544.53 Btu/h

1 kW = 1.341 02 hp = 3 412.14B Btu/h

参考文献

[1] 马兹·希拉特著.合金扩散和热力学[M].赖和怡,刘国勋译.北京:冶金工业出版社,1984.

[2] 陆学善著.相图与相变[M].合肥:中国科学技术大学出版社,1990.

[3] 徐祖耀,李麟著.材料热力学[M].北京:科学出版社,1999.

[4] 李如生编著.平衡和非平衡统计力学[M].北京:清华大学出版社,1995.

[5] 丁学勇.合金溶体热力学模型、预测值及其软件开发[M].沈阳:东北大学出版社,1998.

[6] 段淑贞,乔芝郁.熔盐化学——原理和应用[M].北京:冶金工业出版社,1990.

[7] 戚正风.固态金属中的扩散与相变[M].北京:机械工业出版社,1998.

[8] 石霖.合金热力学[M].北京:机械工业出版社,1982.

[9] 张圣弼,李道子.相图——原理、计算及在冶金中的应用[M].北京:冶金工业出版社,1986.

[10] 乔芝郁,许志宏,刘洪霖.冶金和材料计算物理学[M].北京:冶金工业出版社,1999.

[11] 肖纪美.合金能量学——合金能量关系[M].上海:上海科学出版社,1985.